普通高等教育"十一五"规划教材
PUTONG GAODENG JIAOYU SHIYIWU GUIHUA JIAOCAI　（高职高专教育）

DIANLI DIANZI JISHU

电力电子技术

（第二版）

李雅轩　杨秀敏　李艳萍　编
孙鹤旭　主审

中国电力出版社
CHINA ELECTRIC POWER PRESS

内 容 提 要

本书为普通高等教育"十一五"规划教材（高职高专教育）。

本书以能力培养为中心，突出针对性；以常规电力电子器件及其应用电路的讲授为基础，注重先进性；以器件、电路与应用三者的有机结合为主线，注重实用性。主要内容包括：电力电子器件、单相可控整流电路、三相可控整流电路、触发电路与驱动电路、有源逆变电路、交流开关与交流调压电路、逆变电路与变频电路、直流斩波电路、软开关及实训等。

本书可作为工业电气自动化、供用电技术、电气技术、机电工程、应用电子等专业的教学用书，也可作为函授和自考的辅导教材，还可作为技术人员的参考用书。

图书在版编目（CIP）数据

电力电子技术/李雅轩等编. —2版. —北京：中国电力出版社，2007.3（2019.1重印）

普通高等教育"十一五"规划教材. 高职高专教育

ISBN 978 - 7 - 5083 - 5229 - 9

Ⅰ. 电… Ⅱ. 李… Ⅲ. 电力电子学－高等学校：技术学校－教材 Ⅳ. TM1

中国版本图书馆 CIP 数据核字（2007）第 023135 号

中国电力出版社出版、发行

（北京市东城区北京站西街 19 号 100005 http://jc.cepp.com.cn）

三河市百盛印装有限公司印刷

各地新华书店经售

*

2004 年 4 月第一版

2007 年 3 月第二版 2019 年 1 月北京第十九次印刷

787 毫米×1092 毫米 16 开本 16.75 印张 404 千字

定价 **39.00** 元

前　言

为贯彻落实教育部《关于进一步加强高等学校本科教学工作的若干意见》和《教育部关于以就业为导向深化高等职业教育改革的若干意见》的精神，加强教材建设，确保教材质量，中国电力教育协会组织制订了普通高等教育"十一五"教材规划。该规划强调适应不同层次、不同类型院校，满足学科发展和人才培养的需求，坚持专业基础课教材与教学急需的专业教材并重、新编与修订相结合。本书为修订教材。

《电力电子技术》一书自 2004 年出版以来，得到了高职高专院校相关专业很多师生的关注，使用率及发行量逐次增加，已经连续重印 4 次。在这期间，编者一方面收到了一些读者的反馈意见，另一方面，在日常的教学实践中，也认识到原书少量内容需要修改。再者，近年来本领域出现的一些最新成熟技术也应适时补充到教材之中。因此，利用这次再版的机会，编者在以下方面对原书作了改编：

（1）增加"软开关技术"有关内容，作为第九章编入本书；

（2）改写了原书第三章第六节部分内容；

（3）修改了原书第四章第五节部分内容；

（4）改正了原书中若干文字和图表错误。

希望这些修改，能够进一步提升本书的先进性、适用性和可读性，使其更加符合高职高专相关专业电力电子技术课程的教学需要。

本书第一、二、三章由李艳萍改编，第四、五、六章由李雅轩改编，第七、八、九章由杨秀敏改编或编写。全书由李雅轩统稿。

日新月异的电子技术以及迅猛发展的高职教育，对我们高职高专教材作者提出了很高的要求。恳请各界读者一如既往地关注本书，对书中的疏漏和不足之处多加指正，以便编者今后不断改进。

编　者

2007 年 1 月

第一版前言

本书是中国电力教育协会根据教育部《关于"十五"期间普通高等教育教材建设与改革的意见》精神组织的高职高专"十五"规划教材之一，可供高职高专院校用作电力电子技术、半导体变流技术等相关课程的教材。

本书主要内容包括：电力电子器件（晶闸管、电力晶体管、可关断晶闸管、功率场效应晶体管、绝缘栅双极晶体管）、单相可控整流、三相可控整流、触发电路与驱动电路、晶闸管有源逆变、交流电力控制、变频、直流斩波技术。

为符合高职高专院校培养目标的要求，本书在编写中突出了以下特点：

（1）以能力培养为中心，突出针对性。针对高职高专学生的特点，重点介绍电力电子技术的基本概念、基本原理、主要结论与典型应用。叙述深入浅出，简化了深奥的理论分析与复杂的数学计算，并力求将知识点与能力点紧密结合，从而有助于学生工程应用能力的培养。

（2）以常规电力电子器件及其应用电路的讲授为基础，注重先进性。在保证必需的基础理论与常规技术的同时，引入一些最新的成熟技术，如新型器件 IGBT 及其应用等，从而做到紧跟电力电子技术的发展步伐。

（3）以器件、电路与应用三者的有机结合为主线，注重实用性。全书紧紧围绕电力电子器件及其电路的工程应用展开讲述，重点介绍了一些典型线路的工作原理与应用技术，同时还适当介绍了微机测控技术在电力电子装置中的应用。

本书由李艳萍（编写第一、二、三章及实训一、二、三）、李雅轩（编写第四、五、六章及实训四、五）、杨秀敏（编写第七、八章及实训六、七）编写，李雅轩负责全书统稿。河北工业大学孙鹤旭教授担任主审，并对本书初稿提出了许多宝贵意见，在此表示衷心的感谢。

同时，在本书完稿之际，对书末所附参考文献的作者也致以衷心的感谢。

由于作者水平有限，书中难免有疏漏及错误之处，恳请有关专家及广大读者批评指正。

编　者

目　　录

绪　　论

一、电力电子技术的概述

1. 什么是电力电子技术

以电力为对象的电子技术称为电力电子技术。它是一门利用电力电子器件对电能进行电压、电流、频率和波形等方面控制和变换的学科，是电力、电子与控制三大电气工程技术之间的交叉学科。电力电子技术是目前最活跃、发展最快的一门新兴学科，随着科学技术的发展，电力电子技术又与现代控制理论、材料科学、电机工程、微电子技术等许多领域密切相关，已逐步发展成为一门多学科互相渗透的综合性技术学科。

2. 电力电子技术的发展

电力电子技术的发展是以电力电子器件为核心发展起来的。

从 1957 年第一只晶闸管诞生至 20 世纪 80 年代为传统电力电子技术阶段。此期间主要器件是以晶闸管为核心的半控型器件，由最初的普通晶闸管逐渐派生出快速晶闸管、逆导晶闸管、双向晶闸管、不对称晶闸管等许多品种，形成一个晶闸管大家族。器件的功率越来越大，性能越来越好，电压、电流、di/dt、du/dt 等各项技术参数均有很大提高。目前，单只普通晶闸管的容量已达 8000V、6000A。

晶闸管是静止型的电子元件，又是大功率的开关器件。它一问世便迅速淘汰了当时盛行的旋转变流机组和离子变流器，应用范围扩大到整个电力技术领域。

然而有两个因素使上述传统电力电子器件的应用范围受到限制。一是控制功能上的欠缺，此类器件通过门极只能控制其开通，而不能控制其关断，这类器件通常是依靠电网电压等外部条件来实现其关断的，因而称之为半控型器件。二是工作频率上的欠缺，由于它们立足于分立元件结构，工作频率难有较大提高。

尽管以晶闸管为核心的电力电子器件存在上述欠缺，但由于这类器件价格低廉，在高电压、大电流应用中的发展空间依然较大，尤其是在大功率应用场合，用其他器件尚不易替代。因此，在许多应用场合仍然使用着以晶闸管为核心的电力电子应用设备。晶闸管及其相关知识目前仍是初学者的基础。

20 世纪 80 年代以后进入了现代电力电子技术阶段。随着大规模和超大规模集成电路技术的迅猛发展，将微电子技术与电力电子技术相结合，研制出了新一代高频率、全控型、多功能的功率集成器件。这些新型器件主要有电力晶体管（GTR）、可关断晶闸管（GTO）、功率场效应晶体管（功率 MOSFET）、绝缘栅双极晶体管（IGBT）和 MOS 门极晶闸管（MCT）等。目前被认为最有发展前途的是 IGBT 和 MCT，两者均为场控复合器件，工作频率可达 20kHz，它们的出现为工业应用领域的高频化开辟了广阔的前景。据美国预测，至少在比较广泛的范围内，IGBT 有取代 GTR、MOSFET 的趋势，MCT 有取代 GTO 的趋势。

功率集成电路（PIC）是在模块化与复合化思路的基础上发展起来的又一类新型器件。PIC 是在制造过程中将功率器件与驱动电路、控制电路以及保护电路集成在一个芯片上，或是封装在一个模块内,包括高压功率集成电路(HVIC)和智能功率集成电路(SPIC)。PIC目前主要用于汽车电子、家用电子等中小功率领域,工作电压和工作电流分别在 50~1000V和1~100A之间,实际传送功率可达几千瓦。

传统电力电子技术以整流为主导,以移相触发、PID模拟控制方式为主。高频全控型器件的出现,使逆变、斩波电路的应用日益广泛。在逆变、斩波电路中,斩控形式的脉宽调制(PWM)技术大量应用,使变流装置的功率因数提高、谐波减少、动态响应加快。随着新型电力电子器件的开发,现代电力电子技术正向着高频化、大容量化、模块化、功率集成化和智能化的方向发展。

3. 电力电子技术的功能

电力电子技术的功能是以电力电子器件为核心,通过对不同电路的控制来实现对电能的转换和控制。其基本功能如下:

(1) 可控整流。把交流电变换为固定或可调的直流电,亦称为 AC/DC 变换。

(2) 逆变。把直流电变换为频率固定或频率可调的交流电,亦称为 DC/AC 变换。其中,把直流电能变换为50Hz的交流电返送交流电网称为有源逆变,把直流电能变换为频率固定或频率可调的交流电供给用电器则称为无源逆变。

(3) 交流调压。把交流电压变换为大小固定或可调的交流电压。

(4) 变频(周波变换)。把固定或变化频率的交流电变换为频率可调的交流电。交流调压与变频亦称为 AC/AC(或 AC/DC/AC)变换。

(5) 直流斩波。把固定的直流电变换为固定或可调的直流电,亦称为 DC/DC 变换。

(6) 无触点功率静态开关。接通或断开交直流电流通路,用于取代接触器、继电器。

上述变换功能统称为变流,故电力电子技术通常也称为变流技术。实际应用中,可将上述各种功能进行组合。

二、电力电子技术的应用

电力电子技术的应用领域十分广泛。它不仅用于一般工业,也广泛应用于交通、通信、电力、新能源、汽车、家电等各个领域。下面就几个主要应用领域作一介绍。

(1) 一般工业。交直流电动机是一般工业中大量使用的动力设备。直流电动机有良好的调速性能,为其供电的可控整流电源或直流斩波电源都是电力电子装置;另外,由于电力电子技术中的变频技术迅速发展,使得交流电机的变频调速性能足可与直流电机的调速性能相媲美,因而得到广泛的应用;有些设备如大型鼓风机,也采用变频装置,以达到节能的目的;有些电动机为了减少启动时的电流冲击而采用的软启动装置也是电力电子装置;电解、电镀用整流电源、冶金工业中高频或中频感应炉、直流电弧炉等电源均为电力电子装置。

(2) 交通运输。DC/DC 变换技术被广泛用于无轨电车、地铁列车、电动车的无级变速和控制,同时使上述被控制设备获得加速平稳、快速响应的性能,且有节约电能的效果;此外,车辆中的各种辅助电源也都离不开电力电子技术;高级汽车中有许多控制电机,它们要靠变频器或斩波器驱动或控制;飞机、轮船需要很多不同要求的电源,因此也离不开电力电子技术。

(3) 电力系统。据估计,在发达国家,用户最终使用的电能中,有60%以上的电能至少经过一次以上电力电子变流装置的处理;离开电力电子技术,电力系统的现代化是不可想像的。直流输电系统送电端的整流阀和受电端的逆变阀均为晶闸管变流装置;晶闸管控制电抗器、晶闸管投切电容器是重要的无功功率补偿装置；近年来出现的静止无功发生器、有源电力滤波器等新型电力电子器件具有更为优越的无功补偿和谐波补偿性能；在配电系统中，电力电子装置可用于防止电网瞬时停电、瞬时电压跌落、闪变等，以提高供电质量。

（4）电子装置电源。各种电子装置，如程控交换机、计算机、电视机、音响设备等，以前大量采用线性稳压电源供电的，现都采用了体积小、重量轻、效率高的高频开关电源。

（5）家用电器。变频空调器是应用电力电子技术最典型的例子；此外，洗衣机、电冰箱、微波炉等也应用了电力电子技术。

（6）不间断电源（UPS）。现代 UPS 普遍采用了脉宽调制技术和功率 MOSFET、IGBT 等现代电力电子器件，降低了电源噪声，提高了效率和可靠性。目前，在线式 UPS 的最大容量已可达到 600kV·A。

（7）其他。风力发电和太阳能发电由于环境的制约，发出的电能质量较差，需要储能装置缓冲，需要改善电能质量，这就需要电力电子技术；抽水储能发电站中的大型电动机启动和调速需要电力电子技术；核聚变反应堆在产生强大磁场和注入能量时需要大容量的脉冲电源，超导储能需要强大的直流电源，航天飞行器中各种电子仪器需要的电源，这些电源都是电力电子装置。

总之，电力电子技术的应用范围十分广阔。从国民经济的各个领域，到我们的衣食住行，电力电子技术都在发挥着十分重要的作用。

三、课程性质与学习方法

电力电子技术是一门专业基础课程，它与生产实际应用紧密相连，在高职高专电气工程类专业中为主干课程。

学习本课程要掌握基本物理概念与分析方法，注重理论联系实际，特别要重视电路波形与相位的分析，抓住电力电子器件导通与截止的变化过程，从波形分析中加深电路工作情况的理解，注意培养读图与分析能力，掌握器件选择、电量测量、电路调整、故障分析等方面的实践技能。

学习本课程前，要具备电工技术、电子技术等方面的知识。

第一章　电力电子器件

　　包括晶闸管在内的电力电子器件是电力电子技术的核心，是电力电子电路的基础。因此，掌握各种常用电力电子器件的特性及使用方法将是我们学好电力电子技术的关键。本章将重点介绍晶闸管元件的结构、工作原理、特性及主要参数，以及双向晶闸管的特性及工作原理。最后分别介绍几种新型电力电子器件。

第一节　晶闸管的结构与工作原理

　　晶闸管（Thyristor）是硅晶体闸流管的简称，又称可控硅整流器 SCR（Silicon Controlled Rectifier），以前又简称可控硅。在电力二极管开始得到应用后不久，1956 年美国贝尔实验室（Bell Laboratories）发明了世界上第一只实验用晶闸管，它标志着电力电子技术的开端。1957 年美国通用电气公司（General Electric Company）首次研究成功工业用晶闸管，由于其开通时刻可以控制，因此大大扩展了半导体器件功率控制的范围。其后，以晶闸管为核心形成对电力处理的电力电子技术，其发展特点是晶闸管的派生器件越来越多，功率越来越大，性能越来越好，已形成了一个晶闸管大家族。包括普通晶闸管（Conventional Thyristor）、快速晶闸管（Fast Switching Thyristor）、逆导晶闸管（Reverse Conducting Thyristor）、双向晶闸管（Bidirection Thyristor 或 Triode AC Switch）、可关断晶闸管（Gate Turn Off Thyristor）和光控晶闸管（Light Triggered Thyristor）。本章将首先重点介绍普通晶闸管，如不特别说明，则本书所说晶闸管就是指普通晶闸管。

一、晶闸管的结构

　　目前常用的大功率的晶闸管，外形结构有螺栓式和平板式两种，如图 1-1 所示。

图 1-1　晶闸管的外形
(a) 螺栓式；(b) 平板式

　　每种形式的晶闸管从外部看都有三个引出电极，即阳极 A、阴极 K 和门极 G。

　　螺栓式晶闸管的螺栓是阳极 A，粗辫子线是阴极 K，细辫子线是门极 G。螺栓式晶闸管的阳极是紧栓在散热器上的，其特点是安装和更换容易，但由于仅靠阳极散热器散热，散热效果较差，一般只适用于额定电流小于 200A 的晶闸管。

　　平板式晶闸管又分为凸台形和凹台形。对于凹台形的晶闸管，夹在两台面中间的金属引出端为门极，距离门极近的台面是阴极，距离门极远的台面是阳极。平板式的阴极和阳极都带散热器，将晶闸管夹在中间，其散热效果好，但更换麻烦，一般用于额定电流为 200A 以上的晶闸管。

　　晶闸管的内部结构及符号如图 1-2 所示。它是 PNPN 四层半导体结构，分别标为 P_1、N_1、P_2、N_2 四个区，具有 J_1、J_2、J_3 三个 PN 结。因此，晶闸管可以用三个二极管串联电路来等效，如图 1-3（a）所示。另外，为了方便后面分析晶闸管工作原理，还可将晶闸管的四层结构中的 N_1 和 P_2 层分成两部分，则晶体管可用一个 PNP（$P_1N_1P_2$）管和一个 NPN（$N_1P_2N_2$）管来等效，如图 1-3（b）所示。

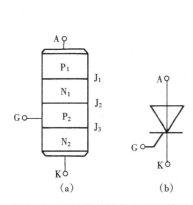

图 1-2 晶闸管的结构和图形符号

（a）内部结构；（b）图形符号

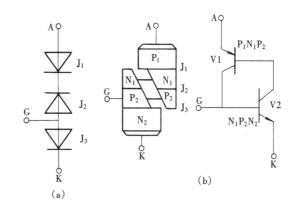

图 1-3 晶闸管的等效电路

（a）二极管等效电路；（b）三极管等效电路

二、晶闸管的单向可控导电性

晶闸管的导电特性可用实验说明。实验电路如图 1-4 所示。

图 1-4 中，由电源 E_A、双掷开关 S1、灯泡和晶闸管的阳极、阴极组成了主回路；而电源 E_G、双掷开关 S2 经由晶闸管的门极和阴极形成了晶闸管的触发电路。

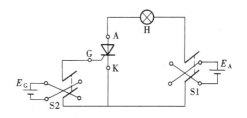

图 1-4 晶闸管导电特性实验电路

晶闸管的阳极、阴极加反向电压时（S1 合向左边），即阳极为负、阴极为正时，不管门极如何（断开、负电压、正电压），灯泡都不会亮，即晶闸管均不导通。

当晶闸管的阳极、阴极加正向电压时（S1 合向右边），即晶闸管阳极为正、阴极为负时，若晶闸管门极不加电压（S2 断开）或加反向电压（S2 合向右边），灯泡也不会亮，晶闸管还是不导通。但若此时门极也加正向电压（S2 合向左边），则灯泡就会亮了，表明晶闸管已导通。

一旦晶闸管导通后，再去掉门极电压，灯泡仍然会亮，这说明此时门极已失去作用了。只有将 S1 合向左边或断开，灯才会灭，即晶闸管才会关断。

上面这个实验说明，晶闸管具有单向导电性，这一点与二极管相同；同时它还具有可控性，就是说只有正向的阳极电压还不行，还必须有正向的门极电压，才会令晶闸管导通。

由此，我们可以知道晶闸管的导通条件是：①要有适当的正向阳极电压；②还要有适当的正向门极电压，且晶闸管一旦导通，门极将失去作用。

要使导通的晶闸管关断，只能利用外加电压和外电路的作用使流过晶闸管的电流降到接近于零的某一数值（称为维持电流）以下，因此可以采取去掉晶闸管的阳极电压，或者给晶闸管阳极加反向电压，或者降低正向阳极电压等方式来使晶闸管关断。

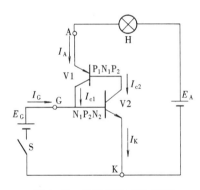

图 1-5　晶闸管的工作原理

三、晶闸管的工作原理

晶闸管导通的工作原理可以用一对互补三极管代替晶闸管的等效电路来解释，如图1-3（b）所示。

按照上述等效原则，将上图1-4改画为图1-5的形式。图中用 V1 和 V2 管代替了图1-4中的晶闸管 VT。在晶闸管承受反向阳极电压时，V1 和 V2 处于反压状态，是无法工作的，所以无论有没有门极电压，晶闸管都不能导通。只有在晶闸管承受正向阳极电压时，V1 和 V2 才能得到正确接法的工作电源，同时为使晶闸管导通必须使承受反压的 J_2 结失去阻挡作用。由图1-5可清楚地看出，每个晶体管的集电极电流同时又是另一个晶体管的基极电流，即有 $I_{c2} = I_{b1}$，$(I_G) + I_{c1} = I_{b2}$。在满足上述条件的前提下，再合上开关 S，于是门极就流入触发电流 I_G，并在管子内部形成了强烈的正反馈过程：

$$I_G \uparrow \rightarrow I_{b2} \uparrow \rightarrow I_{c2}(=\beta_2 I_{b2}) \uparrow \rightarrow I_{b1} \rightarrow I_{c1}(=\beta_1 I_{b1}) \uparrow \rightarrow I_{b2} \uparrow$$

从而使 V1、V2 迅速饱和，即晶闸管导通。而对于已导通的晶闸管，若去掉门极触发电流，由于晶闸管内部已完成了强烈的正反馈，所以它仍会维持导通。

若把 V1、V2 两管看成广义节点，且设 α_1 和 α_2 分别是两管的共基极电流增益，I_{CBO1} 和 I_{CBO2} 分别是 V1 和 V2 的共基极漏电流，晶闸管的阳极电流为 I_A，阴极电流为 I_K，则可根据节点电流方程，列出如下电流方程

$$I_A = I_{c1} + I_{c2} \tag{1-1}$$

$$I_K = I_A + I_G \tag{1-2}$$

$$I_{c1} = \alpha_1 I_A + I_{CBO1} \tag{1-3}$$

$$I_{c2} = \alpha_2 I_K + I_{CBO2} \tag{1-4}$$

由上面式（1-1）～式（1-4）可以推出

$$I_A = \frac{\alpha_2 I_G + I_{CBO1} + I_{CBO2}}{1 - (\alpha_1 + \alpha_2)} \tag{1-5}$$

我们知道，晶体管的电流放大系数 α 随着管子发射极电流的增大而增大，我们可以由此来说明晶闸管的几种状态。

（1）正向阻断。当晶闸管加正向电压 E_A，且其值不超过晶闸管的额定电压，门极未加电压的情况下，即 $I_G = 0$ 时，正向漏电流 I_{CBO1} 和 I_{CBO2} 很小，所以 $(\alpha_1 + \alpha_2) \ll 1$，上式中的 $I_A \approx I_{CBO1} + I_{CBO2}$。

（2）触发导通。加正向阳极电压 E_A 的同时加正向门极电压 E_G，当门极电流 I_G 增大到一定程度，发射极电流也增大，$(\alpha_1 + \alpha_2)$ 增大到接近于 1 时，I_A 将急剧增大，晶闸管处于导通状态，I_A 的值由外接负载限制。

（3）硬开通。若给晶闸管加正向阳极电压 E_A，但不加门极电压 E_G，此时若增大正向阳极电压 E_A，则正向漏电流 I_{CBO1} 和 I_{CBO2} 也会随着 E_A 的增大而增大，当增大到一定程度时，$(\alpha_1 + \alpha_2)$ 接近于 1，晶闸管也会导通，这种使晶闸管导通的方式称为硬开通。多次硬开通会造成管子永久性损坏。

（4）晶闸管关断。当流过晶闸管的电流 I_A 降低至小于维持电流 I_H 时，α_1 和 α_2 迅速下

降，使得 $(\alpha_1 + \alpha_2) \ll 1$，式（1-5）中 $I_A \approx I_{CBO1} + I_{CBO2}$，晶闸管恢复阻断状态。

（5）反向阻断。当晶闸管加反向阳极电压时，由于 V1、V2 处于反压状态，不能工作，所以无论有无门极电压，晶闸管都不会导通。

另外，还有几种情况可以使晶闸管导通。如：温度较高；晶闸管承受的阳极电压上升率 $\mathrm{d}u/\mathrm{d}t$ 过高；光的作用，即光直接照射在硅片上等，都会使晶闸管导通。但在所有使晶闸管导通的情况中，除光触发可用于光控晶闸管外，只有门极触发是精确、迅速、可靠的控制手段，其他均属非正常导通情况。

第二节　晶闸管的特性

一、晶闸管的静态特性

1. 晶闸管的阳极伏安特性

晶闸管的阳极和阴极间的电压与晶闸管的阳极电流之间的关系，称为晶闸管的阳极伏安特性，简称伏安特性，如图 1-6 所示。

第 I 象限为晶闸管的正向特性，第 III 象限为晶闸管的反向特性。当门极断开即 $I_G = 0$ 时，若在晶闸管两端施加正向阳极电压，由于 J_2 结受反压阻挡，则晶闸管元件处于正向阻断状态，只有很小的正向漏电流流过。随着正向阳极电压的增大，漏电流也相应增大。至正向电压的极限即正向转折电压 U_{BO} 时，漏电流急剧增大，特性由高阻区到达低阻区，晶闸管元件即由断态转到通态。导通状态时的晶闸管特性和二极管的正向特性相似，即通过较大的阳极电流，而元件本身的压降却很小。

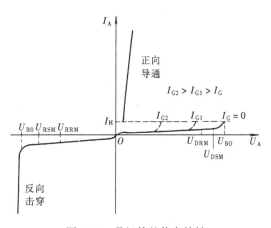

图 1-6　晶闸管的伏安特性

正常工作时，不允许把正向阳极电压加到正向转折电压 U_{BO}，而是给门极加上正向电压，即 $I_G > 0$，则元件的正向转折电压就会降低。I_G 越大，所需转折电压就会越低。当 I_G 至足够大时，晶闸管的正向转折电压就很小了。此时其特性可以看成与整流二极管一样。

导通后的晶闸管其通态压降很小，在 1V 左右。若导通期间的门极电流为零，则当元件阳极电流降至维持电流 I_H 以下时，晶闸管就又回到正向阻断状态。

晶闸管加反向阳极电压（第 III 象限特性）时，晶闸管的反向特性与一般二极管的伏安特性相似。由于此时晶闸管的 J_1、J_3 均为反向偏置，因此元件只有很小的反向漏电流通过，元件处于反向阻断状态。但当反压增大到一定程度，超过反向击穿电压 U_{RO} 后，则会由于反向漏电流的急剧增大而导致元件的发热损坏。

2. 晶闸管的门极伏安特性

晶闸管的门极和阴极间有一个 PN 结 J_3，见图 1-2。它的伏安特性称为晶闸管的门极伏安特性。由于实际产品的门极伏安特性分散性很大，因此为了应用方便，对于同一型号的晶闸管，常以一条极限高阻伏安特性和一条极限低阻伏安特性之间的区域来代表所有器件的伏

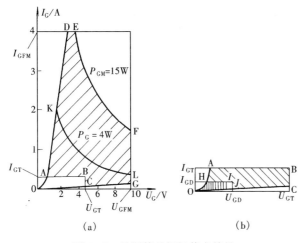

图1-7 晶闸管的门极伏安特性

(a) 门极伏安特性；(b) 局部放大图

安特性，称为门极伏安特性区域。如图1-7所示。

图中的曲线OD和OG分别为极限低阻伏安特性和极限高阻伏安特性；EF线为触发瞬时功率极限即门极所允许的最大瞬时功率P_{GM}；FG线为触发电压极限即门极正向峰值电压U_{GFM}；DE线为触发电流极限即门极正向峰值电流I_{GFM}；KL线为触发平均功率极限P_G。下面介绍门极伏安特性的几个区域。

(1) 可靠触发区。指ADEFGCBA所围成的区间，对于正常使用的晶闸管元件，其门极的触发电压、电流及功率都应处于这个区域内。当门极加上一定的功率后，会引起门极附近发热，当加入过大功率时，会使晶闸管整个结温上升，直接影响到晶闸管的正常工作，甚至会烧坏门极。所以施加于门极的电压、电流和功率是有一定限制的。可靠触发区的上限就是由门极正向峰值电流I_{GFM}、门极正向峰值电压U_{GFM}和允许的最大瞬时功率P_{GM}所确定的。可靠触发区的下限是这样定义的：在室温下元件的阳极加6V的直流电压，对于同规格的晶闸管元件均能由阻断状态转为通态所必需的最小门极触发电压U_{GT}和门极电流I_{GT}。

(2) 不可靠触发区。指ABCJIHA围成的区间，如图1-7 (b) 的放大区域所示。指在室温下，对于同型号的晶闸管，在此区域内有些器件能被触发，而有些触发电压和电流较高的器件，触发是不可靠的。它是合格晶闸管所允许的范围。

(3) 不触发区OHIJO。指任何合格器件在额定结温时，若门极信号在此区域内时，晶闸管均不会被触发导通。图1-7 (b) 为放大后所示，图中标出的U_{GD}和I_{GD}分别是门极不触发电压和电流，指未能使晶闸管从阻断状态转入通态，门极所加的最大电压和电流。

晶闸管出厂时所给出的是能够保证触发该型号器件的最小触发电流和电压。为使触发电路通用于同型号的晶闸管，在设计触发电路时，应使其产生的触发脉冲的电压和电流必须大于标准规定的门极触发电压U_{GT}和电流I_{GT}，才能保证任何一个合格的器件都能正常工作。而在器件不触发时，触发电路输出的漏电压和漏电流应低于晶闸管规定的门极不触发电压和不触发电流。有时为了提高抗干扰能力，避免误触发，可在晶闸管门极上加一定的负偏压。

因此，元件的触发电压、电流太小，触发将不可靠，造成触发困难；而触发电压、电流太大又会造成损耗增大，且易造成晶闸管的损坏。另外，在设计晶闸管触发电路时还要考虑到温度的影响，因为晶闸管的触发电压、电流受温度影响较大，温度升高，U_{GT}和I_{GT}的值会降低，反之则会增大。

二、晶闸管的动态特性

电力电子器件在电力电子电路中主要起开关管的作用，而由晶闸管的伏安特性可知，当晶闸管正向导通时其导通压降约为1V左右，反向电压特性与二极管相似，因此，它在电路中也常用作开关。晶闸管作为开关，虽然在理想情况下，可以假定它的开通与关断是瞬时完成的，但在实际情况中，两种状态间的转换是需要有一定过程的。由于晶闸管的开通和关断时间很短，当工作频率低时，一般假定晶闸管是瞬时开通和关断的，不需要考虑其开关时间和动态损耗。但当工作频率高时，晶闸管的开通、关断时间以及其动态损耗就不能不考虑了。

晶闸管的开通与关断过程的物理机理是很复杂的，我们在这里只对其动态过程作一简单介绍。晶闸管的动态特性就是指晶闸管在开通和关断的动态过程中阳极电流和阳极电压的变化规律。图 1-8 给出了晶闸管的开通与关断过程的波形。

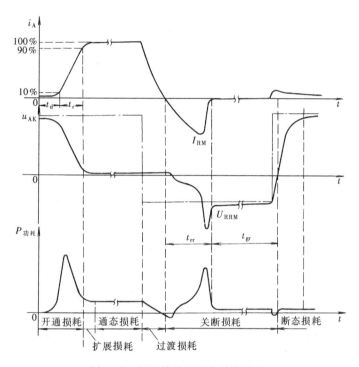

图 1-8 晶闸管的开通和关断特性

1. 开通过程

在图 1-8 中，我们假设门极在坐标原点就开始受到理想阶跃信号的触发。由于晶闸管开通时的内部正反馈过程的完成需要一定的时间，以及回路中电感的存在，使得其阳极电流的增大并不可能是瞬时完成的。我们一般把从门极加上阶跃信号的时刻起，到阳极电流升高到稳态值的 10% 的这段时间，称为延迟时间，用 t_d 来表示。把阳极电流从稳态值的 10% 升高到稳态值的 90% 的这段时间称之为上升时间，用 t_r 来表示。开通时间就定义为两者之和，即

$$t_{on} = t_d + t_r \tag{1-6}$$

普通晶闸管延迟时间 t_d 约为 $0.5 \sim 1.5 \mu s$，其上升时间 t_r 为 $0.5 \sim 3 \mu s$。

阳极电压的大小直接影响到开通时间的长短。在导通前，晶闸管承受的正向阳极电压的增大可使内部正反馈过程加速，延迟时间和上升时间都可显著缩短。而门极电流的增大也可缩短延迟时间。除晶闸管本身的特性外，主回路电感的存在也将严重影响上升时间长短。另外，门极脉冲的陡度、元件的结温、导通后的阳极电流的稳定值都会影响到开通时间的长短。

2. 关断过程

晶闸管在导通时，阳极电流通过内部的各 PN 结，各区域有大量的载流子存在，使元件呈现低阻状态。而晶闸管的关断过程就是使各区载流子消失的过程，显然此过程是不能瞬间完成的。图 1-8 表明了晶闸管承受反压时的关断过程。

当电路施加反向电压（见图 1-8 中点划线及波形）给晶闸管 A-K 两端时，晶闸管的阳极电流从稳态值开始下降，但当阳极电流下降为零时，晶闸管内部 PN 结附近仍然存在大量载流子，所以，在反压的作用下，晶闸管内部会瞬时出现反向恢复电流。反向电流达到最大值后，再衰减至接近零。晶闸管也就恢复了反向耐压能力，所以这段时间称为反向阻断恢复时间 t_{rr}。但在此零电流时，晶闸管内部的 J_2 结仍处于正向偏置，它的载流子只能通过复合而逐渐消失，若在此时重新给元件加上正向阳极电压，则会由于 J_2 结附近载流子的存在而使元件再次导通。所以，要等到 J_2 结附近载流子基本消失后，正向阻断能力才能完全恢复，门极才能恢复控制特性，我们把这段时间称为正向阻断恢复时间 t_{gr}，如图 1-8 所示。

由上述分析可以知道，晶闸管并不可以在阳极电流下降到零时刻就承受外加反向电压，而需经过一个反向恢复期；之后尽管晶闸管可以加上反向电压，但并未恢复门极控制能力，即此时还不能在晶闸管上施以一定变化率的正向电压，而是还需经过一个恢复门极控制能力的阶段，晶闸管才能关断。因此，我们定义：元件从正向电流下降为零到元件恢复正向阻断能力的时间为关断时间，用 t_{off} 来表示（或用 tg），即

$$t_{off}（或 tg）= t_{rr} + t_{gr} \tag{1-7}$$

普通晶闸管关断时间约几百微秒。影响关断时间的因素有：关断前的正向电流越大，关断时间就越长；外加反向电压越高，关断时间就越短；再次施加正向电压以及正向电压上升率越是接近极限值，关断时间增加越明显；PN 结温度越高，载流子复合时间越长，关断时间也就越长。我们一般可以通过降低结温，适当加大反压并保持一段时间来达到缩短关断时间的目的。

由于上述 J_2 结载流子复合的过程较慢，因此正向阻断恢复时间比反向阻断恢复时间要长，过早的给元件施加正向电压，会造成晶闸管的误导通，故在实际应用过程中，为保证晶闸管充分恢复其阻断能力，使电路可靠工作，必须给晶闸管加足够长时间的反向电压才行。

第三节　晶闸管的主要参数

要想正确使用晶闸管，不仅要了解晶闸管的工作原理和特性，更重要的是要理解晶闸管的主要参数所代表的意义。下面我们将介绍几种晶闸管的主要参数。

一、晶闸管的电压定额

1. 断态重复峰值电压 U_{DRM}

在前节图 1-6 的晶闸管阳极伏安特性中，我们规定，当门极断开，元件处在额定结温时，允许重复加在器件上的正向峰值电压为晶闸管的断态重复峰值电压，用 U_{DRM} 表示。它是由伏安特性中的正向转折电压 U_{BO} 减去一定数值，即留出一定裕量，成为晶闸管的断态不重复峰值电压 U_{DSM}，然后再乘以 90% 而得到的。至于断态不重复峰值电压 U_{DSM} 与正向转折电压 U_{BO} 的差值，则由生产厂家自定。这里需要说明的是，晶闸管正向工作时，有通态和断态两种状态。参数名称中提到的断态或通态，一定是指正向的，因此，"正向"两字可以省去。

2. 反向重复峰值电压 U_{RRM}

相似的，我们规定当门极断开，元件处在额定结温时，允许重复加在器件上的反向峰值电压为晶闸管的反向重复峰值电压，用 U_{RRM} 表示。它是由伏安特性中的反向击穿电压 U_{RO} 减去一定数值，即留出一定裕量，成为晶闸管的反向不重复峰值电压 U_{RSM}，然后再乘以 90% 而得到的。至于反向不重复峰值电压 U_{RSM} 与反向击穿电压 U_{RO} 的差值，则由生产厂家自定。在正常情况下，晶闸管承受反向电压时一定是阻断的，因此参数名称中"阻断"两字可以省去。

表 1-1   **晶闸管的正反向重复峰值电压标准等级**

级 别	正反向重复峰值电压（V）	级 别	正反向重复峰值电压（V）	级 别	正反向重复峰值电压（V）
1	100	8	800	20	2000
2	200	9	900	22	2200
3	300	10	1000	24	2400
4	400	12	1200	26	2600
5	500	14	1400	28	2800
6	600	16	1600	30	3000

3. 额定电压 U_{Tn}

因为晶闸管的额定电压是瞬时值，若晶闸管工作时外加正向电压的峰值超过正向转折电压，就会使晶闸管硬开通，多次硬开通会造成管子的损坏；而外加反向电压的峰值超过反向击穿电压，则会造成晶闸管永久损坏。因此，所谓晶闸管的额定电压 U_{Tn} 通常是指 U_{DRM} 和 U_{RRM} 中的较小值，再取相应的标准电压等级中偏小的电压值。例如，若测得并计算出来的晶闸管的 U_{DRM} 为 835V，U_{RRM} 为 976V，则额定电压应定义为 800V，即 8 级。

另外，若是散热不良或环境温度升高，均能使正反向转折电压降低，而且在使用中还会出现一些异常电压，因此，在实际选用晶闸管元件时，其额定电压要留有一定的裕量，一般选用元件的额定电压应为实际工作时晶闸管所承受的峰值电压的 2～3 倍，并按表 1-1 选取相应的电压等级。注意，此时选晶闸管时要选标准等级中大的值。

4. 通态（峰值）电压 U_{TM}

U_{TM} 是晶闸管通以 π 倍或规定倍数额定通态平均电流值时的瞬态峰值电压。从减小损耗和器件发热的观点出发，应该选择 U_{TM} 较小的晶闸管。

5. 通态平均电压（管压降）$U_{T(AV)}$

当元件流过正弦半波的额定电流平均值和稳定的额定结温时，元件阳极和阴极之间电压降的平均值称为晶闸管的通态平均电压 $U_{T(AV)}$，简称管压降 $U_{T(AV)}$。表 1-2 列出了晶闸管正向通态平均电压的组别及对应范围。

表 1-2   **晶闸管正向通态平均电压的组别**

正向通态平均电压（V）	$U_{T(AV)}$ ≤0.4	0.4<$U_{T(AV)}$ ≤0.5	0.5<$U_{T(AV)}$ ≤0.6	0.6<$U_{T(AV)}$ ≤0.7	0.7<$U_{T(AV)}$ ≤0.8	0.8<$U_{T(AV)}$ ≤0.9	0.9<$U_{T(AV)}$ ≤1.0	1.0<$U_{T(AV)}$ ≤1.1	1.1<$U_{T(AV)}$ ≤1.2
组别代号	A	B	C	D	E	F	G	H	I

二、晶闸管的电流定额

1. 通态平均电流 $I_{T(AV)}$

在环境温度为+40℃和规定的冷却条件下,晶闸管在电阻性负载的单相工频正弦半波、导通角不小于170°的电路中,当结温不超过额定结温且稳定时,晶闸管所允许通过的最大电流的平均值,称为晶闸管的额定通态平均电流,用 $I_{T(AV)}$ 表示。将此电流按晶闸管标准电流系列取相应的电流等级,称为元件的额定电流。

在这里需要特别说明的是,晶闸管允许流过的电流的大小主要取决于元件的结温,而在规定的室温和冷却条件下,结温的高低仅与发热有关。从晶闸管管芯发热的角度来考虑,若认为元件导通时的管芯电阻不变,则其发热就由其电流有效值决定。而在实际应用中流过晶闸管的电流的波形是多种多样的,但对于同一只晶闸管而言,在流过不同电流波形时,所允许的电流的有效值是相同的。因此,在使用时应按照工作中晶闸管波形的电流与额定情况下的通态平均电流的发热效应相等的原则,即有效值相等的原则来选取晶闸管的额定电流。

在不同电路中,不同负载情况下,流过晶闸管的电流波形各不相同,但各种有直流分量的电流波形都有一个平均值和一个有效值。为方便理解和计算,我们定义一个电流波形的有效值与其平均值之比为这个电流的波形系数,用 K_f 表示,即

$$K_f = \frac{I}{I_d} \tag{1-8}$$

式中: I 为此电流的有效值; I_d 为此电流的平均值。

那么对于晶闸管额定情况下的电流波形的波形系数是多少呢?由晶闸管额定电流的定义可知,额定情况下流过元件的电流波形是正弦半波,如图1-9所示。而我们定义的额定电流就是正弦半波的平均值,设电流波形的峰值为 I_m,则有下列关系

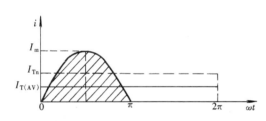

图1-9　额定情况下晶闸管各电流的关系

$$I_d = I_{T(AV)} = \frac{1}{2\pi} \int_0^\pi I_m \sin\omega t \, \mathrm{d}(\omega t) = \frac{I_m}{\pi} \tag{1-9}$$

$$I = I_{Tn} = \sqrt{\frac{1}{2\pi} \int_0^\pi (I_m \sin\omega t)^2 \, \mathrm{d}(\omega t)} = \frac{I_m}{2} \tag{1-10}$$

$$K_f = \frac{I}{I_d} = \frac{I_{Tn}}{I_{T(AV)}} = \frac{\pi}{2} = 1.57 \tag{1-11}$$

即额定情况下的波形系数为1.57。

因此,晶闸管的额定情况下的有效值 I_{Tn} 为 $1.57 I_{T(AV)}$。例如,对于一只额定电流 $I_{T(AV)} = 100A$ 的晶闸管,可知其允许的电流有效值应为157A。但在选择时,还要留出1.5~2倍的安全裕量,所以,选择晶闸管额定电流 $I_{T(AV)}$ 的原则是:所选晶闸管的额定电流有效值 I_{Tn} 大于等于元件在电路中可能流过的最大电流有效值 I_{TM} 的1.5~2倍,即

$$I_{Tn} = 1.57 I_{T(AV)} = (1.5 \sim 2) I_{TM} = (1.5 \sim 2) K_f I_d \tag{1-12}$$

$$I_{T(AV)} = \frac{(1.5 \sim 2) I_{TM}}{1.57} \tag{1-13}$$

再取相应额定电流的标准系列值。

2. 维持电流 I_H

维持电流是指在室温下门极断开时，晶管闸元件从较大的通态电流降至刚好能保持导通所必需的最小阳极电流，一般为几十到几百毫安。I_H 与结温有关，结温越高，则 I_H 越小。

3. 擎住电流 I_L

擎住电流是指晶闸管加上触发电压，当元件从阻断状态刚转入通态就去除触发信号，此时要维持元件导通所需要的最小阳极电流。对同一晶闸管来说，通常 I_L 约为 I_H 的 $2\sim4$ 倍。

4. 断态重复峰值电流 I_{DRM} 和反向重复峰值电流 I_{RRM}

断态重复峰值电流 I_{DRM} 和反向重复峰值电流 I_{RRM} 分别是对应于晶闸管承受断态重复峰值电压 U_{DRM} 和反向重复峰值电压 U_{RRM} 时的峰值电流。

5. 浪涌电流 I_{TSM}

I_{TSM} 是一种由于电路异常情况引起的使结温超过额定结温的不重复性最大正向过载电流，用峰值表示。它是用来设计保护电路的。

按标准，普通晶闸管型号的命名含义如下：

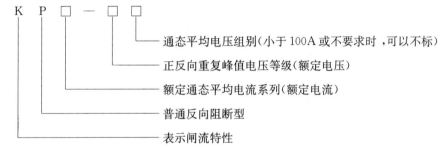

三、门极触发电流 I_{GT} 和门极触发电压 U_{GT}

I_{GT} 是在室温下，给晶闸管施加 6V 正向阳极电压时，使元件由断态转入通态所必需的最小门极电流。

U_{GT} 是产生门极触发电流所必需的最小门极电压。由于门极伏安特性的分散性，使得同一厂家生产的同一型号的晶闸管，其触发电流和触发电压相差很大，所以只规定其下限值。对于晶闸管的使用者来说，为使触发电路适用于所有同型号的晶闸管，触发电路送出的电压和电流要适当地大于型号规定的标准值，但不应超过门极的可加信号的峰值 I_{FGM} 和 U_{FGM}，功率不能超过门极平均功率 P_G 和门极峰值功率 P_{GM}。

四、动态参数

1. 断态电压临界上升率 du/dt

du/dt 是在额定结温和门极开路的情况下，不导致晶闸管从断态到通态转换的最大阳极电压上升率。实际使用时的电压上升率必须低于此规定值。

限制元件正向电压上升率的原因是：在正向阻断状态下，反偏的 J_2 结相当于一个结电容，如果阳极电压突然增大，便会有一充电电流流过 J_2 结，相当于有触发电流。若 du/dt 过大，即充电电流过大，就会造成晶闸管的误导通。所以在使用时，要采取措施，使它不超过规定的值。表 1-3 为晶闸管的断态电压临界上升率等级。

表 1 - 3　　　　　　　断态电压临界上升率（du/dt）的等级

du/dt (V/μs)	25	50	100	200	500	800	1000
级 别	A	B	C	D	E	F	G

2. 通态电流临界上升率 di/dt

di/dt 是在规定条件下，晶闸管能承受而无有害影响的最大通态电流上升率。如果电流上升太快，则晶闸管刚一导通，便会有很大的电流集中在门极附近的小区域内，造成 J$_2$ 结局部过热而出现"烧焦点"，从而使元件损坏。因此在实际使用时也要采取措施，使其被限制在允许值内。表 1 - 4 为晶闸管额定通态电流临界上升率的等级。

表 1 - 5 列出了晶闸管的主要参数。

表 1 - 4　　　　　　　额定通态电流临界上升率（di/dt）的等级

di/dt (A/μs)	25	50	100	150	200	300	500
级 别	A	B	C	D	E	F	G

表 1 - 5　　　　　　　　　晶 闸 管 的 主 要 参 数

型号	通态平均电流 (A)	通态峰值电压 (V)	断态正反向重复峰值电流 (mA)	断态正反向重复峰值电压 (V)	门级触发电流 (mA)	门级触发电压 (V)	断态电压临界上升率 (V/μs)	推荐用散热器	安装力 (kN)	冷却方式
KP5	5	≤2.2	≤8	100～2000	<60	<3		SZ14		自然冷却
KP10	10	≤2.2	≤10	100～2000	<100	<3	250～800	SZ15		自然冷却
KP20	20	≤2.2	≤10	100～2000	<150	<3		SZ16		自然冷却
KP30	30	≤2.4	≤20	100～2400	<200	<3	50～1000	SZ16		强迫风冷　水冷
KP50	50	≤2.4	≤20	100～2400	<250	<3		SL17		强迫风冷　水冷
KP100	100	≤2.6	≤40	100～3000	<250	<3.5		SL17		强迫风冷　水冷
KP200	200	≤2.6	≤0	100～3000	<350	<3.5		L18	11	强迫风冷　水冷
KP300	300	≤2.6	≤50	100～3000	<350	<3.5		L18B	15	强迫风冷　水冷
KP500	500	≤2.6	≤60	100～3000	<350	<4	100～1000	SF15	19	强迫风冷　水冷
KP800	800	≤2.6	≤80	100～3000	<350	<4		SF16	24	强迫风冷　水冷
KP1000	1000			100～3000				SS13		
KP1500	1000	≤2.6	≤80	100～3000	<350	<4		SF16	30	强迫风冷　水冷
KP2000								SS13		
	1500	≤2.6	≤80	100～3000	<350	<4		SS14	43	强迫风冷　水冷
	2000	≤2.6	≤80	100～3000	<350	<4		SS14	50	强迫风冷　水冷

第四节 晶闸管的派生器件

前面介绍了 KP 普通型晶闸管的结构、原理和主要参数。随着生产实际需求的增加，在普通型晶闸管的基础上又派生出一些特殊型晶闸管，如快速晶闸管（KK）、双向晶闸管（KS）和逆导晶闸管（KN）等。

一、双向晶闸管

1. 双向晶闸管的结构

双向晶闸管是一种五层三端的硅半导体闸流元件。其结构从外观上和普通晶闸管一样，也有螺栓式和平板式两种结构，其特点与普通晶闸管相同。

双向晶闸管外部也有三个电极，其中两个主电极分别为 T1 极和 T2 极，还有一个门极 G，门极是和 T2 极在同一侧引出的。其外部形式如图 1-10 所示。

双向晶闸管的内部结构有五层（NPNPN），其核心部分集成在一块单晶片上，相当于两个门极接在一起的普通晶闸管反并联，其等效电路和符号如图 1-11 所示。

图 1-10 双向晶闸管的外观

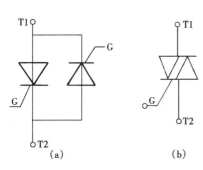

图 1-11 双向晶闸管的等效电路及符号
(a) 等效电路；(b) 图形符号

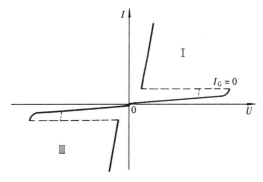

图 1-12 双向晶闸管的伏安特性

2. 双向晶闸管的特性

双向晶闸管的门极可以在主电极正反两个方向触发晶闸管，关于这一点可以在其伏安特性上清楚地看出来，如图 1-12 所示。双向晶闸管在第 I 和第 III 象限有着对称的伏安特性，这一点是与普通晶闸管不同的。其中，规定双向晶闸管的 T1 极为正、T2 极为负时的特性为第 I 象限特性；而 T1 极为负、T2 极为正时的特性为第 III 象限特性。

双向晶闸管的门极和 T2 极之间加正、负触发信号均能使管子触发导通，所以双向晶闸管有四种触发方式。

I+ 触发方式：T1 极为正，T2 极为负；门极为正，T2 极为负。

I− 触发方式：T1 极为正，T2 极为负；门极为负，T2 极为正。

III+ 触发方式：T1 极为负，T2 极为正；门极为正，T2 极为负。

III− 触发方式：T1 极为负，T2 极为正；门极为负，T2 极为正。

由于双向晶闸管的内部结构的原因，这四种触发方式的灵敏度各不相同，即所需触发电压、电流的大小不同。其中Ⅲ₊触发方式的灵敏度最低，所需的门极触发功率很大，所以在实际应用中一般不选此种触发方式。双向晶闸管常常用在交流调压等电路，因此触发方式常选（Ⅰ₊、Ⅲ₋）或（Ⅰ₋、Ⅲ₋）。

    3. 双向晶闸管的参数及型号

    双向晶闸管的主要参数与普通晶闸管的参数基本一致。

    （1）额定通态电流 $I_{\text{T(RSM)}}$（额定电流）。表 1-6 中列出了部分电流系列。由于双向晶闸管常用在交流电路中，因而其额定电流是用有效值定义的，这一点和普通晶闸管是不一样的，在使用时要注意。以 100A 的双向晶闸管为例，其峰值为 $100\times\sqrt{2}=141$A，而对于一个额定情况下（正弦半波）峰值为 141A 的普通晶闸管来说，它的额定电流（平均值）为 141A/π=45A。这就是说，一个 100A（有效值）的双向晶闸管与两个 45A（平均值）的普通晶闸管反并联的电流容量相同。而在实际选取晶闸管时，也要留出一定的裕量，一般 $I_{\text{T(RSM)}}=(1.5\sim2)I_{\text{TM}}$，其中 I_{TM} 为实际电路中流过双向晶闸管的电流最大值。

    （2）断态重复峰值电压 U_{DRM}（额定电压）。其分级规定见表 1-7。实际应用时，电压通常取两倍的裕量。

    双向晶闸管的其他参数列于表 1-8 和表 1-9。

    根据标准规定，双向晶闸管的型号定义如下：

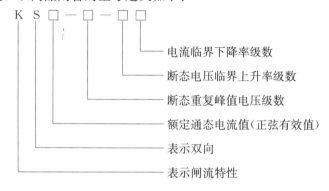

表 1-6   系列与额定电流（有效值）$I_{\text{T(RSM)}}$ 的规定

系列	KS1	KS10	KS20	KS50	KS100	KS200	KS400	KS500
$I_{\text{T(RSM)}}$（A）	1	10	20	50	100	200	400	500

表 1-7   断态重复峰值电压 U_{DRM} 的分级规定

等级	1	2	3	4	5	6	7	8	9	10	12	14	16	18	20
U_{DRM}（V）	100	200	300	400	500	600	700	800	900	1000	1200	1400	1600	1800	2000

表 1-8   断态电压临界上升率分级规定

等级	0.2	0.5	2	5
$\mathrm{d}u/\mathrm{d}t$（V/μs）	≥20	≥50	≥200	≥500

表 1-9	换向电流临界下降率 $\left(\dfrac{di}{dt}\right)_{c}$ 的分级规定		
等 级	0.2	0.5	1
di/dt (A/μs)	$\geqslant 0.2\% I_{T(RMS)}$	$\geqslant 0.5\% I_{T(RMS)}$	$\geqslant 1\% I_{T(RMS)}$

二、逆导晶闸管

在逆变电路和直流斩波电路中，常常要将晶闸管和二极管反并联使用，逆导晶闸管就是根据这一要求发展起来的器件。它是将普通晶闸管和整流二极管制作在同一管芯上，且中间有一隔离区的功率集成元件。其等效电路、符号和伏安特性如图 1-13 所示。

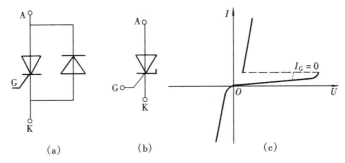

图 1-13 逆导晶闸管的等效电路、符号及伏安特性

(a) 等效电路；(b) 图形符号；(c) 伏安特性

逆导晶闸管不具有承受反向电压的能力，一旦承受反压就会导通。与普通晶闸管相比，它具有正向压降小、关断时间短、高温特性好、额定结温高等优点，可用于不需要阻断反向电压的电路。

逆导晶闸管的额定电流用分数表示，分子表示晶闸管电流，分母表示二极管电流。如300A/150A。两者的比值应依据使用要求而定，一般为 1～3。

三、快速晶闸管

快速晶闸管的外形、符号和伏安特性与普通晶闸管相同。它包括常规的快速晶闸管和工作在更高频率的高频晶闸管。快速晶闸管的管芯结构和制造工艺与普通晶闸管不同，因而快速晶闸管的开通和关断时间短。例如，普通晶闸管的关断时间为几百微秒，而快速晶闸管为几十微秒，高频晶闸管则为 10μs 左右。而且快速晶闸管的 du/dt 和 di/dt 的耐量也有了明显的提高。

快速晶闸管的不足是其电压和电流都不易做高，并且由于工作频率较高，故在选择此类器件时不能忽略其开关损耗。

四、光控晶闸管

光控晶闸管又称光触发晶闸管，是利用一定波长的光照信号来代替电信号对器件进行触发，其图形符号如图 1-14 所示。光控晶闸管的伏安特性和普通晶闸管一样，只是随着光照信号变强其正向转折电压逐渐变低。

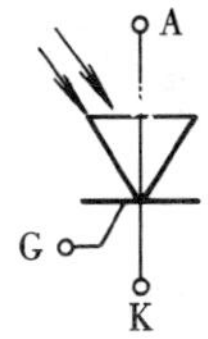

由于采用了光触发，保证了主电路和触发电路之间的绝缘，并且还可以避免电磁干扰的影响。

图 1-14 光控晶闸管图形符号

第五节　其他新型电力电子器件

前面介绍的晶闸管元件，尽管得到了很大的发展，但其在控制功能上还存有欠缺，即它通过门极只能控制开通而不能控制关断，所以称为半控型器件。随着半导体制造技术及变流技术的发展，微电子技术与电力电子技术在各自发展的基础上相结合而产生了一代新型高频化、全控型的功率集成器件，从而使电力电子技术跨入了一个新时代。所谓全控型器件就是导通和关断都可控的电力电子器件，也称自关断器件。这些器件有电力晶体管（GTR）、可关断晶闸管（GTO）、功率场效应晶体管（功率 MOSFET）、绝缘栅极双极型晶体管（IG-BT）、静电感应晶体管（SIT）、静电感应晶闸管（SITH）、MOS 晶闸管（MCT）以及 MOS 晶体管（MGT）等等。

一般根据器件中参与导电的载流子的情况，将电力电子器件分为三大类型：双极型、单极型和混合型。

一、双极型器件

双极型器件是指器件内部参与导电的是电子和空穴两种载流子的半导体器件。常见的双极型器件有 GTR、GTO 和 SITH。

1. 电力晶体管 GTR

电力晶体管也称巨型晶体管（Giant Transistor，简称 GTR），是一种双极结型晶体管。它具有大功率、高反压、开关时间短、饱和压降低和安全工作区宽等优点，因此被广泛用于交流电机调速、不停电电源和中频电源等电力变流装置中。

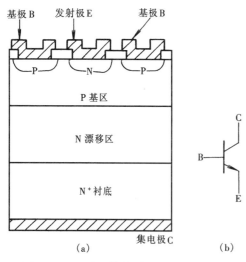

图 1-15　电力晶体管的内部结构和符号
(a) 内部结构；(b) 图形符号

电力晶体管的结构同小功率晶体管相似，也是三端三层器件，内部有两个 PN 结，也有 NPN 管和 PNP 管之分，大功率 GTR 多为 NPN 型。图 1-15 是 NPN 型晶体管的结构示意图和电气图形符号。对于电力晶体管来说多数情况下处于功率开关状态，因此对它的要求是要有足够的电压、电流承载能力、适当的增益、较高的工作速度和较低的功率损耗等。然而，随着 GTR 电压、电流容量的增加，基区电导调制效应和扩展效应将使器件的电流增益下降；发射极电流集边效应则使电流分布不均，出现电流局部集中，导致器件热损坏。为此，GTR 均采用三重扩散台面型结构制成单管形式，该结构特点是结面积较大、电流分布均匀、易于提高耐压及散热；缺点是电流增益低。为了扩大输出容量和提高电流增益，可采用达林顿结构，它由两个或多个晶体管复合而成。

我们通常用导通、截止、开通和关断来表示其不同的工作状态。导通和截止表示 GTR 的两种稳态工作情况，开通和关断表示 GTR 由断到通、由通到断的动态过程。在共射极接法时，GTR 的输出特性也分截止区、放大区和饱和区，在开关状态时，GTR 应工作在截止区或饱和区，但在开关过程中，即在截止区和饱和区之间过渡时，都要经过放大区。我们用图 1-16 所示共射极开关电路来说明器件开关状态的特性。GTR 导通时对应着基极输入正向电压的情况，此时发射结处于正向偏置（$U_{BE}>0$）状态，集电结也处于正向偏置（$U_{BC}>0$）状态。由于基区内有大量过剩的载流子，而集电极电流被外部电路限制在某一数值不能继续增加，于是使

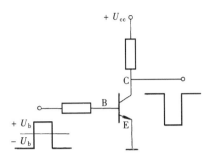

图 1-16 GTR 的开关电路

GTR 处于饱和状态。此时集射极之间阻抗很小，其特征用 GTR 的饱和压降 U_{CES} 来表征。当基极输入反向电压或零时，GTR 的发射结和集电结都处于反向偏置（$U_{BE}<0$、$U_{BC}<0$）状态。在这种状态下集射极之间阻抗很大，只有极小的漏电流流过，GTR 处于截止状态。此时 GTR 的特征用穿透电流 I_{CEO} 表征。

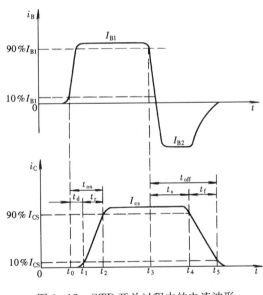

图 1-17 GTR 开关过程中的电流波形

图 1-17 为 GTR 的开关过程的电流波形。与晶闸管类似，GTR 开通时间 t_{on} 包括延迟时间 t_d 和上升时间 t_r；而它的关断时间 t_{off} 包括存储时间 t_s 和下降时间 t_f。

$$t_{on} = t_d + t_r \qquad (1-14)$$
$$t_{off} = t_s + t_f \qquad (1-15)$$

增大基极驱动电流 i_b 的幅值并增大 di_b/dt，可以缩短延迟时间和上升时间；减小导通时的饱和深度或增大基极抽取负电流 i_b 的幅值和偏压，可以缩短存储时间。当然，减小饱和导通时的深度会使 U_{CES} 增加，这是一对矛盾。

在实际应用中，损坏的 GTR 多数是由于二次击穿造成的。所谓二次击穿，是指 GTR 发生一次击穿后电流不断增加，在某一点产生向低阻抗区高速移动的负阻现象，用符号 S/B 表示。当集电极电压升高到某一数值时，集电极电流 I_C 急剧增大，这就是通常所说的雪崩现象，即一次击穿现象，其特点是此时集电结的电压基本保持不变。如有外接电阻限制电流增长，一般不会引起 GTR 特性变差；若不加限制，继续增大外接电压，就会导致破坏性的二次击穿。

GTR 的主要技术参数除了有前面提到的集电极与发射极间漏电流 I_{CEO}、集电极和发射极间饱和压降 U_{CES}、开通时间 t_{on} 和关断时间 t_{off} 之外，还有：

（1）电压参数。随着测试条件的不同，GTR 的电压参数分为下面几种：发射极开路时，集—基极间的反向击穿电压 U_{CBO}；基极开路时，集—射极间的反向击穿电压 U_{CEO}；基—射极间短路时，集—射极间的反向击穿电压 U_{CES}；基—射极间接一电阻时，集—射极间的反向击穿电压 U_{CER}；基—射极间接一电阻并串联反偏电压时，集—射极间的反向击穿

电压 U_{CEX}。它们之间的大小关系通常为：$U_{CBO}>U_{CEX}>U_{CES}>U_{CER}>U_{CEO}$。

（2）电流参数。集电极最大允许电流 I_{CM}。一般以电流放大倍数 β 值下降到额定值的 $1/2\sim1/3$ 时的 I_C 值定义为 I_{CM}。

（3）功耗参数。集电极最大耗散功率 P_{CM}；导通损耗 P_{ON}；开关损耗 P_{SW}；二次击穿功耗 P_{SB}。

其他参数还有如电流放大倍数、额定结温等。

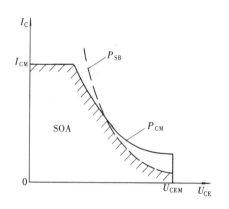

图 1-18　GTR 的安全工作区

可见，GTR 在运行中受到许多条件的制约。为了保证 GTR 安全可靠的工作，建立了安全工作区的概念。安全工作区 SOA（Safe Operation Area）是指 GTR 能够安全运行的电压、电流和功率范围。如图 1-18 所示，它由最高工作电压 U_{CEM}、集电极最大允许电流 I_{CM}、最大耗散功率 P_{CM} 和二次击穿功耗 P_{SB} 构成。

2. 可关断晶闸管 GTO

可关断晶闸管也称门极可关断晶闸管（Gate Turn Off Thyristor，简称 GTO），前已述及的普通晶闸管，其特点是靠门极正信号触发之后，撤掉触发信号亦能维持通态。欲使之关断，必须使正向电流低于维持电流 I_H，一般要施加以反向电压强迫其关断。这就需要增加换向电路，不仅使设备的体积重量增大，而且会降低效率，产生波形失真和噪声。可关断晶闸管克服了上述缺陷，它既保留了普通晶闸管耐压高、电流大等优点，又具有 GTR 的一些优点，如具有自关断能力、频率高、使用方便等，是理想的高压、大电流开关器件。GTO 的容量及使用寿命均超过电力晶体管（GTR），只是工作频率比 GTR 低。目前，GTO 已达到 3000A、4500V 的容量。大功率可关断晶闸管已广泛用于斩波调速、变频调速、逆变电源等领域，显示出强大的生命力。

可关断晶闸管的主要特点为，既可用门极正向触发信号使其触发导通，又可向门极加负向触发信号使晶闸管关断。

可关断晶闸管与普通晶闸管一样，也是 PNPN 四层三端器件，其结构示意图及等效电路和普通晶闸管相同，如图 1-2（a）和图 1-3（b）所示。图 1-19 绘出 GTO 的电气图形符号。GTO 是多元的功率集成器件，这一点与普通晶闸管不同。它内部包含了数十个甚至数百个共阳极的 GTO 元，这些小 GTO 元的阴极和门极则在器件内部并联在一起，且每个 GTO 元阴极和门极距离很短，有效地减小了横向电阻，因此可以从门极抽出电流而使其关断。

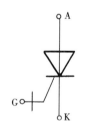

图 1-19　GTO 的
图形符号

GTO 的触发导通原理与普通晶闸管相似，阳极加正向电压，门极加正触发信号后，在其内部也会发生正反馈过程，使 GTO 导通。尽管两者的触发导通原理相同，但二者的关断原理及关断方式截然不同。当要关断 GTO 时，给门极加上负电压，晶体管 $P_1N_1P_2$ 的集电极电流 I_{c1} 被抽出来，形成门极负电流 $-I_G$。由于 I_{c1} 的抽走使 $N_1P_2N_2$ 晶体管的基极电流减小，进而使其集电极电流 I_{c2} 减小，于是引起 I_{c1} 的进一步下降，形成一个正反馈过程，最后导致 GTO 阳极电流的关断。图 1-20 是 GTO 的关断过程等效原理图。

那么为什么普通晶闸管不可以采用这种从门极抽走电流的方式来使其关断呢？这是由于普通晶闸管在导通之后即处于深度饱和状态，$\alpha_1 + \alpha_2$ 比 1 大很多，用此方法根本不可能使其关断。而 GTO 在导通时的放大系数 $\alpha_1 + \alpha_2$ 只是稍大于 1，而近似等于 1，只能达到临界饱和，所以 GTO 门极上加负向触发信号即可关断。还有一点就是在设计时使得 V2 管的 α_2 较大，这样控制更灵敏，也会使 GTO 易于关断。再就是前面提到的多元结构上的特点，都使 GTO 的可控关断成为可能。

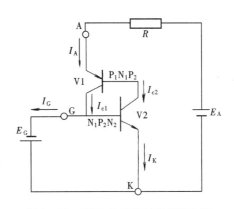

图 1 - 20 GTO 的关断过程等效电路

GTO 的动态特性如图 1 - 21 所示。由图可以看

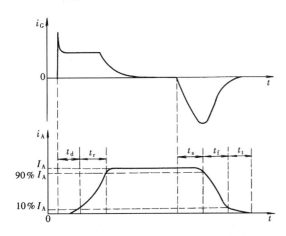

图 1 - 21 GTO 开通和关断的电流波形

出，GTO 的开通时间 t_{on} 与电力晶体管 GTR 类似，也包括延迟时间 t_d 和上升时间 t_r。且其大小取决于器件特性、门极电流上升率以及门极信号的幅值大小。而 GTO 的整个关断过程可用三个时间来表示，即包括存储时间 t_s、下降时间 t_f 和尾部时间 t_t，而定义的关断时间 t_{off} 则包括存储时间 t_s 和下降时间 t_f。各部分的时间定义如下：

（1）延迟时间 t_d。从施加正的触发电流的时刻起，到阳极电流上升到稳定值的 10% 时刻止的这一段时间。

（2）上升时间 t_r。阳极电流从稳定值的 10% 上升到稳定值的 90% 所需的时间。

（3）存储时间 t_s。从施加负脉冲的时刻起，到阳极电流下降到稳定值的 90% 所需的时间。

（4）下降时间 t_f。阳极电流从稳定值的 90% 下降到稳定值的 10% 所需的时间。

（5）尾部时间 t_t。阳极电流从稳定值的 10% 到 GTO 恢复阻断能力所需的时间。

GTO 的主要参数包括：

（1）最大可关断阳极电流 I_{ATO}。GTO 的阳极电流受两方面限制：一个是额定结温决定了 GTO 的平均电流定额；另一个是受电学上的限制，即当电流过大时，GTO 的临界导通条件 $\alpha_1 + \alpha_2$ 稍大于 1 就可能被破坏，使器件饱和程度加深，将导致门极关断失败。因此，GTO 存在着可以关断的阳极电流最大值 I_{ATO}，它是标称 GTO 的额定电流容量的参数。如 3000A/4500V 的 GTO，即指元件的最大可关断阳极电流 I_{ATO} 为 3000A，耐压为 4500V。

（2）电流关断增益 β_{off}。GTO 的另一个重要参数就是 β_{off}，它等于阳极最大可关断电流 I_{ATO} 与门极最大负向电流 I_{GM} 之比，即

$$\beta_{off} = \frac{I_{ATO}}{|I_{GM}|} \tag{1 - 16}$$

β_{off} 值愈大，说明门极电流对阳极电流的控制能力愈强。β_{off} 一般较小，仅为几倍，电流关断增益低是 GTO 的一个主要缺点。

（3）维持电流 I_H 和擎住电流 I_L。GTO 的维持电流和擎住电流的含义和普通晶闸管的含义基本相同。但是，由于 GTO 的多元集成结构，使得每个 GTO 元的维持电流和擎住电流不可能完全相同。因此，我们把阳极电流减小到开始出现某些 GTO 元不能再维持导通时的值称为整个 GTO 的维持电流；而规定所有 GTO 元都达到其擎住电流时的阳极电流为 GTO 的擎住电流 I_L。

（4）开通时间 t_{on} 和关断时间 t_{off}。在前面动态特性中已做出定义

$$t_{\text{on}} = t_d + t_r \tag{1-17}$$
$$t_{\text{off}} = t_s + t_f \tag{1-18}$$

GTO 的开关时间比普通晶闸管短但比电力晶体管长，因此它的工作频率介于普通晶闸管和电力晶体管之间。

（5）断态重复峰值电压 U_{DRM}、断态不重复峰值电压 U_{DSM}、反向重复峰值电压 U_{RRM} 和反向不重复峰值电压 U_{RSM}。对 GTO 而言，这些电压的定义与普通晶闸管相同。

3. 静电感应晶闸管 SITH

静电感应晶闸管（Static Induction Thyristor，简称 SITH）是由日本人于 1972 年研制成功的一种新型双极型电力半导体器件。它吸收了场效应器件和双极型器件的优点，使电力电子器件在高速控制和高电压、大电流方面向前迈出一大步。

静电感应晶闸管的结构和后面介绍的静电感应晶体管 SIT 类似，均属静电感应器件。所谓静电感应器件，其工作原理是利用电场的作用来开闭电流的通道，使器件导通或关断。图 1-22 绘出了静电感应晶闸管的结构示意图及其常用符号，它对外有三个引出端：阳极 A、阴极 K 和门极 G。从结构示意图中可以看出，在 N 型层里隐埋了被 N 隔开的许多 P^+ 小区，这样在两个 P^+ 小区之间的 N 区，就成为了电流通道。

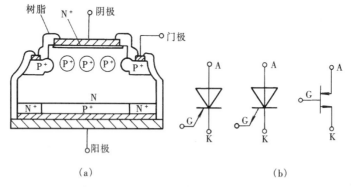

图 1-22　SITH 的内部结构和图形符号

（a）内部结构；（b）图形符号

根据工作方式的不同，SITH 分为常开型（多数）和常关型两类。对于常开型 SITH，其工作特性为在阳极接正、阴极接负的情况下，当门极偏压为零或有小的正向电压时，所有小的电流通道都是没有阻挡的，由阳极向阴极的电流是畅通无阻的，这时 SITH 为导通状态。如果门极上施加一个足够的负偏压，所有小的电流通道都被 P 层和 N 层之间所形成的空间电荷区阻断，阳极电流被夹断，器件处于阻断状态。此类静电感应器件在电路中

的开关作用类似于继电器的动断触点。

SITH 的特点是：

（1）开关速度快，工作频率高。SITH 为电压控制型，门极区感应电压的关断特性使器件具有高速关断的能力，可在更高频率下工作。SITH 的导通时间在 $100ns \sim 3\mu s$ 之间，关断时间在 $75ns \sim 5\mu s$ 之间；工作频率可达 100kHz，比 GTO 高一个数量级。

（2）正向压降较低。一般 1000V 以上的 SITH 的正向压降为 $1 \sim 1.5V$，同样水平的 GTO 正向压降一般大于 2V。

（3）du/dt、di/dt 耐量高。因为器件不是四层 PNPN 结构，对 du/dt、di/dt 耐量没有严格的限制，导通时间短，因此可以通过上升率很大的阳极电流。

（4）工作结温高。SITH 的工作结温可达 175℃。

但 SITH 也存在着制造工艺复杂、电流关断增益较小等缺点。

二、单极型器件

单极型器件是指器件内只有一种载流子，即多数载流子参与导电的半导体器件。常见的全控单极型器件有功率场效应晶体管和静电感应晶体管两种。

1. 功率场效应晶体管（Power MOSFET）

功率场效应晶体管，也称电力场效应晶体管。同小功率场效应晶体管一样，也分结型和绝缘栅型两种类型，只不过通常的功率场效应晶体管主要指绝缘栅型的 MOS 型，而把结型功率场效应晶体管称作静电感应晶体管。

功率场效应晶体管是一种单极型的电压控制器件，因此它有驱动电路简单、驱动功率小、无二次击穿问题、安全工作区宽以及开关速度快、工作频率高等显著特点。在开关电源、小功率变频调速等电力电子设备中具有其他电力电子器件所不能取代的地位。

图 1-23 为功率场效应晶体管的内部结构示意图和电气图形符号。功率 MOSFET 的导通机理与小功率 MOS 管相同，都是只有一种载流子参与导电，并根据导电沟道分为 P 沟道和 N 沟道。但它们在结构上却有较大的区别，传统的 MOSFET 结构是把源极、栅极和漏极安装在硅片的同一侧上，因而其电流是横向流动的，电流容量不可能太大。要想获得

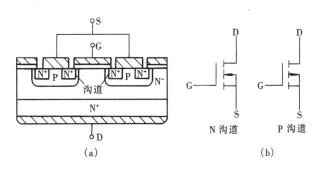

图 1-23　功率 MOSFET 的内部结构和图形符号

(a) 内部结构；(b) 图形符号

大的功率处理能力，必须有很大的沟道宽长比，而沟道长度受制版和光刻工艺的限制不可能做得很小，因而只好增加管芯面积，这显然是不经济的，甚至是难以实现的。因此，功率场效应晶体管的制造关键是既要保留沟道结构，又要将横向导电改为垂直导电。在硅片上将漏极改装在栅、源极的另一面，即垂直安置漏极，不仅充分利用了硅片面积而且实现了垂直导电，所以获得了较大的电流容量。垂直导电结构组成的功率场效应晶体管称为 VMOSFET（Vertical MOSFET）。根据结构形式的不同，功率 MOSFET 又分为利用 V 形槽实现垂直导电的 VVMOSFET（Vertical V-groove MOSFET）和具有垂直导电双扩散 MOS 结构的 VD-MOSFET（Vertical Double-diffused MOSFET）。

图 1-23（a）即是 N 沟道增强型 VDMOSFET 中一个单元的截面图。利用同一扩散窗进行两次扩散，先形成 P 型区再形成 N^+ 型源区。由两次扩散的深度差形成沟道部分，因而沟道长度可以精确控制，载流子在沟道内沿表面流动，然后垂直地流向漏极。由于漏极是从硅片底部引出，所以器件可以高度集成化。并且在漏源极间施加电压后，由于耗尽层的扩展，使栅极下的 MOSFET 部分电压并不随之增加，几乎保持一定的电压值，于是可使耐压提高。

当栅极和源极间电压 U_{GS} 为负值或为零时，栅极下面的 P 型体区表面呈现空穴的堆积状态，不可能出现反型层，因而 P 基区与 N 漂移区之间形成的 J_1 结反偏，漏源极之间无电流流过。即使栅源电压为正，但数值不够大时，栅极下面的 P 型体区表面呈现耗尽状态，但 PN 结 J_1 仍存在，还不能沟通漏极和源极。当栅源正电压 U_{GS} 大于某一数值 U_T 时，由于表面电场效应，就会使 P 型体区表面发生反型，而成为了 N 型半导体，从而使 PN 结 J_1 消失，漏极和源极导电。电压 U_T 称为开启电压，U_{GS} 超过 U_T 越大，导电能力越强，漏极电流 I_D 越大。

图 1-24 为功率 MOSFET 的静态特性。其中 1-24（a）为功率 MOSFET 的转移特性，它表示了器件的输入栅源电压 U_{GS} 与输出漏极电流 I_D 之间的关系。转移特性表示功率 MOSFET 的放大能力，与 GTR 中的电流增益相似，由于功率 MOSFET 是电压控制器件，因此用跨导 G_{fs} 这一参数来表示。跨导的大小定义为转移特性曲线的斜率，当 I_D 较大时，I_D 与 U_{GS} 的关系近似线性。因此有

$$G_{fs} = \frac{dI_D}{dU_{GS}} \tag{1-19}$$

图 1-24（b）为功率 MOSFET 的输出特性。它是以栅源电压 U_{GS} 为参变量，反映漏极电流 I_D 与漏极电压 U_{DS} 之间关系的曲线族。输出特性可以分三个区域：

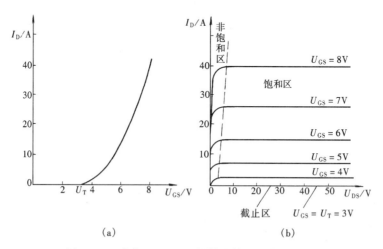

（a）　　　　　　　　　　　　　　（b）

图 1-24　功率 MOSFET 的转移特性和输出特性

（a）转移特性；（b）输出特性

（1）截止区。$U_{GS} \leqslant U_T$，$I_D = 0$，此区域和电力晶体管的截止区相对应。

（2）饱和区。$U_{GS} > U_T$，$U_{DS} \geqslant U_{GS} - U_T$，这里饱和的概念是指当 U_{GS} 不变时，I_D 几乎不随漏源电压 U_{DS} 的增加而增加，近似为一常数。

（3）非饱和区（也叫可调电阻区）。$U_{GS} > U_T$，$U_{DS} \leqslant U_{GS} - U_T$，此区域漏源电压 U_{DS} 和漏

极电流 I_D 之比近似为常数,即非饱和是指漏源电压 U_{DS} 增加时漏极电流 I_D 相应增加。

各区的定义与小功率的 MOS 管一致。所不同的是功率 MOSFET 总是在截止区和非饱和区之间转换,工作在开关状态。

图 1-25 为功率 MOSFET 的开关过程示意图。其测试电路如图 1-25(a)所示。因为功率 MOSFET 存在输入电容 C_{in},所以即使电压信号源 u_p 为一矩形波,但由于 C_{in} 有充电过程,所以栅源电压 u_{GS} 是按指数规律上升的。当 u_{GS} 上升到开启电压 U_T 时,开始出现漏极电流 i_D。我们规定从输入电压 u_p 上升沿时刻到 $u_{GS}=U_T$ 并出现输出电流 i_D 的时刻为开通延迟时间 $t_{d(on)}$;此后,i_D 随 u_{GS} 的上升而上升。u_{GS} 从开启电压上升到功率 MOSFET 进入非饱和区的栅压 U_{GSP} 的这段时间称为上升时间 t_r,此时漏极电流 i_D 也达到稳态值。i_D 的稳态值由漏极电源电压 U_E 和漏极负载电阻所决定。U_{GSP} 的大小和 i_D 的稳态值有关。当 u_{GS} 的值达到 U_{GSP} 后,在脉冲信号源 u_p 的作用下继续升高直达稳态,但此时 i_D 已保持不变了。

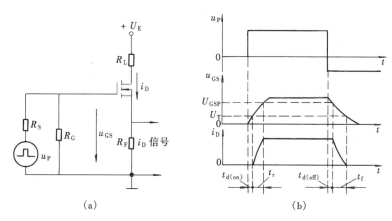

图 1-25　功率 MOSFET 的开关特性测试电路
(a) 测试电路;(b) 开关特性曲线

当信号源电压 u_p 下降到零时,栅极输入电容 C_{in} 经信号源内阻 R_s 和栅极电阻 R_G($R_G \gg R_s$)开始放电,栅源电压 u_{GS} 按指数规律下降,当下降到 U_{GSP} 时,漏极电流 i_D 才开始减小。规定从输入电压 u_p 下降沿时刻到 u_{GS} 下降到 U_{GSP} 的时刻为关断延迟时间 $t_{d(off)}$。此后,C_{in} 继续放电,u_{GS} 从 U_{GSP} 继续下降,i_D 开始减小,到 $u_{GS}<U_T$ 时沟道消失,i_D 下降到零。这段时间称为下降时间 t_f。

功率 MOSFET 的主要参数,除了我们前面介绍的开启电压 U_T、跨导 G_{fs}、$t_{d(on)}$、t_r、$t_{d(off)}$、t_f 之外,还有:

(1)漏极电压 U_{DS}。它决定了功率 MOSFET 的最高工作电压,是标称器件电压定额的参数。

(2)漏极直流电流 I_D 和漏极脉冲电流幅值 I_{DM}。这是标称功率 MOSFET 器件电流定额的参数。

(3)栅源电压 U_{GS}。它表征了功率 MOSFET 栅源之间能承受的最高电压,是为了防止栅源电压过高而导致栅源之间的绝缘层击穿而设的。

(4)开通时间 t_{on} 和关断时间 t_{off}。功率 MOSFET 的开通时间 t_{on} 定义为开通延迟时间 $t_{d(on)}$ 和上升时间 t_r 之和:

$$t_{on} = t_{d(on)} + t_r \tag{1-20}$$

功率 MOSFET 的关断时间 t_{off} 定义为关断延迟时间 $t_{d(off)}$ 和下降时间 t_f 之和。

$$t_{off} = t_{d(off)} + t_f \tag{1-21}$$

（5）极间电容。功率 MOSFET 的极间电容是影响其开关速度的主要因素，它的三个电极之间分别存在极间电容 C_{GS}、C_{GD} 和 C_{DS}。一般生产厂家提供的是漏源短路时的输入电容 C_{iss}、共源极输出电容 C_{oss} 以及反向转移电容 C_{rss}。它们之间的关系是：

$$C_{iss} = C_{GS} + C_{GD} \tag{1-22}$$
$$C_{oss} = C_{DS} + C_{GD} \tag{1-23}$$
$$C_{rss} = C_{GD} \tag{1-24}$$

前面提到的输入电容 C_{in} 可用 C_{iss} 近似代替。

由于功率 MOSFET 是单极型场控器件，不像 GTR 那样具有载流子的存储效应，因而通态电阻较大，饱和压降也较高，使导通损耗大。但其开关速度快，工作频率高，可达 100kHz 以上，是各种电力电子器件中较高的。另外，功率 MOSFET 属电压控制型器件，在静态时几乎不需输入电流，因此它需要的驱动功率最小。

2. 静电感应晶体管 SIT

静电感应晶体管 SIT（Static Induction Transistor，简称 SIT）是在普通结型场效应晶体管基础上发展起来的单极型电压控制器件，它有源、栅、漏三个电极。其结构可分为平面栅型、埋栅型和准平面型三大类。SIT 与普通的结型场效应晶体管的最大区别就是在沟道中有多子势垒存在，该势垒阻碍着电子从源极向漏极的流动，势垒大小即受栅-源间电压的控制，也受源-漏间电压的控制。SIT 器件的工作原理就是通过改变栅极和漏极电压来改变沟道势垒高度，从而控制来自源区的多数载流子的数量，通过静电方式控制沟道内部电位分布，从而实现对沟道电流的控制。它具有输入阻抗高、输出功率大、失真小、开关特性好、热稳定性好等一系列优点。其工作频率与功率 MOSFET 相当，功率容量比功率 MOSFET 大，目前已被用于高频感应加热、雷达通信设备、超声波功率放大等领域。

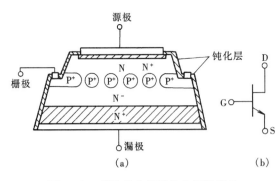

图 1-26 SIT 的内部结构和图形符号
（a）内部结构；（b）图形符号

SIT 在栅极不加信号时是导通的，栅极加负偏压时关断，即是正常导通型。所以栅极驱动电路应做到先加负栅偏压，然后主电路再施加漏极电压。其结构和电气图形符号如图 1-26 所示。

正是由于 SIT 是正常导通型的，故使用起来不太方便，而且它的通态电阻较大，使得通态损耗也大，因而还未在大多数电力电子设备中得到应用。

三、复合型器件

复合型器件也称作混合型器件，它是指双极型和单极型的集成混合。它一般是用普通晶闸管、GTR 以及 GTO 作为主导元件，用 MOSFET 作为控制元件复合而成的，也称 Bi-MOS 器件。这一类器件既具有双极型器件电流密度高、导通压降低的优点，又具有单极型器件输入阻抗高、响应速度快的优点。目前已开发的复合型器件有：绝缘栅极双极型晶体管（IGBT）、MOS 门极晶体管（MGT）、MOS 控制晶闸管（MCT）、集成门极换流晶闸管（IGCT）以及功率集成电路。

1. 绝缘栅极双极型晶体管（IGBT）

绝缘栅极双极型晶体管（Insulated Gate Bipolar Transistor，简称 IGBT）综合了 GTR 和 MOSFET 的优点，既具有输入阻抗高、速度快、热稳定性好、驱动电路简单、驱动电流小等优点，又具有通态压降小、耐压高及承受电流大等优点，是发展最快而且很有前途的一种复合器件。在电机控制、中频电源、开关电源，以及要求速度快、低损耗的领域，IGBT 已逐步取代 GTR 和 MOSFET。

IGBT 的内部结构示意图如图 1-27 所示。由图可知它是在 VDMOSFET 的栅极侧引入一个 PN 结，即在适当厚度的 N^+ 层下又加了一个 P^+ 层发射极，形成一个大面积的 PN 结 J_1。IGBT 导通时由 P^+ 注入区向 N 基区发射少子，从而对漂移区电导率进行调制，使得 IGBT 具有很强的通流能力。

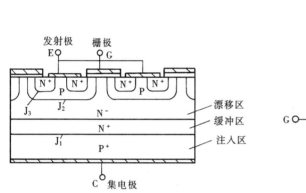

图 1-27 IGBT 的内部结构图

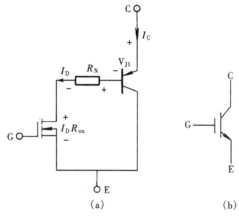

图 1-28 IGBT 的简化等效电路和图形符号
(a) 简化等效电路；(b) 图形符号

从结构图可以看出，IGBT 相当于一个由 MOSFET 驱动的厚基区 GTR，其简化等效电路如图 1-28（a）所示。IGBT 是以 GTR 为主导器件、MOSFET 为驱动器件的达林顿结构的器件。图中电阻 R_N 是 PNP 晶体管基区内的调制电阻。N 沟道的 IGBT 的图形符号如图 1-28（b）所示，表示 MOSFET 为 N 沟道的、GTR 为 PNP 型的。对于 P 沟道的 IGBT，其图形符号中的箭头方向与 N 沟道的 IGBT 相反。

图 1-29 是 IGBT 的静态特性曲线，其中图 1-29（a）为其转移特性，与 MOSFET 的

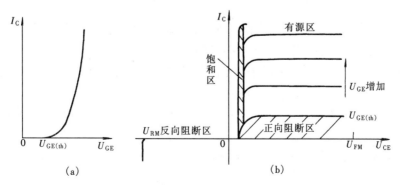

图 1-29 IGBT 的转移特性和输出特性
(a) 转移特性；(b) 输出特性

转移特性相似，它描述的是集电极电流 I_C 与栅射极电压 U_{GE} 之间的关系。当栅射电压小于开启电压 $U_{GE(th)}$ 时，IGBT 处于关断状态。在 IGBT 导通后的大部分漏极电流范围内，I_C 与 U_{GE} 呈线性关系。图 1-29（b）是 IGBT 的伏安特性曲线，它是指以栅射电压 U_{GE} 为参变量时，集电极电流 I_C 和集射极电压 U_{CE} 之间的关系。其伏安特性与 GTR 的伏安特性相似，也分三个区，即正向阻断区、有源区和饱和区。此外，当 IGBT 的集射极电压为负时，器件处于反向阻断区。IGBT 在电力电子电路中作为开关管，常常在阻断区和饱和区之间来回转换。

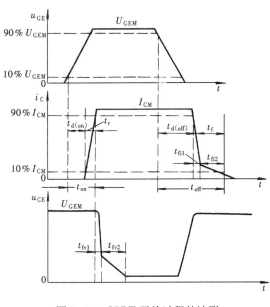

图 1-30　IGBT 开关过程的波形

图 1-30 为 IGBT 的开关过程的波形。IGBT 在开通过程中的大部分时间是作为 MOSFET 管来运行的，因此其开通过程与功率 MOSFET 相似。只是在集射电压下降过程后期，PNP 晶体管由放大区至饱和区，又增加了一段延缓时间，使集射电压波形变为两段，t_{fv1} 段和 t_{fv2} 段。其开通时间 t_{on} 也是由开通延迟时间 $t_{d(on)}$ 和上升时间 t_r 组成。其中开通延迟时间 $t_{d(on)}$ 是指从驱动电压 u_{GE} 的前沿上升至其幅值的 10% 的时刻起，到集电极电流 i_C 升高到其幅值的 10% 的时刻止的这段区间；而集电极电流 i_C 从其幅值的 10% 升高到其幅值的 90% 所需的时间为上升时间 t_r。IGBT 的关断时间也是由关断延迟时间 $t_{d(off)}$ 和下降时间 t_f 组成，其中关断延迟时间 $t_{d(off)}$ 是指从驱动电压 u_{GE} 的后沿下降到其幅值的 90% 的时刻算起，到集电极电流 i_C 降低至其幅值的 90% 的时刻为止的这段区间；下降时间 t_f 是指集电极电流 i_C 从其幅值的 90% 降低到其幅值的 10% 所需的时间，而在集电极电流的下降过程中，又分为两段 t_{fi1} 和 t_{fi2}，因为 MOSFET 关断后，PNP 晶体管中的存储电荷难以迅速消除，造成集电极电流较长的尾部时间。

由上分析可知，IGBT 中双极型 PNP 晶体管的存在，虽然带来了电导调制效应的好处，但也引入了少子储存现象，因而 IGBT 的开关速度要低于功率 MOSFET。

IGBT 的主要参数还有：

（1）最大集射极间电压 U_{CES}。是指栅射极短路时最大的集射极直流电压，是由器件内部的 PNP 晶体管所能承受的击穿电压所确定的。

（2）集电极额定电流 I_{CN}。是指在额定的测试温度条件下，元件所允许的集电极最大直流电流。

（3）集电极脉冲峰值电流 I_{CP}。它是指在一定脉冲宽度时（常指 1ms 脉冲），IGBT 的集电极所允许的最大脉冲峰值电流。

（4）最大集电极功耗 P_{CN}。它是指在额定的测试温度条件下，元件允许的最大耗散功率。

2. MOS 控制晶闸管 MCT

MOS 控制晶闸管（MOS Controlled Thyristor，简称 MCT）是美国 GE 公司于 1984 年首先提出来的，于 1986 年取得成功的一种新的复合型器件。它是在晶闸管结构中集成了一对 MOSFET，通过 MOSFET 来控制晶闸管的导通和关断。使 MCT 导通的 P 沟道 MOSFET 称为 ON-FET，使其关断的 N 沟道 MOSFET 称为 OFF-FET。图 1-31 为 MCT 的等效电路和电气图形符号。

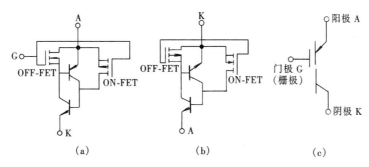

图 1-31 MCT 的等效电路和图形符号

(a) P-MCT；(b) N-MCT；(c) 图形符号

它集中了 MOSFET 和晶闸管的优点，与 GTR、MOSFET、IGBT 和 GTO 等相比，具有高电压、大电流、通态压降小、通态损耗小、开关速度快、开关损耗小以及 du/dt 和 di/dt 耐量高等优点。

3. 集成门极换流晶闸管（IGCT）

集成门极换流晶闸管（Integrated Gate-Commutated Thyristor，简称 IGCT）是一种用于大功率电力电子装置中的新型器件。它将 IGBT 和 GTO 的优点结合起来，其容量与 GTO 相当，但开关速度比 GTO 快 10 倍。正是由于它具有了电流大、电压高、开关频率高、可靠性高、损耗低以及制造成本低等优点，其应用前景非常广阔。

小 结

目前电力电子器件已经形成了一个庞大的大家族，可以分为多种类型。①按照器件能够被控制电路信号所控制的程度，可以将电力电子器件分为不可控型器件（如整流二极管）、半控型器件（如晶闸管）、全控型器件（如电力晶体管）等；②根据器件内部参与导电的载流子的情况，可将其分为双极型、单极型和复合型；③按照加在电力电子器件（不可控型器件除外）控制端的信号的性质可将其分为电流控制型和电压控制型，其中，如果是通过从控制端注入或者抽出电流来控制其导通或关断的器件称为电流驱动型器件或电流控制型器件，如果是通过在器件的控制端和公共端之间施加一定的电压信号来实现其导通和关断控制的称为电压驱动型器件或电压控制型器件。

晶闸管属于半控、双极、电流控制型电力电子器件，为四层三端结构，具有单向可控导电性。其导通条件是：有正向的阳极电压和正向的门极电压，而且晶闸管一旦导通门极就失去作用。晶闸管的关断条件是：使其阳极电流小于维持电流。其他常用的不可控制关断的晶闸管有双向晶闸管、逆导晶闸管、快速晶闸管等。

电力晶体管（GTR）、可关断晶闸管（GTO）、功率场效应晶体管（功率 MOSFET）、绝缘栅极双极型晶体管（IGBT）、静电感应晶体管（SIT）、静电感应晶闸管（SITH）、MOS 晶闸管（MCT）以及 MOS 晶体管（MGT）等都属全控型器件。目前应用较多的是

GTR、GTO、功率 MOSFET、IGBT 等器件。特别是 IGBT 发展迅速，在兆瓦以下功率的场合已成为首选器件，而在兆瓦以上的大功率场合，GTO 仍是首选。

值得一提的是，电力电子器件在工作过程中的损耗包括静态损耗和动态损耗两部分。静态损耗又分为通态损耗和断态损耗；动态损耗又分为开通损耗和关断损耗。器件工作在低频时，静态损耗是主要矛盾，特别在工频以下时，可以基本上不考虑其动态过程和动态损耗。但在高频时，必须考虑其动态过程和动态损耗。

目前的电力电子器件正朝着高电压、大电流、快速、易驱动、复合化和智能化的方向发展，并将新型半导体材料、工艺运用到电力电子器件中来。

习 题 及 思 考 题

1-1 晶闸管导通的条件是什么？导通后流过晶闸管的电流由哪些因素决定？

1-2 维持晶闸管导通的条件是什么？怎样使晶闸管由导通变为关断？

1-3 型号为 KP100－3、维持电流 $I_H=4\text{mA}$ 的晶闸管使用在图 1-32 的各电路中是否合理？为什么？（暂不考虑电压、电流裕量）

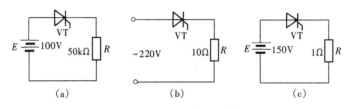

图 1-32 习题 1-3 图

1-4 晶闸管阻断时，其可能承受的电压大小决定于什么？

1-5 某元件测得 $U_{DRM}=840\text{V}$，$U_{RRM}=980\text{V}$，试确定此元件的额定电压是多少？属于哪个电压等级？

1-6 图 1-33 中的阴影部分表示流过晶闸管的电流的波形，各波形的峰值均为 I_m，试计算各波形的平均值与有效值各为多少？若晶闸管的额定通态平均电流为 100A，试问晶闸管在这些

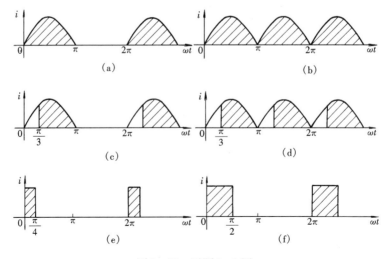

图 1-33 习题 1-6 图

波形情况下允许流过的平均电流 I_{dT} 各为多少?

1-7　有些晶闸管触发导通后,触发脉冲结束时它又关断是什么原因?

1-8　单相正弦交流电源,其电压有效值为220V,晶闸管和电阻串联相接,试计算晶闸管实际承受的正、反向电压最大值是多少? 考虑晶闸管的安全裕量,其额定电压如何选取?

1-9　为什么要考虑晶闸管的断态电压上升率 du/dt 和通态电流上升率 di/dt?

1-10　何谓单极型和双极型器件?

1-11　双向晶闸管有哪几种触发方式? 常用的是哪几种?

1-12　试说明 GTR、MOSFET、IGBT 和 GTO 各自的优点和缺点。

1-13　GTO 和普通晶闸管同为 PNPN 结构,为什么 GTO 能够自关断,而普通晶闸管不能?

1-14　某一双向晶闸管的额定电流为200A,问它可以代替两只反并联的额定电流为多少的普通型晶闸管?

第二章　单相可控整流电路

将交流电变为直流电称为整流。将交流电变为可变的直流电称为可控整流。

本章就是学习几种单相可控整流电路，包括电路的组成、工作原理、波形分析、数量分析特点和适用范围。其中最基本的是单相半波可控整流电路，而最常用的是单相桥式全控整流电路。

第一节　单相半波可控整流电路

一、电阻性负载

在生产实际中，有一些负载基本上是属于电阻性的，如电炉、电解、电镀、电焊及白炽灯等。电阻性负载的特点是：负载两端的电压和流过负载的电流成一定的比例关系，且两者的波形相似；负载电压和电流均允许突变。

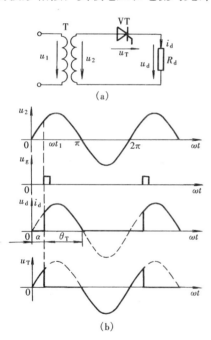

图 2-1　单相半波可控整流带电阻性负载
(a) 电路图；(b) 波形图

图 2-1 (a) 即为单相半波可控整流电路带电阻性负载时的电路，它由晶闸管 VT、负载电阻 R_d 和变压器 T 组成。图中变压器 T 主要用来变换电压，其次它还有隔离一、二次侧的作用。我们用 u_1、u_2 分别表示一次侧和二次侧电压的瞬时值；U_1 为一次侧电压有效值，U_2 为二次侧电压有效值，U_2 的大小是由负载所需要的直流输出平均电压值 U_d 来决定；u_d、i_d 分别表示整流后的输出电压、电流的瞬时值；u_T、i_T 分别为晶闸管两端电压的瞬时值和流过晶闸管电流的瞬时值；i_1、i_2 分别为流过变压器一次侧绕组和二次侧绕组电流的瞬时值。

下面我们就一个周期来分析晶闸管的工作情况。交流电压 u_2 通过负载电阻 R_d 施加到晶闸管的阳极和阴极两端，在 u_2 正半周时，施加给晶闸管的阳极电压为正，满足了晶闸管导通的第一个条件。此时若不给晶闸管加触发电压，见图 2-1 (b) 所示的 ωt_1 时刻以前的区域内，则晶闸管 VT 不能导通，负载上电压为零，而电源电压就全部落在晶闸管两端。在 ωt_1 时，给晶闸管门极加上触发电压 u_g，则晶闸管满足其导通的两个条件，因此晶闸管会立即导通，负载电阻上就有电流通过。此时如果忽略晶闸管的导通压降，则负载上的电压的瞬时值 u_d 就等于电源电压的瞬时值 u_2，即负载电阻两端的电压波形 u_d 就是变压器二次侧电压 u_2 的波形。此后晶闸管会一直导通至电源电压过零点。需要说明的一点是，由于晶闸管一旦导通后其门极便失去控制作用，所以在 ωt_1 时加的门极触发电压只需是一触发脉冲即可。

当 $\omega t = \pi$ 时，u_2（u_d）降为零，由于电阻性负载的电压和电流波形一致，所以流过晶闸管的电流即负载电流也会下降到零，从而使晶闸管关断。此时负载上的电压和电流都将消失，电路无输出。在整个电源电压 u_2 的负半周即 $\pi \sim 2\pi$ 内，晶闸管都将承受反向电压而不能导通，负载两端的电压 u_d 为零。直到 u_2 的下一周期重复上述过程。

图 2-1（b）为负载上电压 u_d 和流过负载的电流 i_d 的波形，以及晶闸管两端承受的电压 u_T 的波形。由图中可以看出，在负载上得到的是一单方向的直流电压，如果改变晶闸管的触发导通时刻，则 u_d 和 i_d 的波形也跟着变化，得到的输出电压是极性不变但幅值变化着的脉动直流电压，且其波形只在电源的正半周出现，所以称为单相半波可控整流电路。因为忽略了晶闸管的正向导通压降，故晶闸管承受的电压 u_T 在其导通期间为零，而在其不导通期间为全部电源电压。另外，由于变压器二次侧绕组、晶闸管 VT 以及负载电阻 R_d 是串联的，所以图 2-1（b）中的负载电流 i_d 的波形也就是 i_T 及 i_2 的波形。

在单相可控整流电路中，从晶闸管开始承受正向电压，到其加上触发脉冲的这一段时间所对应的电角度（$0 \sim \omega t_1$）称为控制角（也叫移相角），用 α 表示；晶闸管在一个周期内导通的电角度（$\omega t_1 \sim \pi$）称为导通角，用 θ_T 表示，且在此电路中有 $\theta_T = \pi - \alpha$ 的关系。

直流输出电压的平均值 U_d 为

$$U_d = \frac{1}{2\pi} \int_{\alpha}^{\pi} \sqrt{2} U_2 \sin\omega t \, \mathrm{d}(\omega t) = \frac{\sqrt{2} U_2}{2\pi} (1 + \cos\alpha) = 0.45 U_2 \frac{1 + \cos\alpha}{2} \tag{2-1}$$

可见它是 α 角的函数，通过改变 α 角的大小就可以达到调节 U_d 的目的。当 $\alpha = 0°$ 时，u_d 波形为一完整的正弦半波波形，此时输出电压 U_d 为最大，用 U_{d0} 表示，$U_d = U_{d0} = 0.45 U_2$。随着 α 的增大，U_d 将减小，至 $\alpha = 180°$ 时，$U_d = 0$。所以该电路 α 角的移相范围为 $0° \sim 180°$。

直流输出电流的平均值 I_d 为

$$I_d = \frac{U_d}{R_d} = 0.45 \frac{U_2}{R_d} \frac{1 + \cos\alpha}{2} \tag{2-2}$$

而负载上得到的直流输出电压有效值 U 和电流有效值 I 分别为

$$U = \sqrt{\frac{1}{2\pi} \int_{\alpha}^{\pi} (\sqrt{2} U_2 \sin(\omega t))^2 \mathrm{d}(\omega t)} = U_2 \sqrt{\frac{\pi - \alpha}{2\pi} + \frac{\sin 2\alpha}{4\pi}} \tag{2-3}$$

$$I = \frac{U}{R_d} = \frac{U_2}{R_d} \sqrt{\frac{\pi - \alpha}{2\pi} + \frac{\sin 2\alpha}{4\pi}} \tag{2-4}$$

又因为在单相可控整流半波电路中，晶闸管与负载电阻以及变压器二次侧绕组是串联的，故流过负载的电流平均值 I_d 即是流过晶闸管的电流平均值 I_{dT}；流过负载的电流有效值 I 也是流过晶闸管电流的有效值 I_T，同时也是流过变压器二次侧绕组电流的有效值 I_2，即存在如下关系

$$I_{dT} = I_d = \frac{U_d}{R_d} = 0.45 \frac{U_2}{R_d} \frac{1 + \cos\alpha}{2} \tag{2-5}$$

$$I_T = I_2 = I = \frac{U_2}{R_d} \sqrt{\frac{\pi - \alpha}{2\pi} + \frac{\sin 2\alpha}{4\pi}} \tag{2-6}$$

流过晶闸管的电流的波形系数 K_f 为

$$K_f = \frac{I_T}{I_{dT}} = \frac{\sqrt{\frac{\pi-\alpha}{2\pi}+\frac{\sin2\alpha}{4\pi}}}{\frac{\sqrt{2}}{2\pi}(1+\cos\alpha)} = \frac{\sqrt{2\pi(\pi-\alpha)+\pi\sin2\alpha}}{\sqrt{2}(1+\cos\alpha)} \qquad (2-7)$$

当 $\alpha=0°$ 时，即为单相半波波形，$K_f=\frac{\pi}{2}=1.57$，与晶闸管额定电流定义的情况一致。

根据图 2-1 (b) 中 u_T 的波形可知，晶闸管可能承受的正反向峰值电压均为

$$U_{TM} = \sqrt{2}U_2 \qquad (2-8)$$

另外，对于整流电路而言，通常还要考虑功率因数 $\cos\phi$ 和对电源的容量 S 的要求。忽略元件损耗，变压器二次侧所供给的有功功率是 $P=I^2R_d=UI$（注意此时不是 U_dI_d），变压器二次侧的视在功率为 $S=U_2I_2$。因此，电路的功率因数为

$$\cos\phi = \frac{P}{S} = \frac{UI}{U_2I_2} = \frac{UI}{U_2I} = \sqrt{\frac{\pi-\alpha}{2\pi}+\frac{\sin2\alpha}{4\pi}} \qquad (2-9)$$

当 $\alpha=0°$ 时，$\cos\phi$ 最大为 0.707，可见单相半波可控整流电路，尽管带电阻负载，但由于谐波的存在，功率因数很低，变压器的利用率也差。α 愈大，$\cos\phi$ 愈小。

【例 2-1】 有一电阻性负载要求 0～24V 连续可调的直流电压，其最大负载电流 I_d= 30A，若由交流电网 220V 供电与用整流变压器降至 60V 供电，都采用单相半波可控整流电路，是否都能满足要求？并比较两种方案所选晶闸管的导通角、额定电压、额定电流值以及电源和变压器二次侧的功率因数和对电源的容量的要求等有何不同、两种方案哪种更合理（考虑 2 倍裕量）？

解 （1）采用 220V 电源直接供电，当 $\alpha=0°$ 时

$$U_{d0} = 0.45U_2 = 99V$$

采用整流变压器降至 60V 供电，当 $\alpha=0°$ 时

$$U_{d0} = 0.45U_2 = 27V$$

所以只要适当调节 α 角，上述两种方案均能满足输出 0～24V 直流电压的要求。

（2）采用 220V 电源直接供电，因为 $U_d=0.45U_2\frac{1+\cos\alpha}{2}$，其中在输出最大时，$U_2=220V$，$U_d=24V$，则计算得 $\alpha\approx121°$，$\theta_T=180°-121°=59°$。

晶闸管承受的最大电压为 $U_{TM}=\sqrt{2}U_2=311V$

考虑 2 倍裕量，晶闸管额定电压 $U_{Tn}=2U_{TM}=622V$

由式（2-6）知流过晶闸管的电流有效值是

$$I_T = \frac{U_2}{R_d}\sqrt{\frac{\pi-\alpha}{2\pi}+\frac{\sin2\alpha}{4\pi}}，其中，\alpha\approx121°，R_d=\frac{U_d}{I_d}=\frac{24}{30}=0.8\Omega$$

则 $$I_{Tm} = \frac{U_2}{R_d}\sqrt{\frac{\pi-\alpha}{2\pi}+\frac{\sin2\alpha}{4\pi}} = \frac{220}{0.8}\sqrt{\frac{180°-121°}{360°}+\frac{\sin2\times121°}{4\pi}} \approx 84A$$

考虑 2 倍裕量，则晶闸管额定电流应为

$$I_{T(AV)} = \frac{I_T}{1.57} = \frac{84\times2}{1.57} \approx 107A$$

因此，所选晶闸管的额定电压要大于 622V，额定电流要大于 107A。

电源提供的有功功率

$$P = I^2 R_d = 84^2 \times 0.8 = 5644.8\text{W}$$

电源的视在功率

$$S = U_2 I_2 = U_2 I = 220 \times 84 = 18.48\text{kV} \cdot \text{A}$$

电源侧功率因数

$$\cos\phi = \frac{P}{S} \approx 0.305$$

（3）采用整流变压器降至 60V 供电，已知 $U_2 = 60\text{V}$，$U_d = 24\text{V}$，由公式 $U_d = 0.45 U_2 \dfrac{1+\cos\alpha}{2}$ 可解得

$$\alpha \approx 39°, \theta_T = 180° - 39° = 141°$$

晶闸管承受的最大电压为 $U_{TM} = \sqrt{2} U_2 = 84.9\text{V}$

考虑 2 倍裕量，晶闸管额定电压 $U_{Tn} = 2U_{TM} = 169.8\text{V}$

流过晶闸管的最大电流有效值是

$$I_{Tm} = \frac{U_2}{R_d} \sqrt{\frac{\pi - \alpha}{2\pi} + \frac{\sin 2\alpha}{4\pi}} = \frac{60}{0.8} \sqrt{\frac{180° - 39°}{360°} + \frac{\sin 2 \times 39°}{4\pi}} \approx 51.4\text{A}$$

考虑 2 倍裕量，则晶闸管额定电流应为

$$I_{T(AV)} = \frac{I_T}{1.57} = \frac{51.4 \times 2}{1.57} \approx 65.5\text{A}$$

因此，所选晶闸管的额定电压要大于 169.8V，额定电流要大于 65.5A。

电源提供的有功功率

$$P = I^2 R_d = 51.4^2 \times 0.8 = 2113.6\text{W}$$

电源的视在功率

$$S = U_2 I = 60 \times 51.4 = 3.08\text{kV} \cdot \text{A}$$

则变压器侧的功率因数

$$\cos\phi = \frac{P}{S} \approx 0.685$$

通过以上计算可以看出，增加了变压器后，使整流电路的控制角减小，所选的晶闸管的额定电压、额定电流都减小，而且对电源容量的要求减小，功率因数提高。所以，采用整流变压器降压的方案更合理。

通过上面的例题我们还可看出，为了尽可能的提高功率因数，应尽量使晶闸管电路工作在小控制角的状态。

二、电感性负载和带续流二极管的电路

如图 2-2（a）所示，当负载的感抗 ωL_d 和电阻 R_d 的大小相比不可忽略时称为电感性负载。在生产实际中常常碰到这种既有电阻又含有电感的负载类型，常见的有各类电机的励磁绕组及输出串接平波电抗器的负载等。整流电路带电感性负载时的工作情况与带电阻性负载时有很大不同。

电阻性负载的电压和电流均允许突变，但对于电感性负载而言，由于电感本身为储能元件，而能量的储存与释放是不能瞬间完成的，因而流过电感的电流是不能突变的。当电感中流过的电流发生变化时，在其两端就会产生自感电动势 e_L，以阻碍电流的变化。当电流增大时，e_L 的极性是阻碍电流的增大的，为上正下负；反之，当电流减小时，e_L 的极性是阻

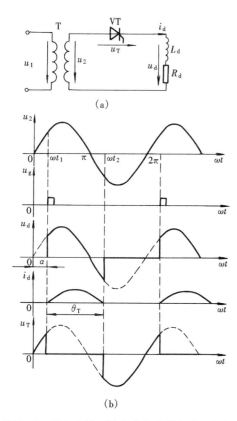

图 2-2　单相半波可控整流电路带电感性负载
(a) 电路图；(b) 波形图

碍电流减小的，为上负下正。

通常，我们为了便于分析，把负载中的电阻 R_d 和电感 L_d 分开，如图 2-2 (a) 所示。图 2-2 (b) 示出了其工作波形图。对该波形的分析如下：

(1) 在 $0 \sim \omega t_1$ 区间，电源电压 u_2 虽然为正，使晶闸管承受正向的阳极电压，但因没有触发脉冲，故晶闸管不会导通。负载上电压 u_d 和流过负载电流 i_d 的值均为零，晶闸管承受电源电压 u_2。

(2) 当在 ωt_1 时，即控制角 α 处，由于触发脉冲的到来，晶闸管被触发导通，电源电压 u_2 经晶闸管可突加在负载上，但由于电感性负载电流不可以突变，故 i_d 只能从零开始逐步增大。同时由于电流的增大，在电感两端产生了阻碍电流增大的自感电动势 e_L，方向为上正下负。此时，交流电源的能量一方面提供给电阻 R_d 消耗掉了，另一方面供给电感 L_d 作为磁场能储存起来了。在电源电压 u_2 过零变负时，电流 i_d 已处于减小的过程中，但还没有降低为零，在电感两端产生的自感电动势 e_L 是阻碍电流减小的，方向为上负下正。只要 e_L 比 u_2 大，晶闸管就仍受正压而处于通态。此时，电感将释放原先吸收的能量，其中一部分供给电阻消耗了，而另一部分供给电源即变压器二次侧绕组吸收了。

(3) 至 ωt_2 时，电感中的磁场能量释放完毕，电流 i_d 降为零，晶闸管关断且立即承受反向的电源电压。如图 2-2 (b) 所示。

与图 2-1 (b) 相比，可以看出，由于电感的存在，负载电流 i_d 的波形不再与电压相似，而且由于延迟了晶闸管的关断时刻，晶闸管承受电压 u_T 的波形与电阻负载时相比少了负半波的一部分；而负载上的电压 u_d 出现了负值，结果是使其平均值 U_d 比电阻负载时下降了。

当控制角 α 不同时或负载阻抗角 ϕ $[\phi = \text{tg}^{-1}(\omega L/R)]$ 不同时，都会导致晶闸管的导通角 θ_T 的不同。若 ϕ 为定值，α 愈大，那么在电源 u_2 正半周 L_d 储存的能量就愈少，维持导电的能力就愈差，则晶闸管的导通角 θ_T 就愈小。当 α 为定值时，ϕ 愈大，即 L_d 储存的能量就愈大，所以导通角 θ_T 就愈大。若负载中 R_d 为一定值，电感 L_d 愈大，即 ϕ 愈大，则 u_d 的负值部分所占的比例就愈大，U_d 的值就愈小。特别是当 $\omega L_d \gg R_d$ (一般 10 倍以上) 时，我们认为是大电感负载，此时 u_d 的波形中的负面积接近正面积，晶闸管的导通角 $\theta_T \approx 2\pi - 2\alpha$，$U_d \approx 0$。

由此可见，单相半波可控整流电路带大电感负载时，不管如何调节 α 角，U_d 的值总是很小，输出的直流平均电流 I_d 也很小，如不采取措施，电路就无法满足输出一定直流平均电压的要求。

为了解决上述问题，可以在电路的负载两端并联一个整流二极管，称为续流二极管，用 VD_R 来表示，如图 2-3（a）所示。

当电源 u_2 过零变负时，续流二极管 VD_R 承受正向电压导通，此时晶闸管将由于 VD_R 的导通而承受反压关断。电感 L_d 的自感电动势 e_L 将经过续流二极管 VD_R 使负载电流 i_d 继续流通，此电流没有流经变压器二次侧，因此，若忽略 VD_R 的压降，此时输出电压 u_d 为零。由图 2-3（b）可以看出，加了续流二极管 VD_R 以后，负载上得到的直流输出电压 u_d 的波形与图 2-1（b）电阻负载时一样。但是负载电流 i_d 的波形就大不一样了，对于大电感负载，i_d 的波形不仅连续而且基本上波动很小。电感愈大，电流波形就愈接近于一条水平线，其值为 $I_d = \dfrac{U_d}{R_d}$，此电流由晶闸管和续流二极管分担。在 u_2 正半周晶闸管导通期间，负载电流从晶闸管流过；负半周开始时续流二极管导通，晶闸管关断，一直到下一周期晶闸管再次导通的这段区间内，电流都将从续流管 VD_R 流过。设晶闸管的控制角为 α，则其导通角为 $\theta_T = \pi - \alpha$，续流二极管的导通角为 $\theta_{DR} = \pi + \alpha$。

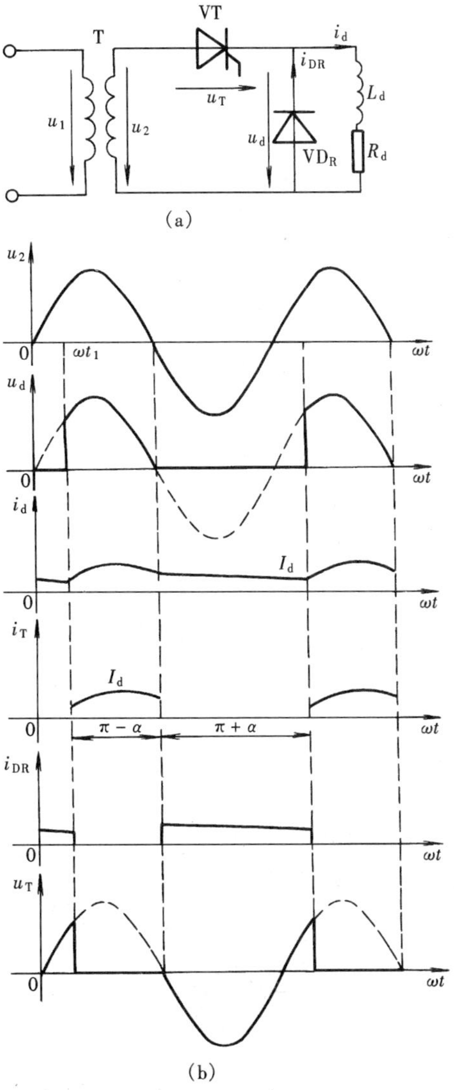

由于输出电压 u_d 的波形与电阻负载时是一样的，所以电感性负载在加了续流二极管 VD_R 后的直流输出电压 U_d 仍为式（2-1）所表示，直流输出电流的平均值 I_d 为式（2-2）所表示。但流过晶闸管电流平均值和有效值分别为

图 2-3　单相半波可控整流电路带
电感性负载加续流二极管
（a）电路图；（b）波形图

$$I_{dT} = \frac{\theta_T}{2\pi} I_d = \frac{\pi - \alpha}{2\pi} I_d \qquad (2-10)$$

$$I_T = \sqrt{\frac{1}{2\pi} \int_\alpha^\pi I_d^2 \mathrm{d}(\omega t)} = I_d \sqrt{\frac{\pi - \alpha}{2\pi}} \qquad (2-11)$$

流过续流二极管的电流平均值和有效值分别为

$$I_{dDR} = \frac{\theta_{DR}}{2\pi} = \frac{\pi + \alpha}{2\pi} I_d \qquad (2-12)$$

$$I_{DR} = \sqrt{\frac{1}{2\pi} \int_0^{\pi+\alpha} I_d^2 \mathrm{d}(\omega t)} = I_d \sqrt{\frac{\pi + \alpha}{2\pi}} \qquad (2-13)$$

由图 2-3（b）晶闸管承受的电压 u_T 波形还可以看出，晶闸管承受的最大正反向电压 U_{TM} 仍为 $\sqrt{2} U_2$；而续流二极管承受的最大反向电压 U_{DM} 也为 $\sqrt{2} U_2$。晶闸管的最大移相范围

仍是 $0°\sim180°$。

在这里，需要注意的一点是，对于电感性负载，由于晶闸管导通时其阳极电流上升变慢（与电阻性负载相比），整流电路对触发电路的脉冲宽度要有一定的要求，即要保证晶闸管阳极电流上升到擎住电流值后，脉冲才可以消失，否则晶闸管将无法进入导通状态。

单相半波可控整流电路具有电路简单，调整方便等优点，但由于它是半波整流，故输出的直流电压、电流脉动大，变压器利用率低且二次侧通过含直流分量的电流，使变压器存在直流磁化现象。为使变压器铁心不饱和，就需要增大铁心面积，这样就增大了设备的容量。在生产实际中只用于一些对输出波形要求不高的小容量的场合。在中小容量、负载要求较高的晶闸管的可控整流装置中，较常用的是单相桥式全控整流电路。

第二节　单相桥式全控整流电路

为了克服单相半波可控整流电路电源只工作半个周期的缺点，可以采用本节介绍的单相桥式全控整流电路。

一、电阻性负载

单相桥式全控整流电路带电阻性负载时的电路及工作波形如图 2-4 所示。晶闸管 VT1 和 VT4 为一组桥臂，而 VT2 和 VT3 组成了另一组桥臂。在交流电源的正半周区间内，即 a 端为正，b 端为负，晶闸管 VT1 和 VT4 会承受正向阳极电压，在相当于控制角 α 的时刻给 VT1 和 VT4 同时加触发脉冲，则 VT1 和 VT4 会导通。此时，电流 i_d 从电源 a 端经 VT1、负载 R_d 及 VT4 回电源 b 端，负载上得到的电压 u_d 为电源电压 u_2（忽略了 VT1 和 VT4 的导通压降），方向为上正下负，VT2 和 VT3 则因为 VT1 和 VT4 的导通而承受反向的电源电压 u_2 不会导通。因为是电阻性负载，所以电流 i_d 也跟随电压的变化而变化。当电源电压 u_2 过零时，电流 i_d 也降低为零，也即两只晶闸管的阳极电流降低为零，故 VT1 和 VT4 会因电流小于维持电流而关断。而在交流电源的负半周区间内，即 a 端为负，b 端为正，晶闸管 VT2 和 VT3 是承受正向电压的，仍在相当于控制角 α 的时刻给 VT2 和 VT3 同时加触发脉冲，则 VT2 和 VT3 被触发导通。电流 i_d 从电源 b 端经 VT2、负载 R_d 及 VT3 回电源 a 端，负载上得到的电压 u_d 仍为电源电压 u_2，方向也还为上正下负，与正半周一致，此时，VT1 和 VT4 因为 VT2 和 VT3 的导通承受反向的电源电压 u_2 而处于截止状态。直到电源电压负半周结束，电压 u_2 过零时，电流 i_d 也过零，使得

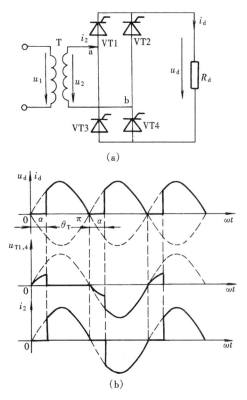

图 2-4　单相桥式全控整流电路带电阻性负载
（a）电路图；（b）波形图

VT2 和 VT3 关断。下一周期重复上述过程。

由图 2-4（b）可以看出，负载上得到的直流输出电压 u_d 的波形与半波时相比多了一倍，负载电流 i_d 的波形与电压 u_d 波形相似。由晶闸管所承受的电压 u_T 可以看出，其导通角为 $\theta_T = \pi - \alpha$，除在晶闸管导通期间不受电压外，当一组管子导通时，电源电压 u_2 将全部加在未导通的晶闸管上，而在四只管子都不导通时，设其漏电阻都相同的话，则每只管子将承受电源电压的一半。因此，晶闸管所承受的最大反向电压为 $\sqrt{2}U_2$，而其承受的最大正向电压为 $\frac{\sqrt{2}}{2}U_2$。

直流输出电压的平均值 U_d 为

$$U_d = \frac{1}{\pi}\int_\alpha^\pi \sqrt{2}U_2\sin\omega t\, d(\omega t) = \frac{2\sqrt{2}U_2}{\pi}\frac{1+\cos\alpha}{2} = 0.9U_2\frac{1+\cos\alpha}{2} \qquad (2\text{-}14)$$

与式（2-1）相比较可以看出，此电路的输出 U_d 是半波电路输出的两倍。当 $\alpha = 0°$ 时，输出 U_d 最大，$U_d = U_{d0} = 0.9U_2$；至 $\alpha = 180°$ 时，输出 U_d 最小，等于零。所以该电路 α 的移相范围也是 $0° \sim 180°$。

直流输出电流的平均值 I_d 为

$$I_d = \frac{U_d}{R_d} = 0.9\frac{U_2}{R_d}\frac{1+\cos\alpha}{2} \qquad (2\text{-}15)$$

负载上得到的直流输出电压有效值 U 和电流有效值 I 分别为

$$U = \sqrt{\frac{1}{\pi}\int_\alpha^\pi (\sqrt{2}U_2\sin(\omega t))^2 d(\omega t)} = U_2\sqrt{\frac{\pi-\alpha}{\pi}+\frac{\sin 2\alpha}{2\pi}} \qquad (2\text{-}16)$$

$$I = \frac{U}{R_d} = \frac{U_2}{R_d}\sqrt{\frac{\pi-\alpha}{\pi}+\frac{\sin 2\alpha}{2\pi}} \qquad (2\text{-}17)$$

它们都为半波时输出的 $\sqrt{2}$ 倍。

因为电路中两组晶闸管是轮流导通的，所以流过一只晶闸管的电流的平均值为直流输出电流平均值的一半，其有效值为直流输出电流有效值的 $\frac{1}{\sqrt{2}}$ 倍，即

$$I_{dT} = \frac{1}{2}I_d = 0.45\frac{U_2}{R_d}\frac{1+\cos\alpha}{2} \qquad (2\text{-}18)$$

$$I_T = \sqrt{\frac{1}{2\pi}\int_\alpha^\pi \left(\frac{\sqrt{2}U_2}{R_d}\sin(\omega t)\right)^2 d(\omega t)} = \frac{U_2}{R_d}\sqrt{\frac{\pi-\alpha}{2\pi}+\frac{\sin 2\alpha}{4\pi}} = \frac{1}{\sqrt{2}}I \qquad (2\text{-}19)$$

将以上两式与式（2-5）、式（2-6）比较，可以看出桥式全控整流电路中流过一只晶闸管的电流平均值和有效值与半波整流电路中晶闸管的电流平均值和有效值的表达式是一样的。

由于负载在正负半波都有电流通过，变压器二次侧绕组中，两个半周期流过的电流方向相反且波形对称，因此，变压器二次侧电流的有效值与负载上得到的直流电流的有效值 I 相等，即

$$I_2 = I = \frac{U}{R_d} = \frac{U_2}{R_d}\sqrt{\frac{\pi-\alpha}{\pi}+\frac{\sin 2\alpha}{2\pi}} \qquad (2\text{-}20)$$

若不考虑变压器的损耗时，则要求变压器的容量为

$$S = U_2 I_2 \qquad (2\text{-}21)$$

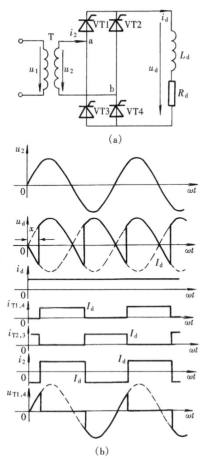

图 2-5 单相桥式全控整流
电路带电感性负载
(a) 电路图；(b) 波形图

二、电感性负载

图 2-5（a）为单相桥式全控整流电路带电感性负载时的电路。假设电感很大，输出电流连续，且电路已处于稳态。

在电源 u_2 正半周时，在相当于 α 角的时刻给 VT1 和 VT4 同时加触发脉冲，则 VT1 和 VT4 会导通，输出电压为 $u_d=u_2$。至电源 u_2 过零变负时，由于电感产生的自感电动势会使 VT1 和 VT4 继续导通，而输出电压仍为 $u_d=u_2$，所以出现了负电压的输出。此时，晶闸管 VT2 和 VT3 虽然已承受正向电压，但还没有触发脉冲，所以不会导通。直到在负半周相当于 α 角的时刻，给 VT2 和 VT3 同时加触发脉冲，则因 VT2 的阳极电位比 VT1 高，VT3 的阴极电位比 VT4 的低，故 VT2 和 VT3 被触发导通，分别替换了 VT1 和 VT4，而 VT1 和 VT4 将由于 VT2 和 VT3 的导通承受反压而关断，负载电流也改为经过 VT2 和 VT3 了。

由图 2-5（b）的输出负载电压 u_d、负载电流 i_d 的波形可以看出，与电阻性负载相比，u_d 的波形出现了负半波部分。i_d 的波形则是连续的近似的一条直线，这是由于电感中的电流不能突变，电感起到了平波的作用，电感愈大则电流波形愈平稳。而流过每一只晶闸管的电流则近似为方波。变压器二次侧电流 i_2 波形为正负对称的方波。由流过晶闸管的电流 i_T 波形及负载电流 i_d 的波形可以看出，两组管子轮流导通，且电流连续，故每只晶闸管的导通时间较电阻性负载时延长了，导通角 $\theta_T=\pi$，与 α 无关。根据上述波形，可以得出计算直流输出电压平均值 U_d 的关系式为

$$U_d = \frac{1}{\pi}\int_\alpha^{\pi+\alpha} \sqrt{2}U_2\sin\omega t\,\mathrm{d}(\omega t) = \frac{2\sqrt{2}}{\pi}U_2\cos\alpha = 0.9U_2\cos\alpha \tag{2-22}$$

当 $\alpha=0°$ 时，输出 U_d 最大，$U_{d0}=0.9U_2$，至 $\alpha=90°$ 时，输出 U_d 最小，等于零。因此，α 的移相范围是 $0°\sim90°$。

直流输出电流的平均值 I_d 为

$$I_d = \frac{U_d}{R_d} = 0.9\frac{U_2}{R_d}\cos\alpha \tag{2-23}$$

流过晶闸管的电流的平均值和有效值分别为

$$I_{dT} = \frac{1}{2}I_d,\ I_T = \frac{1}{\sqrt{2}}I_d \tag{2-24}$$

流过变压器二次侧绕组的电流有效值

$$I_2 = I_d \qquad (2\text{-}25)$$

晶闸管可能承受的正反向峰值电压为

$$U_{TM} = \sqrt{2}U_2 \qquad (2\text{-}26)$$

为了扩大移相范围，且去掉输出电压的负值，提高 U_d 的值，也可以在负载两端并联续流二极管，如图 2-6 所示。接了续流二极管后，α 的移相范围可以扩大到 $0° \sim 180°$。下面通过一个例题来说明全控桥电路接了续流二极管后的数量关系。

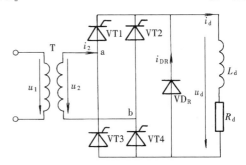

【例 2-2】 单相桥式全控整流电路带大电感负载，$U_2 = 220\text{V}$，$R_d = 4\Omega$，计算当 $\alpha = 60°$ 时，输出电压、电流的平均值以及流过晶闸管的电流平均值和有效值。若负载两端并接续流二极管，如

图 2-6 单相桥式全控整流电路带电感性负载加续流二极管

图 2-6 所示，则输出电压、电流的平均值又是多少？流过晶闸管和续流二极管的电流平均值和有效值又是多少？并画出这两种情况下的电压、电流波形。

解 (1) 不接续流二极管时的电压、电流波形如图 2-7（a）所示，由于是大电感负载，故由式（2-22）和式（2-23）可有

$$U_d = 0.9U_2\cos\alpha = 0.9 \times 220 \times \cos60° = 99\text{V}$$

$$I_d = \frac{U_d}{R_d} = \frac{99}{4} = 24.75\text{A}$$

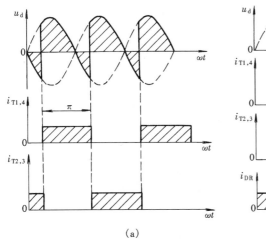

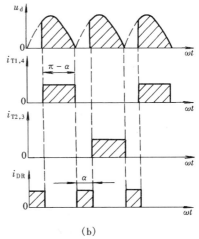

(a)

(b)

图 2-7 ［例 2-2］波形图

(a) 不加续流二极管；(b) 加续流二极管

因负载电流是由两组晶闸管轮流导通提供的，故由式（2-24）知，流过晶闸管的电流平均值和有效值为

$$I_{dT} = \frac{1}{2}I_d = \frac{1}{2} \times 24.75 = 12.38\text{A}$$

$$I_T = \frac{1}{\sqrt{2}}I_d = \frac{1}{\sqrt{2}} \times 24.75 = 17.5\text{A}$$

（2）加接续流二极管后的电压、电流波形如图 2-7（b）所示，由于此时没有负电压输出，电压波形和电路带电阻性负载时一样，所以输出电压平均值的计算可利用式（2-14）求得，即

$$U_d = 0.9U_2 \frac{1+\cos\alpha}{2} = 0.9 \times 220 \times \frac{1+\cos 60°}{2} = 148.5\text{V}$$

输出电流的平均值为

$$I_d = \frac{U_d}{R_d} = \frac{148.5}{4} = 37.13\text{A}$$

负载电流是由两组晶闸管以及续流二极管共同提供的，根据图 2-7（b）所示的波形可知，每只晶闸管的导通角均为 $\theta_T = \pi - \alpha$，续流二极管 VD_R 的导通角为 $\theta_{DR} = 2\alpha$，所以流过晶闸管和续流二极管的电流平均值和有效值分别为

$$I_{dT} = \frac{\pi-\alpha}{2\pi} I_d = \frac{180°-60°}{360°} \times 37.13 = 12.38\text{A}$$

$$I_T = \sqrt{\frac{\pi-\alpha}{2\pi}} I_d = \sqrt{\frac{180°-60°}{360°}} \times 37.13 = 21.44\text{A}$$

$$I_{dDR} = \frac{2\alpha}{2\pi} I_d = \frac{\alpha}{\pi} I_d = \frac{60°}{180°} \times 37.13 = 12.38\text{A}$$

$$I_{DR} = \sqrt{\frac{\alpha}{\pi}} I_d = \sqrt{\frac{60°}{180°}} \times 37.13 = 21.44\text{A}$$

三、反电动势负载

反电动势负载是指本身含有直流电动势 E，且其方向对电路中的晶闸管而言是反向电压的负载，电路如图 2-8（a）所示。属于此类的负载有蓄电池、直流电动机的电枢等。

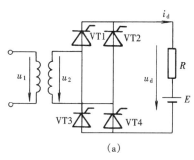

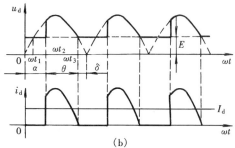

（a）

（b）

图 2-8　单相桥式全控整流电
路带反电动势负载
（a）电路图；（b）波形图

由图 2-8（b）可见，在 ωt_1 之前的区间，虽然电源电压 u_2 是在正半周，但由于反电动势 E 的数值大于电源电压 u_2 的瞬时值，晶闸管仍是承受反向电压，处于反向阻断状态。此时，负载两端的电压等于其本身的电动势 E，但没有电流流过，晶闸管两端承受的电压为 $u_T = u_2 - E$。

ωt_1 之后，电源电压 u_2 已大于反电动势 E，晶闸管开始承受正向电压，但在 ωt_2 之前没有加触发脉冲，所以晶闸管仍处于正向阻断状态。在 ωt_2 时刻，给 VT1 和 VT4 同时加触发脉冲，VT1 和 VT4 导通，输出电压为 $u_d = u_2$。负半周时情况一样，只不过触发的是 VT2 和 VT3。当晶闸管导通时，负载电流 $i_d = \dfrac{u_2 - E}{R}$。所以，在 $u_2 = E$ 的时刻，i_d 降为零，晶闸管关断。与电阻性负载相比，晶闸管提前了电角度 δ 关断，δ 称为停止导电角。δ 的计算公式为

$$\delta = \arcsin \frac{E}{\sqrt{2}U_2} \tag{2-27}$$

由图 2-8（b）可见，在 α 角相同时，反电动势负载时的整流输出电压比电阻性负载时大。而电流波形则由于晶闸管导电时间缩短，其导通角 $\theta_T = \pi - \alpha - \delta$，且反电动势内阻 R 很小，所以呈现脉动的波形，底部变窄，如果要求一定的负载平均电流，就必须有较大的峰值电流，且电流波形为断续的。

如果负载是直流电动机电枢，则在电流断续时电动机的机械特性将会变软。因为增大峰值电流，就要求较多的降低反电动势 E，即转速 n 降落较大，机械特性变软。另外，晶闸管导通角愈小，电流波形底部愈窄，电流峰值愈大，则电流有效值也愈大，对电源容量的要求也就越大。

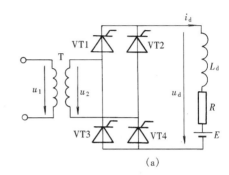

(a)

为了克服以上的缺点，常常在主回路直流输出侧串联一平波电抗器 L_d，电路如图 2-9（a）所示。利用电感平稳电流的作用来减少负载电流的脉动并延长晶闸管的导通时间。只要电感足够大，负载电流就会连续，直流输出电压和电流的波形与电感性负载时一样，如图 2-5（b）所示。U_d 的计算公式也与电感负载时一样，但直流输出电流 I_d 则为

$$I_d = \frac{U_d - E}{R} \tag{2-28}$$

图 2-9（b）示出了电流临界连续时的电压、电流波形。为保证电流连续，所需的回路的电感量可用下式计算

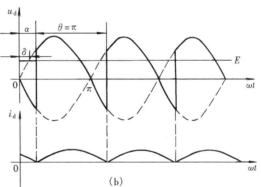

(b)

图 2-9 单相桥式全控整流电路带
反电动势负载串平波电抗器
(a) 电路图；(b) 电流临界连续时的波形

$$L = \frac{2\sqrt{2}U_2}{\pi\omega I_{dmin}} = 2.87 \times 10^{-3} \frac{U_2}{I_{dmin}} \tag{2-29}$$

式中：L 为回路总电感，它包括平波电抗器电感 L_d、电枢电感 L_D 以及变压器漏感 L_T 等，单位是 H；U_2 是变压器二次侧电压有效值，单位是 V；ω 是工频角速度；I_{dmin} 是给出的最小工作电流，一般取额定电流的 5%，单位为 A。

根据上面分析可以看出，单相桥式全控整流电路属全波整流，负载在两个半波都有电流通过、输出电压脉动程度比半波时小、变压器利用率高、且不存在直流磁化问题；但需要同时触发两只晶闸管，线路较复杂。在一般中小容量场合调速系统中应用较多。

第三节 单相桥式半控整流电路

在前一节的单相桥式全控整流电路中，由于每次都要同时触发两只晶闸管，因此线路较

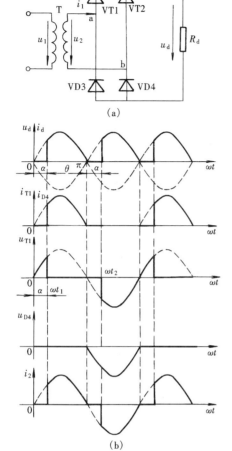

图 2-10 单相桥式半控整流
电路带电阻性负载
(a) 电路图；(b) 波形图

为复杂。它是用两只晶闸管来控制同一个导电回路，为了简化电路，实际上可以采用一只晶闸管来控制导电回路，然后用一只整流二极管来代替另一只晶闸管。所以可以把图 2-4 (a) 中的晶闸管 VT3 和 VT4 换成二极管 VD3 和 VD4，就形成了单相桥式半控整流电路，如图 2-10 (a) 所示。

一、电阻性负载

单相桥式半控整流电路带电阻性负载时的电路如图 2-10 (a) 所示。工作情况同桥式全控整流电路时类似，两只晶闸管仍是共阴极连接，即使同时触发两只管子，也只能是阳极电位高的晶闸管导通。而两只二极管是共阳极连接，总是阴极电位低的二极管导通，因此，在电源 u_2 正半周一定是 VD4 正偏，在 u_2 负半周一定是 VD3 正偏。所以，在电源正半周时，触发晶闸管 VT1 导通，二极管 VD4 正偏导通，电流由电源 a 端经 VT1 和负载 R_d 及 VD4，回电源 b 端，若忽略两管的正向导通压降，则负载上得到的直流输出电压就是电源电压 u_2，即 $u_d = u_2$。在电源负半周时，触发 VT2 导通，电流由电源 b 端经 VT2 和 VD3 及负载回电源 a 端，输出仍是 $u_d = u_2$，只不过在负载上的方向没变。在负载上得到的输出波形与全控桥带电阻性负载时是一样的。因此，式 (2-14) ～式 (2-21) 均适合半控桥整流电路。另外，由图 2-10 (b) 可见，流过整流二极管的电流平均值和有效值与流过晶闸管的电流平均值和有效值是一样的，即

$$I_{dD} = I_{dT} = 0.45 \frac{U_2}{R} \frac{1 + \cos\alpha}{2} \tag{2-30}$$

$$I_D = I_T = \frac{U_2}{R} \sqrt{\frac{\pi - \alpha}{2\pi} + \frac{\sin 2\alpha}{4\pi}} = \frac{1}{\sqrt{2}} I \tag{2-31}$$

由图 2-10 (b) 中 u_{T1} 的波形可知，晶闸管 VT1 所承受的电压，除其本身导通 ($\omega t_1 \sim \pi$) 时不承受电压，以及当晶闸管 VT2 导通 ($\omega t_2 \sim 2\pi$) 时将电源电压加到了 VT1 的两端外，再就是当四个管子都不导通时，还分两种情况。一是在电源正半周 VT1 还没导通之前，即在 $0 \sim \omega t_1$ 区间，此时由电源的正端 a 端，经 VT1、R_d 和 VD4 回电源的负端 b 端的回路存在漏电流，此时 VT1 的正向漏电阻远远大于 VD4 的正向漏电阻与 R_d 之和，这就相当于电源电压全部加在了 VT1 上，即 $u_{T1} = u_2$；二是在电源负半周 VT2 还没导通之前，即在 $\pi \sim \omega t_2$ 区间，同上述分析一样，只不过此时所受的电源电压为负值，由电源正端 b 端，经 VT2、R_d 和 VD3 回电源的负端 a 端，相当于电源电压全部加在 VT2 上，因而 VT1 两端电压约为 0V，即 $u_{T1} = 0$。二极管所承受的电压就比较简单了，因为二极管只会承受负电压，

如图 2-10（b）所示的 u_{D4} 的波形。且由波形图可知，晶闸管所承受的最大的正反向峰值电压和二极管所承受的最大反向电压的峰值均为 $\sqrt{2}U_2$。变压器因在正负半周均有一组管子导通，所以其二次侧电流 i_2 的波形是正负对称的缺角的正弦波。

二、电感性负载

电路如图 2-11（a）所示。在交流电源的正半周区间内，二极管 VD4 处于正偏状态，在相当于控制角 α 的时刻给晶闸管 VT1 加触发脉冲，则电源由 a 端经 VT1 和 VD4 向负载供电，负载上得到的电压 u_d 仍为电源电压 u_2，方向为上正下负。至电源 u_2 过零变负时，由于电感自感电动势的作用，会使晶闸管 VT1 继续导通，但此时二极管 VD3 的阴极电位变的比 VD4 的要低，所以以电流由 VD4 换流到了 VD3。此时，负载电流经 VT1、R_d 和 VD3 续流，而没有经过交流电源，因此，负载上得到的电压为 VT1 和 VD3 的正向压降，接近为零，这就是单相桥式半控整流电路的自然续流现象。在 u_2 负半周相同 α 角处，触发晶闸管 VT2，由于 VT2 的阳极电位高于 VT1 的阳极电位，所以，VT1 换流给了 VT2，电源经 VT2 和 VD3 向负载供电，直流输出电压 u_d 为电源电压 u_2，方向为上正下负。同样，当 u_2 由负变正时，又改为 VT2 和 VD4 续流，输出又为零。

由图 2-11（b）的各个波形图可以看出，单相桥式半控整流电路带大电感负载时的直流输出电压 u_d 的波形和其带电阻性负载时的波形一样。但直流输出电流 i_d 的波形由于电感的平波作用而变为一条直线。晶闸管所承受电压 u_T 的波形没变，而流过晶闸管电流的波形变成了方波，如图 2-11（b）所示，其导通角为 π。流过二极管的电流也是矩形波，其导通角也为 π。变压器二次侧的电流 i_2 为正负对称的矩形波。

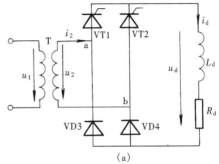
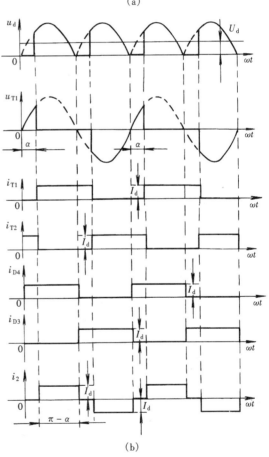

图 2-11　单相桥式半控整流电路带电感性负载
(a) 电路图；(b) 波形图

通过以上分析，可以看出，单相桥式半控整流电路带大电感负载时的工作特点是：晶闸管在触发时刻换流，二极管则在电源 u_2 过零时换流；电路本身就具有自然续流作用，负载电流也可以在电路内部续流，所以，即使没有续流二极管，输出也没有负电压，与全控桥电

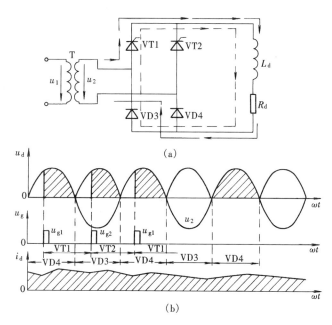

图 2-12　单相桥式半控整流电路带电感性负载时的失控现象

(a) 电路图;(b) 波形图

路时不一样。

虽然此线路看起来不用像全控桥一样接续流二极管也能工作,但实际上若突然关断触发电路或突然把控制角 α 增大到 $180°$ 时,电路会发生失控现象。例如,VT1 和 VD4 正处于通态时,关断触发电路,当电源 u_2 过零变负时,VD4 关断,VD3 导通,形成内部续流,如图 2-12 (a) 电路中的虚线所示。若 L_d 中所储存的能量在整个电源 u_2 负半周都没有释放完,VT1 和 VD3 的内部续流可以维持整个负半周,而当又到了 u_2 的正半周时,VD3 关断,VD4 导通,VT1 和 VD4 又构成单相半波整流,如图 2-12 (b) 所示。所以,即使去掉了触发电路,电路也会出现正在导通的晶闸管一直导通,而两只二极管轮流导通的情况,使 u_d 仍会有输出,但波形是单相半波不可控的整流波形,这就是所谓的失控现象。

为解决上述失控现象,单相桥式半控整流电路带电感性负载时,仍需在负载两端并接续流二极管 VD_R。这样,当电源电压 u_2 过零变负时,负载电流经续流二极管 VD_R 续流,使直流输出为 VD_R 的管压降,接近于零,迫使原晶闸管和二极管串联的回路中的电流减小到维持电流以下使其关断,这样就不会出现因晶闸管一直导通而出现的失控现象了。加了续流二极管的电路及波形如图 2-13 所示。

由波形图可以看出,加了续流二极管以后,输出电压 u_d 和输出电流 i_d 的波形没变,所以直流输出电压 U_d 和直流输出电流 I_d 的公式同式 (2-14) 和式 (2-15) 一样。但原先经过桥臂续流的电流都转移到了续流二极管上,各管子的电流波形如图 2-13 (b) 所示。其中,在一个周期中晶闸管和整流二极管导通的电角度为 $\theta_T = \theta_D = \pi - \alpha$,而续流二极管 VD_R 因为每个周期导通两次,所以其导通角 $\theta_{DR} = 2\alpha$。各电量的数量关系如下:

流过晶闸管和整流二极管的电流的平均值和有效值分别为

$$I_{dT} = I_{dD} = \frac{\pi - \alpha}{2\pi} I_d \qquad (2-32)$$

$$I_T = I_D = \sqrt{\frac{\pi - \alpha}{2\pi}} I_d \qquad (2-33)$$

流过续流二极管的电流的平均值和有效值分别为

$$I_{dDR} = \frac{2\alpha}{2\pi} I_d = \frac{\alpha}{\pi} I_d \qquad (2-34)$$

$$I_{DR} = \sqrt{\frac{\alpha}{\pi}} I_d \qquad (2-35)$$

晶闸管承受的最大正反向电压以及整流二极管、续流二极管所承受的最大反向电压均为 $\sqrt{2}U_2$。α 角的移相范围仍是 $0° \sim 180°$。

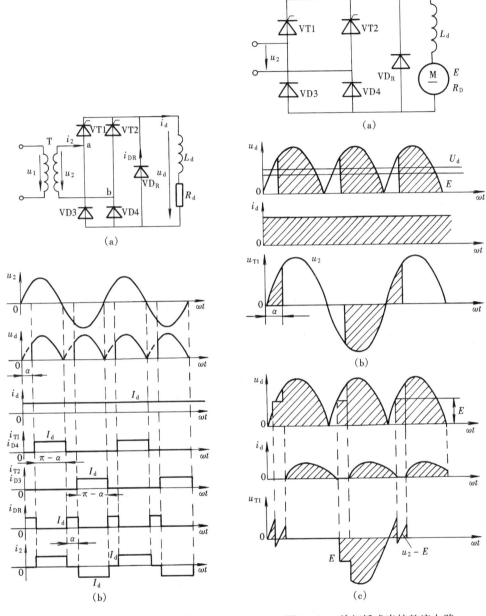

图 2-13 单相桥式半控整流电路
带电感性负载加续流二极管
（a）电路图；（b）波形图

图 2-14 单相桥式半控整流电路
带反电动势负载
（a）电路图；（b）电流连续；（c）电流断续

三、反电动势负载

图 2-14（a）是单相桥式半控整流电路带反电动势负载直流电动机电枢时的应用电路，其中 R_D 是电动机电枢的电阻，平波电抗器 L_d 是用来减小电流脉动和使电流连续的，VD_R 是为了防止失控现象而加的续流二极管。

图 2-14（b）是在电流连续情况下的电压电流波形，可以看出此时输出电压 u_d 波形和电感性负载时一样，因此，输出电压的计算公式仍是 $U_d = 0.9U_2 \dfrac{1+\cos\alpha}{2}$，但负载的电流计算公式为，$I_d = \dfrac{U_d - E}{R_D}$。晶闸管和整流二极管的导通角仍是 $\theta_T = \theta_D = \pi - \alpha$，续流二极管的导通角也还是 $\theta_{DR} = 2\alpha$，同电感性负载时一样。注意晶闸管 VT1 所承受的电压 u_{T1}，在续流二极管导通时，若是二极管 VD3 正偏（即在 u_2 负半周），则 u_{T1} 为零；若续流二极管续流时，是二极管 VD4 正偏（即在 u_2 正半周），u_{T1} 则为 u_2。图 2-14（c）是若串入的电感量不够时，电流断续情况下的电压电流波形，此时晶闸管两端的电压的波形较复杂一些，除了上面提到的情况外，还有就是在负载电流 i_d 断续时，若是二极管 VD3 正偏，则 u_{T1} 为 $-E$；若是二极管 VD4 正偏，u_{T1} 则为 $u_2 - E$。

【例 2-3】 有一反电动势负载，采用单相桥式串平波电抗器并加续流二极管的电路，其中平波电抗器的电感量足够大，电动势 $E = 30V$，负载的内阻 $R = 5\Omega$，交流侧电压为 220V，晶闸管的控制角 $\alpha = 60°$，求流过晶闸管、整流二极管以及续流二极管的电流平均值和有效值。

解 先求整流输出电压平均值

$$U_d = 0.9U_2 \frac{1+\cos\alpha}{2} = 0.9 \times 220 \times \frac{1+\cos 60°}{2} = 148.5V$$

再来求流过负载的电流平均值，因串接的平波电抗器的电感量足够大，所以得到的电流波形为一直线。则

$$I_d = \frac{U_d - E}{R} = \frac{148.5 - 30}{5} = 23.7A$$

由图 2-14（b）可见，晶闸管和整流二极管的导通角相同都是 $\pi - \alpha$，所以流过晶闸管及整流二极管的电流平均值和有效值为

$$I_{dT} = I_{dD} = \frac{\pi - \alpha}{2\pi} I_d = \frac{180° - 60°}{360°} \times 23.7 = 7.9A$$

$$I_T = I_D = \sqrt{\frac{\pi - \alpha}{2\pi}} I_d = \sqrt{\frac{180° - 60°}{360°}} \times 23.7 \approx 13.7A$$

而续流二极管在一个周期内导通了两次，其导通角为 $\theta_{DR} = 2\alpha$，因此，流过续流二极管的电流平均值和有效值为

$$I_{dDR} = \frac{2\alpha}{2\pi} \times I_d = \frac{2 \times 60°}{360°} \times 23.7 = 7.9A$$

$$I_{DR} = \sqrt{\frac{2\alpha}{2\pi}} \times I_d = \sqrt{\frac{2 \times 60°}{360°}} \times 23.7 \approx 13.7A$$

图 2-15 是单相桥式半控整流电路的另一种形式，相当于把图 2-10 中的 VT2 和 VD3 互换了位置，其中两只晶闸管是串接的，而两只二极管即可以分别与两只晶闸管配合做整流管用，也可以串联起来做续流管使用。因此，此电路的优点是即使省去续流二极管，电路也不会有失控现象发生；但对二极管来说流过的电流将增大，且晶闸管不再是共阴极接法，故两只晶闸管的触发电路需要隔离。

单相桥式半控整流电路除具备全控桥电路的脉动小、变压器利用率高、没有直流磁化现象等优势外，此电路还比全控桥电路少了两只晶闸管，因此电路比较简单、经济，但半控桥

电路不能进行逆变，不能用于可逆运行的场合，所以它只在仅需整流的不可逆小容量场合广泛应用。

　　在实际应用中还有一些其他类型的单相整流电路，其分析方法与前相似。例如图 2-16 就是由一只晶闸管组成的桥式可控整流电路，它由四个整流二极管组成不可控的单相桥式整流电路，先将正弦交流整流为全波直流，然后再利用一只晶闸管来进行开关控制，通过改变晶闸管的 α 角，来达到改变输出电压的目的。图 2-16 是带大电感负载的电路，同前面介绍的单相桥式半控整流电路一样，为防止失控现象的发生，也要在负载两端并接续流二极管。此电路的优点是只用一只晶闸管且不受反压，可用反压低的元件，控制线路简单。缺点是整流元件数增多，负载电流要同时经过三个整流元件，故压降及损耗较大。另外，为保证晶闸管可靠关断，要选用维持电流大的管子。

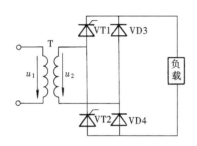

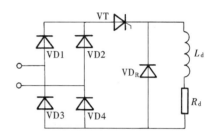

图 2-15　晶闸管串联的单相　　　　图 2-16　由一只晶闸管组成
桥式半控整流电路　　　　　　　　的单相桥式整流电路

<h2 style="text-align:center">小　结</h2>

　　将交流变换成直流称为整流，也即 AC/DC 变换。可控整流电路就是把交流电变换成大小可调的直流电，本章介绍的几种常见的单相可控整流电路，具有电路简单、对触发电路要求不高、价格便宜、调试维护方便以及投资少等优点，所以在小容量没有特殊要求的场合较广泛应用。虽然不同的电路形式都能获得直流输出电压，但其电路的性能指标是不同的，这主要反映在直流输出电压平均值，直流输出中的交流分量以及所选元件的容量等方面。

　　本章给出了常见单相可控整流电路的电路分析和数量关系的计算方法。其中单相半波电路，是单相可控整流电路的基础，而桥式电路是较常用的整流电路。学习时，要抓住电路中各晶闸管和二极管元件的导通、关断的物理过程，特别重视各电压、电流波形的分析，并由此导出相应的数量关系，根据晶闸管和二极管元件在电路中可能承受的最大电压与流过的最大电流，正确计算元件的额定电压、额定电流等级。

　　由于单相可控整流电路的直流输出电压脉动大，而且负载容量较大时会造成三相交流电网的不平衡。所以，当负载容量比较大时，一般采用三相可控整流电路。

<h2 style="text-align:center">习 题 及 思 考 题</h2>

　　2-1　一电热装置（电阻性负载），要求直流平均电压 75V，负载电流 20A，采用单相半波可控整流电路直接从 220V 交流电网供电。试计算晶闸管的控制角 α、导通角 θ_T 及负载电流有效

值并选择晶闸管元件（考虑 2 倍的安全裕量）。

2-2　有一大电感负载，其电阻值为 35Ω，要求在 0～75V 范围内连续可调，采用单相半波可控整流加续流二极管的电路，电源电压为 220V，试计算晶闸管和续流二极管的额定电压和电流，考虑 2 倍的安全裕量。

2-3　具有续流二极管的单相半波可控整流电路对大电感负载供电，其中电阻 $R_d = 7.5Ω$，电源电压为 220V。试计算当控制角为 30° 和 60° 时，流过晶闸管和续流二极管的电流平均值和有效值。并分析什么情况下续流二极管的电流平均值大于晶闸管的电流平均值。

2-4　图 2-17 是中小型发电机采用的单相半波自激稳压可控整流电路。当发电机满负荷运行时，相电压为 220V，要求的励磁电压为 40V。已知：励磁线圈的电阻为 2Ω，电感量为 0.1H。试求：晶闸管和续流二极管的电流平均值和有效值各是多少？晶闸管和续流二极管可能承受的最大电压各是多少？并选择晶闸管和续流二极管的型号。

2-5　在可控整流电路中，若负载是纯电阻，试问电阻上的电压平均值与电流平均值的乘积是否就等于负载消耗的有功功率？为什么？若是大电感负载呢？

2-6　图 2-18 是单相双半波电路，其整流变压器要有中心抽头。试分析：①此电路中变压器还存在直流磁化的问题吗？②绘出 $α = 60°$ 时，电阻性负载时的直流输出电压 u_d 及晶闸管 VT1 所承受的电压 u_{T1} 的波形，并与单相桥式全控整流电路时相比较；③说明晶闸管所承受的最大正反向电压是多少。

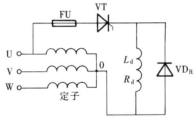

图 2-17　习题 2-4 图

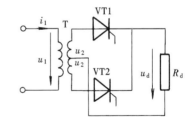

图 2-18　习题 2-6 图

2-7　上面习题 6 的电路，若改为大电感负载并加续流二极管，并已知半绕组电压的有效值为 110V，$R_d = 10Ω$。计算：①$α = 30°$ 时直流输出电压的平均值 U_d、直流电流 I_d；②若考虑 2 倍裕量，试选择晶闸管及续流二极管的型号。

2-8　单相桥式全控整流电路，大电感负载，交流侧电压有效值为 110V，负载电阻 R_d 为 4Ω，计算当 $α = 30°$ 时，①直流输出电压平均值 U_d、输出电流的平均值 I_d；②若在负载两端并接续流二极管，其 U_d、I_d 又是多少？此时流过晶闸管和接续流二极管的电流平均值和有效值又是多少？③画出上述两种情况下的电压电流波形（u_d、i_d、i_{T1}、i_{DR}）。

2-9　单相桥式全控整流电路，带反电动势负载，其中电源 $U_2 = 100V$，$R = 4Ω$，电势 $E = 50V$，为使电流连续回路串了电感量足够大的平波电抗器。求当 $α = 30°$ 时，输出电压及电流的平均值 U_d 和 I_d、晶闸管的电流平均值 I_{dT} 和有效值 I_T、变压器二次侧电流有效值 I_2。

2-10　在图 2-19 所示的整流电路中，变压器一次侧电压有效值为 220V，二次侧各段有效值均为 100V，所带电阻负载的电阻值 R_d 为 10Ω。试计算 $α = 90°$ 时的输出电压和输出电流，并画出此时的输出电压以及晶闸管、二极管和变压器一次侧绕组的电流波形。

2-11　单相桥式半控整流电路对恒温电炉供电，交流电源有效值为 110V，电炉的电热丝电阻为 40Ω，试选用合适的晶闸管（考虑 2 倍裕量），并计算电炉的功率。

2-12 单相桥式半控整流电路，对直流电动机供电，加有电感量足够大的平波电抗器和续流二极管，变压器二次侧电压220V，若控制角 $\alpha=30°$，且此时负载电流 $I_d=20A$，计算晶闸管、整流二极管和续流二极管的电流平均值及有效值，以及变压器的二次侧电流 I_2、容量 S、功率因数 $\cos\phi$。

2-13 由220V经变压器供电的单相桥式半控整流电路，带大电感负载并接有续流二极管。负载要求直流电压为10～75V连续可调，最大负载电流15A，最小控制角 $\alpha_{min}=25°$。选择晶闸管、整流二极管和续流二极管的额定电压和额定电流，并计算变压器的容量。

2-14 晶闸管串联的单相桥式半控整流电路，带大电感负载接续流二极管，如图2-15所示，变压器二次侧电压有效值为110V，负载中电阻 R_d 为3Ω。试求：当 $\alpha=60°$

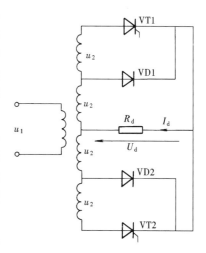

图2-19 习题2-10图

时，流过整流二极管、晶闸管和续流二极管的电流平均值和有效值，并绘出负载电压及整流二极管、晶闸管、续流二极管的电流波形以及晶闸管承受的电压波形。

2-15 单相桥式全控整流电路中，若有一只晶闸管因过电流烧成短路，结果会怎样？若这只晶闸管烧成断路，结果又会是怎样？

2-16 对于同一个单相可控整流电路，分别在给电阻性负载供电和给反电动势负载蓄电池充电时，若要求流过负载的电流平均值相同，哪一种负载的晶闸管的额定电流要选大一些？为什么？

2-17 单相半波可控整流电路带大电感负载时，为什么必须在负载两端并接续流二极管，电路才能正常工作？它与单相桥式半控整流电路中的续流二极管的作用是否相同？为什么？

第三章　三相可控整流电路

虽然单相可控整流电路具有线路简单，维护、调试方便等优点，但输出整流电压脉动大，又会影响三相交流电网的平衡。因此，当负载容量较大（一般指 4kW 以上），要求的直流电压脉动较小时，通常采用三相可控整流电路。三相可控整流电路有多种形式，其中最基本的是三相半波可控整流电路，而其他较常用的如三相桥式全控整流电路、双反星形可控整流电路、十二脉波可控整流电路等，均可看作是三相半波可控整流电路的串联或并联，可在分析三相半波可控整流电路的基础上进行分析。所以，本章先重点介绍三相半波可控整流电路不同负载时的组成、工作原理、波形分析、电路各电量的计算等，然后再介绍三相桥式全控整流电路及双反星形可控整流电路。最后，将介绍几个应用实例。

第一节　三相半波可控整流电路

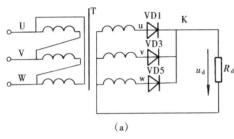

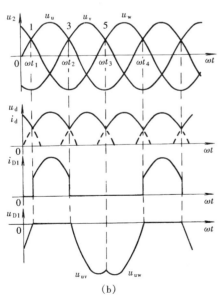

图 3-1　三相半波不可控整流电路
(a) 电路图；(b) 波形图

一、三相半波不可控整流电路

为了更好地理解三相半波可控整流电路，我们先来看一下由二极管组成的不可控整流电路，如图 3-1（a）所示。此电路可由三相变压器供电，也可直接接到三相四线制的交流电源上。变压器二次侧相电压有效值为 U_2，线电压为 U_{2L}。其接法是三个整流管的阳极分别接到变压器二次侧的三相电源上，而三个阴极接在一起，接到负载的一端，负载的另一端接到整流变压器的中线，形成回路。此种接法称为共阴极接法。

图 3-1（b）中示出了三相交流电 u_u、u_v 和 u_w 的波形图。u_d 是输出电压的波形，u_D 是二极管承受的电压的波形。由于整流二极管导通的唯一条件就是阳极电位高于阴极电位，而三只二极管又是共阴极连接的，且阳极所接的三相电源的相电压是不断变化的，所以哪一相的二极管导通就要看其阳极所接的相电压 u_u、u_v 和 u_w 中哪一相的瞬时值最高，则与该相相连的二极管就会导通。其余两只二极管就会因承受反向电压而关断。例如，在图 3-1（b）中 $\omega t_1 \sim \omega t_2$ 区间，u 相的瞬时电压值 u_u 最高，因此与 u 相相连的二极管 VD1 优先导通，其共阴

极 K 点电位即是 u_u，所以与 v 相、w 相相连的二极管 VD3 和 VD5 则分别承受反向线电压 u_{vu}、u_{wu} 关断。若忽略二极管的导通压降，此时，输出电压 u_d 就等于 u 相的电源电压 u_u，即有 $u_d = u_u$。同理，当 ωt_2 时，由于 v 相的电压 u_v 开始高于 u 相的电压 u_u 而变为最高，因此，电流就要由 VD1 换流给 VD3，VD1 和 VD5 又会承受反向线电压 u_{uv}、u_{wv} 而处于阻断状态，输出电压 $u_d = u_v$。同样在 ωt_3 以后，因 w 相电压 u_w 最高，所以 VD5 导通，VD1 和 VD3 受反压而关断，输出电压 $u_d = u_w$。ωt_4 以后又重复上述过程。

由上分析可以看出，三相半波不可控整流电路中的三个二极管轮流导通，导通角均为 $120°$，电路的直流输出电压 u_d 是脉动的三相交流相电压波形的包络线，负载电流 i_d 波形形状与 u_d 相同。u_d 波形与单相整流时相比，其输出电压脉动大为减小，一周脉动三次，脉动的频率为 150Hz。其输出直流电压的平均值 U_d 为

$$U_d = \frac{3}{2\pi} \int_{\pi/6}^{5\pi/6} \sqrt{2} U_2 \sin\omega t \, \mathrm{d}(\omega t)$$

$$= \frac{3\sqrt{6}}{2\pi} U_2 = 1.17 U_2 \qquad (3-1)$$

整流二极管承受的电压的波形如图 3-1（b）所示，以 VD1 为例。在 $\omega t_1 \sim \omega t_2$ 区间，由于 VD1 导通，所以 u_{D1} 为零；在 $\omega t_2 \sim \omega t_3$ 区间，VD3 导通，则 VD1 承受反向线电压 u_{uv}，即 $u_{D1} = u_{uv}$；在 $\omega t_3 \sim \omega t_4$ 区间，VD5 导通，则 VD1 承受反向线电压 u_{uw}，即 $u_{D1} = u_{uw}$。从图中还可看出，整流二极管所承受的最大的反向电压就是三相交流电源的线电压的峰值，即

$$U_{DM} = \sqrt{6} U_2 \qquad (3-2)$$

从图 3-1（b）中还可看到，1、3、5 这三个点分别是二极管 VD1、VD3 和 VD5 的导通起始点，即每经过其中一点，电流就会自动从前一相换流至后一相，这种换相是利用三相电源电压的变化自然进行的，因此把 1、3、5 点称为自然换相点。

二、共阴极三相半波可控整流电路

仍然按负载性质的不同来分别讨论电路的工作情况。

（一）电阻性负载

将图 3-1（a）中的三个整流二极管 VD1、VD3 和 VD5 分别换成三个晶闸管 VT1、VT3 和 VT5，就组成了共阴极接法的三相半波可控整流电路，如图 3-2 所示。这种电路的触发电路有公共端，即共阴极端，使用调试方便，故常常被采用。

因为元件换成了晶闸管，故要使晶闸管导通除了要有正向的阳极电压外，还要有正向的门极触发电压。由图 3-1（b）已经看出三相半波整流电路的最大输出就是在自然换相点处换相而得到的，因此自然换相点 1、3、5 点是三相半波可控整流电路中晶闸管可以被触发导通的最早时刻，将其作为各晶闸管的控制角 α 的起始点，即 $\alpha = 0°$ 的点，因此在三相可控整流电路中，α 角的起始点不再是坐标原点，而是在距离相应的相电压原点 $30°$ 的位置。要改变控制角，只能是在此位置沿时间轴向后移动触发脉冲。而且三相触发脉冲的间隔必须和三相电源相电压的相位差一致，即均为 $120°$，其相序也要与三相交流电源的相序一致。若是在自然换相点 1、3、5 点所对应的 ωt_1、ωt_2 及 ωt_3 时刻分别给晶闸管 VT1、VT3 和 VT5 加触发脉冲，则得到的输出电压的波形和不可控整流时是一样的，如图 3-2（b）示，此时 U_d 的值为最大，即 $U_d = 1.17 U_2$。

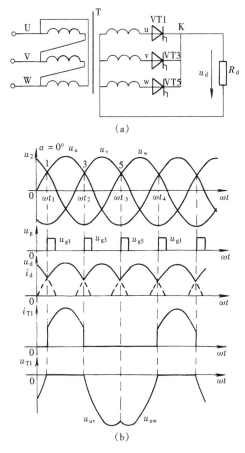

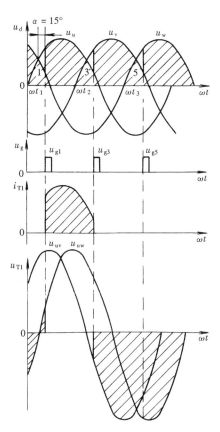

图 3-2　共阴极三相半波可控
整流电路带电阻性负载
（a）电路图；（b）$\alpha=0°$波形图

图 3-3　三相半波可控整流电路带
电阻性负载 $\alpha=15°$时的波形

图 3-3 是 $\alpha=15°$时的波形。在距离 u 相相电压原点 30°$+\alpha$ 处的 ωt_1 时刻，给晶闸管 VT1 加上触发脉冲 u_{g1}，因此时已过 1 点，u 相电压 u_u 最高，故可使 VT1 导通，在负载上就得到 u 相电压 u_u，输出电压波形就是相电压 u_u 波形，即 $u_d=u_u$。至 3 点的位置时，虽然 VT3 阳极电位变为最高，但因其触发脉冲还没到，所以 VT1 会继续导通。直到距离自然换相点 3 点 15°电角度的位置，即距离 v 相相电压过零点 30°$+\alpha$ 处的 ωt_2 时刻，给晶闸管 VT3 加上触发脉冲 u_{g3}，VT3 会导通，同时 VT1 会由于 VT3 的导通而承受反向线电压 u_{uv} 关断，输出电压波形就成了 v 相电压 u_v 的波形，即输出电压变为 $u_d=u_v$。同理，在 ωt_3 时给晶闸管 VT5 加上触发脉冲 u_{g5}，VT5 会导通，VT3 会由于 VT5 的导通而承受反向线电压 u_{vw} 关断，输出电压为 $u_d=u_w$。

从图 3-3 可以看出，输出电压 u_d 的波形（阴影部分）与图 3-1（b）相比少了一部分。因为是电阻性负载，所以负载上的电流 i_d 的波形与电压 u_d 波形相似。由于三只晶闸管轮流导通，且各导通 120°，故流过一只晶闸管的电流波形是 i_d 波形的三分之一。例如，流过晶闸管 VT1 的电流 i_{T1} 的波形见图 3-3。在晶闸管 VT1 两端所承受的电压 u_{T1} 波形中，可以看出它仍是由三部分组成：本身导通时，不承受电压，即 $u_{T1}=0$；v 相的晶闸管 VT3 导通时，VT1 将承受线电压 u_{uv}，即 $u_{T1} = u_{uv}$；同样，w 相的晶闸管 VT5 导通时，就承受线电压 u_{uw}，即 $u_{T1} = u_{uw}$。以上三部分各持续了 120°。其他两只管子的电流和电压波形与 VT1 的一样，只是相位依次相差了 120°。

由图 3-3 可以看出，在 $\alpha \leqslant 30°$ 时，输出电压、电流的波形都是连续的。$\alpha = 30°$ 是临界状态，即前一相的晶闸管关断的时刻，恰好是下一个晶闸管导通的时刻，输出电压、电流都处于临界连续状态，波形如图 3-4 所示。ωt_1 时刻触发导通了晶闸管 VT1，至 ωt_2 时流过 VT1 的电流降为零，同时也给晶闸管 VT3 加上了触发脉冲，使 VT3 被触发导通，这样流过负载的电流 i_d 刚好连续，输出电压 u_d 的波形也是连续的，每只晶闸管仍是各导通 120°。

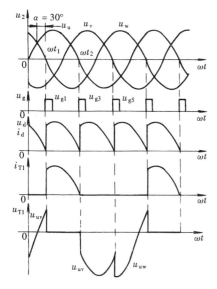

图 3-4　三相半波可控整流电路
带电阻性负载 $\alpha = 30°$ 时波形

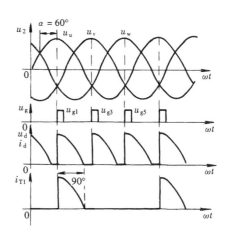

图 3-5　三相半波可控整流电路
带电阻性负载 $\alpha = 60°$ 时的波形

若是 $\alpha > 30°$，例如 $\alpha = 60°$ 时，整流输出电压 u_d、负载电流 i_d 的波形如图 3-5 所示。此时 u_d 和 i_d 波形是断续的。当导通的一相相电压过零变负时，流过该相的晶闸管的电流也降低为零，使原先导通的管子关断。但此时下一相的晶闸管虽然承受正的相电压，可它的触发脉冲还没有到，故不会导通。输出电压、电流均为零，即出现了电压、电流断续的情况。直到下一相触发脉冲来了为止。在这种情况下，各个晶闸管的导通角不再是 120°，而是小于 120° 了。例如，$\alpha = 60°$ 时，各晶闸管的导通角是 150° − 60° = 90°。值得注意的是，在输出电压断续情况下，晶闸管所承受的电压除了上面提到的三部分外，还多了一种情况，就是当三只晶闸管都不导通时，每只晶闸管均承受各自的相电压。

显然，当触发脉冲向后移至 $\alpha = 150°$ 时，此时正好是相应的相电压的过零点，此后晶闸管将不再承受正向的相电压，因此无法导通。因此，三相半波可控整流电路，在电阻性负载时，控制角的移相范围是 0° ~ 150°。

由于输出波形有连续和断续之分，所以在这两种情况下的各电量的计算也不尽相同，现分别讨论如下：

1. 直流输出电压的平均值 U_d

当 $0° \leqslant \alpha \leqslant 30°$ 时

$$U_d = \frac{3}{2\pi}\int_{\frac{\pi}{6}+\alpha}^{\frac{5\pi}{6}+\alpha}\sqrt{2}U_2\sin\omega t\,\mathrm{d}(\omega t) = \frac{3\sqrt{6}}{2\pi}U_2\cos\alpha = 1.17U_2\cos\alpha \tag{3-3}$$

由式（3-3）可以看出，当 $\alpha=0°$ 时，U_d 最大，为 $U_d=U_{d0}=1.17U_2$。

当 $30°\leqslant\alpha\leqslant150°$ 时

$$U_d = \frac{3}{2\pi}\int_{\frac{\pi}{6}+\alpha}^{\pi}\sqrt{2}U_2\sin\omega t\,\mathrm{d}(\omega t) = \frac{3\sqrt{2}}{2\pi}U_2\left[1+\cos\left(\frac{\pi}{6}+\alpha\right)\right] \tag{3-4}$$

$$= 0.675U_2\left[1+\cos\left(\frac{\pi}{6}+\alpha\right)\right]$$

当 $\alpha=150°$ 时，U_d 最小，为 $U_d=0$。

2. 直流输出电流的平均值 I_d

由于是电阻性负载，不论电流连续与否其波形都与电压波形相似，都有

$$I_d = \frac{U_d}{R_d} \tag{3-5}$$

3. 流过一只晶闸管的电流的平均值 I_{dT} 和有效值 I_T

三相半波电路中三只晶闸管是轮流导通的，所以

$$I_{dT} = \frac{1}{3}I_d \tag{3-6}$$

当电流连续即 $0°\leqslant\alpha\leqslant30°$ 时，由图 3-3 可以看出，每只晶闸管轮流导通 $120°$，因此可得

$$I_T = \sqrt{\frac{1}{2\pi}\int_{\frac{\pi}{6}+\alpha}^{\frac{5\pi}{6}+\alpha}\left(\frac{\sqrt{2}U_2\sin\omega t}{R_d}\right)^2\mathrm{d}(\omega t)} = \frac{U_2}{R_d}\sqrt{\frac{1}{2\pi}\left(\frac{2\pi}{3}+\frac{\sqrt{3}}{2}\cos2\alpha\right)} \tag{3-7}$$

当电流断续即 $30°\leqslant\alpha\leqslant150°$ 时，由图 3-5 可以看出，三只晶闸管仍是轮流导通，但导通角小于 $120°$，因此

$$I_T = \sqrt{\frac{1}{2\pi}\int_{\frac{\pi}{6}+\alpha}^{\pi}\left(\frac{\sqrt{2}U_2\sin\omega t}{R_d}\right)^2\mathrm{d}(\omega t)} = \frac{U_2}{R_d}\sqrt{\frac{1}{2\pi}\left(\frac{5\pi}{6}-\alpha+\frac{\sqrt{3}}{4}\cos2\alpha+\frac{1}{4}\sin2\alpha\right)} \tag{3-8}$$

4. 晶闸管两端承受的最大的峰值电压 U_{TM}

由前面波形图中晶闸管所承受的电压波形可以看出，晶闸管承受的最大反向电压是变压器二次侧线电压的峰值，即

$$U_{TM} = \sqrt{2}U_{2l} = \sqrt{2}\times\sqrt{3}U_2 = \sqrt{6}U_2 = 2.45U_2 \tag{3-9}$$

而在电流断续时，晶闸管承受的是各自的相电压，故其承受的最大正向电压是相电压的峰值为 $\sqrt{2}U_2$。

（二）电感性负载

三相半波可控整流电路带电感性负载时的电路形式如图 3-6（a）所示。若负载中所含的电感分量 L_d 足够大，则由于电感的平波作用会使负载电流 i_d 的波形基本上是一水平的直线，如图 3-6（b）、（c）所示。

当 $\alpha\leqslant30°$ 时，直流输出电压 u_d 波形不会出现负值，且输出电压和电流都是连续的，与电阻性负载时的波形一致，但电流 i_d 波形则变为一水平直线，见图 3-6（b）中 $\alpha=30°$ 时的波形图，读者可将此组波形图与图 3-4 电阻性负载时的波形图相比较。当 $30°\leqslant\alpha\leqslant90°$ 时，直流输出电压 u_d 的波形出现了负值，这是由于负载中电感的存在使得当电流变化时，电感产生了自感电动势 e_L 来阻碍电流的变化，这样电源电压过零变负时，由于此时电流是减小

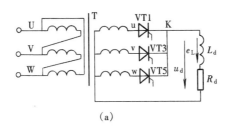

(a)

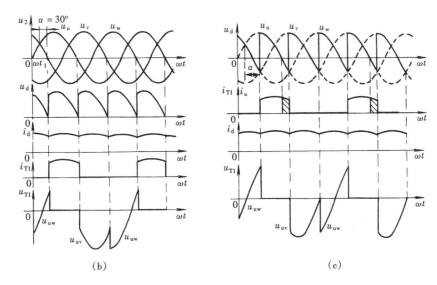

(b)   (c)

图 3-6 三相半波可控整流电路带电感性负载

(a) 电路图；(b) $\alpha=30°$ 时的波形图；(c) $\alpha=60°$ 时的波形图

的，电感两端产生的自感电动势 e_L 对晶闸管而言是正向的，因此，即使电源电压变为负值，但是只要 e_L 的数值大于相应的相电压的数值，那么晶闸管就仍能维持导通状态，直到下一相的晶闸管的触发脉冲到来。图 3-6（c）示出了 $\alpha=60°$ 时的波形。当与 u 相相连的晶闸管 VT1 导通时，电路的整流输出电压为 $u_d=u_u$，至 u 相相电压 u_u 过零变负时，由于 e_L 的作用，晶闸管 VT1 会继续导通，此时，输出电压 u_u 为负值。直到 VT3 的触发脉冲到来，由于共阴极的电路中阳极电位高的管子优先导通，而此时 v 相的相电压 u_v 高于 u 相相电压 u_u，所以晶闸管 VT1 会让位给 VT3，电流由 VT1 换流给 VT3，输出电压变为 $u_d=u_v$，后面依次类推。因此，就得到了图 3-6（c）所示的波形图，通过将它与三相半波带电阻性负载时 $\alpha=60°$ 的波形图 3-5 相比可以看出，整流输出电压 u_d 出现了负值，且其波形是连续的，流过负载的电流 i_d 的波形即连续又平稳，三只晶闸管轮流导通，且每一只晶闸管都导通 120°。从图 3-6（c）中还可以推出，当触发脉冲向后移至 $\alpha=90°$ 时，u_d 的波形的正负面积相等，其平均值 U_d 为零。所以，此电路的最大的有效移相范围是 0°～90°。

晶闸管所承受的电压的波形分析与电阻性负载时情况相同，除本身导通时不承受电压外，其他两相的晶闸管导通时分别承受相应的线电压，每一部分各为 120°。

由于在 $0°\leqslant\alpha\leqslant90°$ 区间输出电压、电流是连续的，所以输出的直流电压 U_d 为

$$U_d = \frac{3}{2\pi}\int_{\frac{\pi}{6}+\alpha}^{\frac{5\pi}{6}+\alpha} \sqrt{2}U_2\sin\omega t\,d(\omega t) = \frac{3\sqrt{6}}{2\pi}U_2\cos\alpha = 1.17U_2\cos\alpha \qquad (3-10)$$

很明显，它与式（3-3）是一样的，即对于三相半波可控整流电路，只要电压连续，U_d就可用式（3-10）计算。另外，由式（3-10）还可看到，当 $\alpha=90°$ 时，$\cos\alpha$ 等于零，所以 U_d 也等于零，与前面由波形得到的结论一致，即电感性负载时 α 角的移相范围是 $0°\sim90°$。

负载上得到的直流输出电流的平均值为

$$I_d = \frac{U_d}{R_d} = 1.17\frac{U_2}{R_d}\cos\alpha \tag{3-11}$$

当电感足够大时，i_d 波形为一直线，则每一相的电流以及流过一只晶闸管的电流波形都为矩形波，所以有

$$I_{dT} = \frac{1}{3}I_d \tag{3-12}$$

$$I_T = I_2 = \sqrt{\frac{1}{3}}I_d = 0.577I_d \tag{3-13}$$

从图 3-6（c）中还可看出，晶闸管所承受的最大正反向电压均是线电压的峰值，即

$$U_{TM} = \sqrt{2}U_{2l} = \sqrt{6}U_2 \tag{3-14}$$

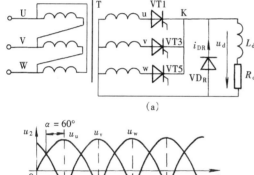

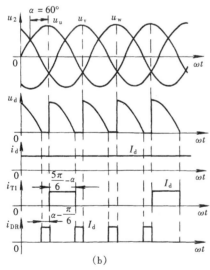

图 3-7　三相半波可控整流电
路带电感性负载接续流二极管
（a）电路图；（b）$\alpha=60°$时的波形图

同单相电路一样，为了扩大移相范围以及提高输出电压，也可在电感性负载两端并接续流二极管 VD_R，如图 3-7（a）所示。根据二极管的导通特性，即只有在相电压过零变负时 VD_R 才会导通，故在 $\alpha\leqslant30°$ 的区间，输出电压 u_d 均为正值，且 u_d 波形连续，此时续流二极管 VD_R 并不起作用，仍是三个晶闸管轮流导通120°，输出电压和电流波形同图 3-6（b）一样。$30°\leqslant\alpha\leqslant150°$ 时，当电源电压过零变负时，续流二极管 VD_R 就会导通，为负载提供续流回路，使得负载电流不再经过变压器二次侧绕组，而此时晶闸管则由于承受反向的电源相电压而关断。因此，负载上的输出电压为续流二极管 VD_R 的正向导通压降，接近于零。这样，输出电压 u_d 的波形出现了断续且没有了负值，同时，负载上的电流 i_d 仍是连续的。续流二极管 VD_R 的导通角为 $\theta_{DR}=\left(\alpha-\frac{\pi}{6}\right)\times3$，而此时晶闸管的导通角变为 $\theta_T=\frac{5\pi}{6}-\alpha$。因此，根据图 3-7（b）及图 3-6（b）的波形，可以推导出三相半波可控整流电路带电感性负载接续流二极管时各电量的数量关系。

1. 直流输出电压的平均值 U_d

当 $0°\leqslant\alpha\leqslant30°$ 时，因为输出电压 u_d 波形与不接续流二极管时一致，故仍有

$$U_d = \frac{3\sqrt{6}}{2\pi}U_2\cos\alpha = 1.17U_2\cos\alpha$$

当 $30° \leqslant \alpha \leqslant 150°$ 时，u_d 波形与电路带电阻性负载时一致，u_d 波形也是断续的，故有

$$U_d = 0.675U_2\left[1 + \cos\left(\frac{\pi}{6} + \alpha\right)\right]$$

2. 直流输出电流的平均值 I_d

$$I_d = \frac{U_d}{R_d}$$

3. 流过一只晶闸管的电流的平均值和有效值

当 $0° \leqslant \alpha \leqslant 30°$ 时

$$I_{dT} = \frac{1}{3}I_d \qquad\qquad I_T = \sqrt{\frac{1}{3}}I_d \qquad\qquad (3-15)$$

$30° \leqslant \alpha \leqslant 150°$ 时

$$I_{dT} = \frac{\frac{5\pi}{6} - \alpha}{2\pi}I_d \qquad\qquad I_T = \sqrt{\frac{\frac{5\pi}{6} - \alpha}{2\pi}}I_d \qquad\qquad (3-16)$$

4. 流过续流二极管 VD_R 的电流的平均值和有效值

当 $0° \leqslant \alpha \leqslant 30°$ 时，续流二极管没起作用，所以流过 VD_R 的电流为零。

当 $30° \leqslant \alpha \leqslant 150°$ 时

$$I_{dD} = \frac{\left(\alpha - \frac{\pi}{6}\right) \times 3}{2\pi}I_d = \frac{\alpha - \frac{\pi}{6}}{\frac{2\pi}{3}}I_d \qquad\qquad I_D = \sqrt{\frac{\alpha - \frac{\pi}{6}}{\frac{2\pi}{3}}}I_d \qquad\qquad (3-17)$$

5. 晶闸管和续流二极管两端承受的最大的电压

$$U_{TM} = \sqrt{6}U_2 \qquad\qquad U_{DRM} = \sqrt{2}U_2 \qquad\qquad (3-18)$$

【例 3-1】 有一三相半波可控整流电路，带大电感负载，$R_d = 4\Omega$，变压器二次侧相电压有效值 $U_2 = 220\text{V}$，电路工作在 $\alpha = 60°$。求电路工作在不接续流二极管和接续流二极管两种情况下的负载电流值 I_d，并选择合适的晶闸管元件。

解 （1）不接续流二极管时，因为是大电感负载，故有

$$U_d = 1.17U_2\cos\alpha = 1.17 \times 220 \times \cos60° = 128.7\text{V}$$

$$I_d = \frac{U_d}{R_d} = \frac{128.7}{4} = 32.18\text{A}$$

流过晶闸管的电流有效值

$$I_T = \sqrt{\frac{1}{3}}I_d = \sqrt{\frac{1}{3}} \times 32.18 = 18.58\text{A}$$

取 2 倍裕量，则晶闸管的额定电流为

$$I_{T(AV)} \geqslant 2 \times \frac{I_T}{1.57} = 2 \times \frac{18.58}{1.57} = 23.67\text{A}$$

晶闸管的额定电压也取 2 倍裕量为

$$U_{Tn} = 2U_{TM} = 2\sqrt{6}U_2 = 2 \times \sqrt{6} \times 220 = 1077.78\text{V}$$

因此，不接续流二极管时可选 30A/1200V 的晶闸管。

（2）接续流二极管时

$$U_d = 0.675U_2\left[1 + \cos\left(\frac{\pi}{6} + \alpha\right)\right] = 0.675 \times 220 \times [1 + \cos(30° + 60°)] = 148.5\text{V}$$

$$I_d = \frac{U_d}{R_d} = \frac{148.5}{4} = 37.13\text{A}$$

$$I_T = \sqrt{\frac{\frac{5\pi}{6} - \alpha}{2\pi}} I_d = \sqrt{\frac{150° - 60°}{360°}} \times 37.13 = 18.57\text{A}$$

同上，$I_{T(AV)} \geq 2 \times \dfrac{I_T}{1.57} = 2 \times \dfrac{18.57}{1.57} = 23.66\text{A}$

晶闸管的额定电压仍为 $U_{Tn} = 2U_{TM} = 2\sqrt{6}U_2 = 2 \times \sqrt{6} \times 220 = 1077.78\text{V}$

接续流二极管时也可选 30A/1200V 的晶闸管。

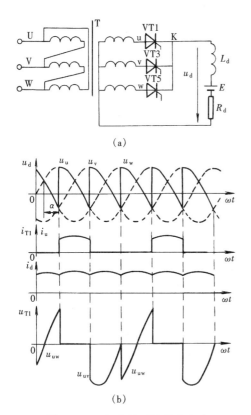

图 3-8 三相半波可控整流电路
带反电动势负载串接平波电抗器
(a) 电路图；(b) 波形图

（三）反电动势负载

图 3-8 (a) 是三相半波可控整流电路带直流电动机电枢时的电路，它与单相电路一样，为了能使电流平稳连续，一般也要在负载回路串接电感量足够大的平波电抗器 L_d，此时电路的分析同电感性负载时一致，波形如图 3-8 (b) 所示。它与图 3-6 (c) 一致，所以电路分析以及各电量的计算也都一致，只是负载上的直流电流的平均值的计算改为

$$I_d = \frac{U_d - E}{R_d} \qquad (3-19)$$

其他电量的计算可套用式（3-10）及式（3-12）～式（3-14）。另外，若是所串平波电抗器 L_d 的电感量不够大或负载电流过小，则电流会出现断续的情况，注意在电流断续的区间，负载两端的电压是其本身的电动势 E。

以上电路为了扩大移相范围以及使电流 i_d 平稳，也可在负载两端并接续流二极管 VD_R，电路的分析方法同图 3-7 的电路一致，这里不再赘述。

三、共阳极三相半波可控整流电路

三相半波可控整流电路还可以把晶闸管的三个阳极接在一起，而三个阴极分别接到三相交流电源，形成共阳极的三相半波可控整流电路，其带电感性负载的电路如图 3-9 (a) 所示。由于三个阳极是接在一起的，即是等电位的，所以对于螺栓式的晶闸管来说，可以将晶闸管的阳极固定在同一块大散热器上，散热效果好，安装方便。但是，此电路的触发电路不能再像共阴极电路的触发电路那样，引出公共的一条接阴极的线，而且输出脉冲变压器二次侧绕组也不能有公共线，这就给调试和使用带来了不便。

共阳极的三相半波可控整流电路的工作原理与共阴极的一致，也是要晶闸管承受正向电压即其阳极电位高于阴极电位时，才可能导通。所以，共阳极的三只晶闸管 VT2、VT4 和 VT6 哪一只导通，要看哪一只的阴极电位低，触发脉冲应在三相交流电源相应相电压的负半周加上，而且三个管子的自然换相点在电源两相邻相电压负半周的交点，即图 3 - 9（b）中的 2、4、6 点，故 2、4、6 点的位置分别是与 w 相、u 相、v 相相连的晶闸管 VT2、VT4 和 VT6 的 α 角的起始点。从图 3 - 9（b）中可以看出，当 α=30° 时，输出全部在电源负半周。例如，在 ωt_1 时刻触发晶闸管 VT2，因其阴极电位最低，满足其导通的条件，故可以被触发导通，此时在负载上得到的输出电压为 u_w。至 ωt_2 时，给 VT4 加触发脉冲，由于此时 u 相电压更负，故 VT2 会让位给 VT4，而 VT4 的导通会立即使 VT2 承受反向的线电压 u_{uw} 而关断。同理，在 ωt_3 时刻又会换相给 v 相的晶闸管 VT6。由图 3 - 9（a）可见，共阳极接法时的整流输出电压波形形状与共阴极时是一样的，只

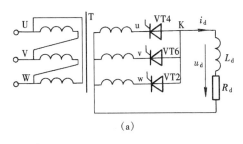

(a)

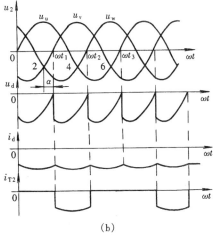

(b)

图 3 - 9　共阳极三相半波可控整流电路

（a）电路图；（b）α=30° 时的波形图

是输出电压的极性相反，故三相半波共阳极整流电路带电感性负载时的整流输出电压的平均值为

$$U_d = -1.17U_2\cos\alpha \tag{3 - 20}$$

式中的负号表示三相电源的零线为实际负载电压的正端，三个接在一起的阳极为实际负载电压的负端。负载电流的实际方向也与电路图中所标方向相反。

从上面讨论的三相半波电路中可以看出，不论是共阴极还是共阳极接法的电路，都只用了三只晶闸管，所以接线都较简单，但其变压器绕组利用率较低，每相的二次侧绕组一周期最多工作 120°，而且绕组中的电流（波形与相连的晶闸管的电流波形一样）还是单方向的，因此也会存在铁心的直流磁化现象；还有晶闸管承受的反向峰值电压较高（与三相桥式电路相比）；另外，因电路中负载电流要经过电网零线，也会引起额外的损耗。正是由于上述局限，使得三相半波可控整流电路一般只用于中等偏小容量的场合。

第二节　三相桥式全控整流电路

在工业生产上广泛应用的是三相桥式全控整流电路，此电路相当于一组共阴极的三相半波和一组共阳极的三相半波可控整流电路串联起来构成的。习惯上将晶闸管按照其导通顺序编号，共阴极的一组为 VT1、VT3 和 VT5，共阳极的一组为 VT2、VT4 和 VT6。其电路如图 3 - 10 所示。

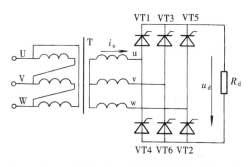

图 3-10 三相桥式全控整流电路带电阻性负载

一、电阻性负载

对于图 3-10 的电路，可以像分析三相半波可控整流电路一样，先分析若是不可控整流电路的情况，即把晶闸管都换成二极管，这种情况相当于可控整流电路的 $\alpha=0°$ 时的情况。即要求共阴极的一组晶闸管要在自然换相点 1、3、5 点换相，而共阳极的一组晶闸管则会在自然换相点 2、4、6 点换相。因此，对于可控整流电路，就要求触发电路在三相电源相电压正半周的 1、3、5 点的位置给晶闸管 VT1、VT3 和 VT5 送出触发脉冲，而在三相电源相电压负半周的 2、4、6 点的位置给晶闸管 VT2、VT4 和 VT6 送出触发脉冲，且在任意时刻共阴极组和共阳极组的晶闸管中都各有一只晶闸管导通，这样在负载中才能有电流通过，负载上得到的电压是某一线电压。其波形如图 3-11 所示。为便于分析，可以将一个周期分成 6 个区间，每个区间 60°。

$\omega t_1 \sim \omega t_2$ 区间，u 相电位最高，在 ωt_1 时刻，即对于共阴极组的 u 相晶闸管 VT1 的 $\alpha=0°$ 的时刻，给其加触发脉冲，VT1 满足其导通的两个条件，同时假设此时共阳极组阴极电位最低的晶闸管 VT6 已导通，这样就形成了由电源 u 相经 VT1、负载 R_d 及 VT6 回电源 v 相的一条电流回路。若假设电流流出绕组的方向为正，则此时 u 相绕组的电流 i_u 为正，v 相绕组上的电流 i_v 为负。在负载电阻上就得到了整流后的直流输出电压 u_d，且 $u_d=u_u-u_v=u_{uv}$，为三相交流电源的线电压之一。

过 60°后至 ωt_2 时刻，进入 $\omega t_2 \sim \omega t_3$ 区间，这时 u 相相电压 u_u 仍是最高，但对于共阳极组的晶闸管来说，由于 w 相相电压 u_w 为最负，即 VT2 的阴极电位将变得最低。所以在自然换相点 2 点，即 ωt_2 时，给晶闸管 VT2 加触发脉冲，使其导通，同时由于 VT2 的导通，使 VT6 承受了反向的线电压 u_{wv} 而关断了。

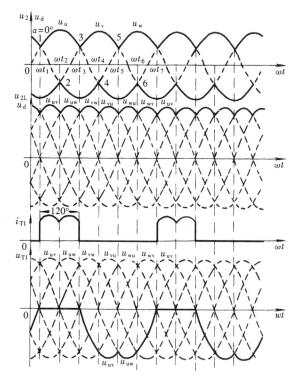

图 3-11 三相桥式全控整流电路带电阻性负载 $\alpha=0°$ 时的波形

即共阳极组由刚才的 VT6 换流到 VT2，则形成的电流通路仍由电源 u 相流出，经过还在导通的共阴极组的晶闸管 VT1，向负载 R_d 供电，由 VT2 流回到电源 w 相，此时 $u_d=u_u-u_w=u_{uw}$。

再过 60°后至 ωt_3 时刻，进入 $\omega t_3 \sim \omega t_4$ 区间，在此区间中，对于共阴极组来说变为 v 相

最高，而对于共阳极组仍是 w 相最低。因此，在自然换相点 3 点，即 ωt_3 时要给晶闸管 VT3 加触发脉冲，共阴极组的晶闸管由 VT1 换流给了 VT3，而共阳极组仍是 VT2 导通，改为由晶闸管 VT3 和 VT2 形成通路，所以，负载上得到的输出电压为 $u_d = u_v - u_w = u_{vw}$。

同样，再过 $60°$ 后至 ωt_4 时刻，进入 $\omega t_4 \sim \omega t_5$ 区间，VT4 阴极所接的 u 相相电压 u_u 为最负，故又该触发晶闸管 VT4，输出电压为 $u_d = u_v - u_u = u_{vu}$。在 $\omega t_5 \sim \omega t_6$ 区间，触发导通 VT5，输出电压为 $u_d = u_w - u_u = u_{wu}$。在 $\omega t_6 \sim \omega t_7$ 区间，给共阳极组的晶闸管 VT6 加触发脉冲，使得输出电压变为 $u_d = u_w - u_v = u_{wv}$。以后又重复上述过程。

由图 3-11 的波形图可以看出，三相桥式全控整流电路中两组晶闸管的自然换相点对应相差 $60°$。当 $\alpha = 0°$ 时，各个晶闸管均是在各自的自然换相点换相，导通的顺序是 VT1—VT2—VT3—VT4—VT5—VT6—VT1，每只晶闸管轮流导通 $120°$，相位相差了 $60°$，也即六只晶闸管的触发脉冲依次相差 $60°$。负载上得到的输出电压 u_d 的波形，从相电压的波形上看，共阴极组晶闸管导通时，若以变压器二次侧的中点为参考点，则整流后的输出电压为相电压正半周的包络线，而共阳极组晶闸管导通时，输出电压为相电压负半周的包络线，总的整流输出电压是两条包络线之间的差值，将其对应到线电压波形上，即为线电压在正半周的包络线。因此三相桥式全控整流电路的输出波形可用电源线电压波形表示。每个线电压输出了 $60°$，如图 3-11 所示。

由图 3-11 中的波形可以看出晶闸管所承受的电压 u_T 的波形与三相半波电路时的分析是一样的，即晶闸管本身导通时 u_T 为零；同组的其他相邻晶闸管导通时，就承受相应的线电压。故晶闸管承受的最大的正反向电压仍为 $\sqrt{6}U_2$。而由流过一只晶闸管的电流的波形可以看出，每只晶闸管在一周期内都导通了 $120°$，波形的形状与相应段的 u_d 的波形相同。

需要特别说明的是，三相桥式全控整流电路要保证任何时候都有两只晶闸管导通，这样才能形成向负载供电的回路，并且是共阴极和共阳极组各一个，不能为同一组的晶闸管。所以，在此电路合闸启动过程中或电流断续时，为保证电路能正常工作，就需要保证同时触发应导通的两只晶闸管，即要同时保证两只晶闸管都有触发脉冲。一般可以采用两种方式：一是采用单宽脉冲触发，即脉冲宽度大于 $60°$，小于 $120°$，一般取 $80° \sim 100°$，如图 3-12 中的 u_{g1}，这样可以保证在第二个脉冲 u_{g2} 来的时候，前一个脉冲 u_{g1} 还没有消失，这样两只晶闸管 VT1 和 VT2 会同时有脉冲，因篇幅所限，在图 3-12 中只画出了 u_{g1}，其他五个宽脉冲没有画出。另一种脉冲形式是采用双窄脉冲，即要求本相的触发电路在送出本相的触发脉冲时，给前一相补发一个辅助脉冲，两个脉冲相位相差 $60°$，脉宽一般是 $20° \sim 30°$。如图 3-12 中，在给晶闸管 VT3 送出脉冲 u_{g3} 的同时，又给晶闸管 VT2 补发了一个辅脉冲 u'_{g2}。虽然双窄脉冲的电路比较复杂，但其要求的触

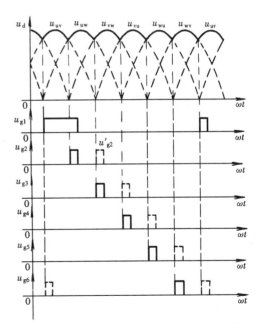

图 3-12 三相桥式全控整流电路的触发脉冲

发电路的输出功率小，可以减小脉冲变压器的体积。而单宽脉冲触发方式虽然可以少一半脉冲输出，但为了不使脉冲变压器饱和，其铁心体积要做得大一些，绕组的匝数也要多，因而漏电感增大，导致输出的脉冲前沿不陡，这样对于多个晶闸管串联时是不利的。虽然可以利用增加去磁绕组的办法来改善这一情况，但这样又会使装置复杂化。所以两种触发方式中常选用的是双窄脉冲触发方式。

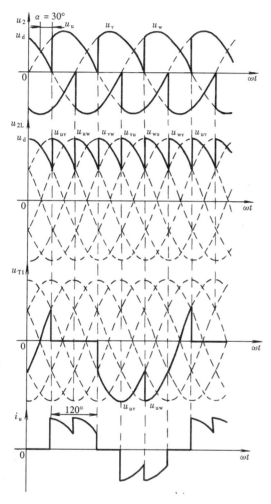

图 3-13　三相桥式全控整流电路带电阻性
负载 $\alpha=30°$ 时的波形

由图 3-11 可以看出，三相桥式全控整流电路的输出电压 u_d 的波形实际是由六个线电压 u_{uv}、u_{uw}、u_{vw}、u_{vu}、u_{wu} 和 u_{wv} 轮流输出所组成的。因此，在分析三相桥式全控整流电路的输出电压 u_d 的波形时，只要分析线电压的波形即可，可不必再画相电压的波形。图 3-13～图 3-15 分别是 $\alpha=30°$、$\alpha=60°$ 和 $\alpha=90°$ 时的电压、电流波形。当控制角 α 发生变化时，电路的工作情况将发生变化。由图中可以看出，输出电压 u_d 的波形仍是由六个电源线电压波形组成，与 $\alpha=0°$ 时不同的是，由于晶闸管的导通时间推迟了，输出电压的波形面积少了，输出电压的平均值降低了。例如，当 $\alpha=30°$ 时，晶闸管的导通时间比 $\alpha=0°$ 时推迟了 30°，组成输出 u_d 的线电压波形也向后推迟了 30°，但晶闸管的导通顺序仍然没有变，与其编号相符，流过变压器二次侧绕组的电流 i_u 为正负各 120° 的对称的波形。当 $\alpha=60°$ 时，u_d 波形继续向后推，且 u_d 波形出现了零点。因此，$\alpha=60°$ 是一临界情况，如图 3-14 所示。对于电阻性负载来说，只要 $\alpha\leqslant60°$，输出电压 u_d 的波形就是连续的，且电流 i_d 波形也是连续的。当 $\alpha\geqslant60°$ 时，例如图 3-15 的 $\alpha=90°$ 时，输出电压 u_d 的波形就出现了断续，每个线电压不再

输出 60° 了，而是有了 30° 的等于零的情况，这是由于当 u_d 减小到零时，电流 i_d 也减小到了零，晶闸管就会关断，输出电压为零，不会有负值输出。α 角越大，电压、电流断续的区间就越大，至 $\alpha=120°$ 时，整流后的输出电压 u_d 的波形全为零，其平均值 U_d 也为零。所以，三相桥式全控整流电路带电阻性负载时，α 角的移相范围是 0°～120°。

另外，图 3-13 和图 3-15 还给出了变压器二次侧 u 相绕组电流 i_u 的波形。其波形特点是当 $\alpha\leqslant60°$ 时，即电流连续时，为正负对称的波形，即在 VT1 导通的 120° 期间，电流是由 u 相绕组流出，故 i_u 为正，且 i_u 的波形与同时段的 u_d 的波形相同，而在 VT4 导通的 120° 期间，电流是由 u 相绕组流入的，所以 i_u 为负，此时 i_u 波形的形状与 VT1 导通时的电流波形

的形状一样，只是为负值。而当 $\alpha \geqslant 60°$ 时，即电流断续时，如图 3-15 所示，i_u 的波形仍然是由正负对称的两部分组成，只是每一部分不再是连续的 $120°$，而是断续的，导通的区间也不到 $120°$。流过变压器二次侧其他两相的电流 i_v、i_w 的波形与 i_u 形状一致，只是相位依次相差 $120°$。此三相电流均可统一用 i_2 来表示。

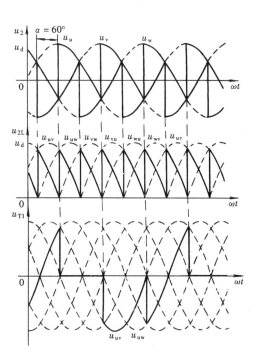

图 3-14　三相桥式全控整流电路带电阻性
　　　　　负载 $\alpha = 60°$ 时的波形

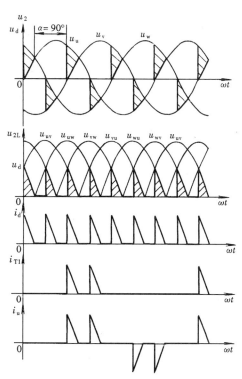

图 3-15　三相桥式全控整流电路带电阻性
　　　　　负载 $\alpha = 90°$ 时的波形

二、电感性负载

三相桥式全控整流电路一般多用于电感性负载及反电动势负载。而对于反电动势负载，常是指直流电动机或要求能实现有源逆变的负载。对于此类负载，为了改善电流波形，有利于直流电动机换向及减小火花，一般都要串入电感量足够大的平波电抗器，分析时等同于电感性负载。所以，我们重点讨论电感性负载时的工作情况，电路如图 3-16（a）所示。

分析方法同电阻性负载时一样，特别是当 $\alpha \leqslant 60°$ 时，电路带电感性负载的工作情况与电阻性负载时很相似。例如，整流输出电压 u_d 的波形、晶闸管的导通情况、晶闸管两端承受的电压 u_T 的波形都是一样的。两者的区别在于流过负载的电流 i_d 的波形不同，电阻性负载时，i_d 的波形的形状与输出电压 u_d 的波形相同；而电感性负载时，由于电感有阻碍电流变化的作用，因此得到的负载电流的波形比较平直，特别是当电感足够大时，可以认为负载电流 i_d 的波形是一条水平的直线。图 3-16（b）给出了三相桥式电感性负载 $\alpha = 30°$ 时的波形。由图中可以看出，输出电压 u_d、电流 i_d 的波形都是连续的，整流输出电压 u_d 的波形仍由六个线电压组成。在距离相应的自然换相点 $30°$ 的位置，要同时保证两只晶闸管都有触发脉冲，使其形成通路。例如，在距离自然换相点 1 点 $30°$ 的位置，同时给 VT1 和 VT6 门极加窄脉冲，使两只管子同时导通，输出线电压 u_{uv}。至距离 2 点 30°的地方，又触发了晶闸管 VT2，输出线电压 u_{uw}，依次类推，分别输出线电压 u_{vw}、u_{vu}、u_{wu} 和 u_{wv}，且每一线电压都输出了 60°。晶闸管承受的电压的波形同电阻性负载时是一样的。由流过晶闸管的电流 i_{T1} 的波形可以看出，每只晶闸管都导通了 120°，且 i_{T1} 波形为方波，其形状由负载电流 i_d 的形状决定，不再由 u_d 波形决定。

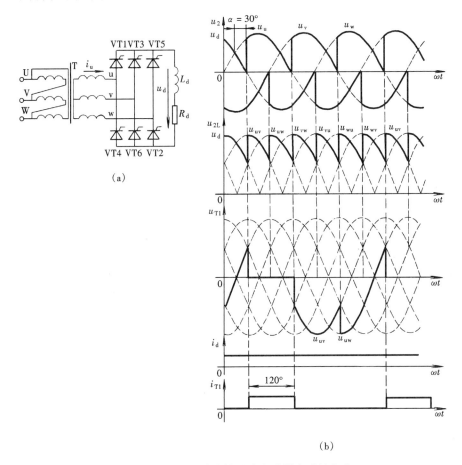

图 3-16　三相桥式全控整流电路带电感性负载
(a) 电路图；(b) $\alpha=30°$时的波形

　　图 3-17 是 $\alpha=60°$时的波形。由输出线电压波形可以看到，相电压中的自然换相点对应于线电压正半周的交点。在距离电源线电压 u_{wv} 和 u_{uv} 的交点即 1 点 60°的时刻，给 VT1 和 VT6 的门极送出脉冲，此时线电压 u_{uv} 为正，于是 VT1 和 VT6 同时被触发导通，输出电压 $u_d=u_{uv}$。过 60°后的波形已降到零，而此时又是距离 2 点 60°的时刻，即触发电路又给 VT2 送出了脉冲，VT2 的导通使 VT6 承受反向线电压而关断了，输出电压为 $u_d=u_{uw}$。其余依次类推。其他波形分析同前面的分析类似。

　　由 $\alpha=60°$时的波形可以看出，$\alpha=60°$是一临界情况，即输出电压 u_d 正好没有负电压的输出。当 $\alpha \geqslant 60°$时，输出电压 u_d 的波形将会出现负值，但是由于是大电感负载，只要输出电压 u_d 的平均值不为零，则每只晶闸管就仍能维持导通 120°。图 3-18 示出了 $\alpha=90°$时的情况，从图中可以看到，此时输出电压 u_d 的波形正负面积相等，因此其平均值为零，所以，三相桥式全控整流电路带电感性负载时的有效移相范围是 $0°\sim90°$。

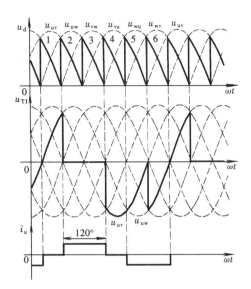

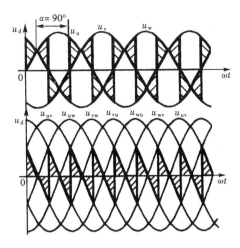

图 3-17 三相桥式全控整流电路带电感性
负载 $\alpha=60°$ 时的波形

图 3-18 三相桥式全控整流电路带电感性
负载 $\alpha=90°$ 时的波形

根据上述的波形分析，我们可以推导出电路带电感性负载时的下列数量关系：

1. 直流输出电压的平均值 U_d

由上面的分析可以知道，当 $0≤\alpha≤90°$ 时，整流输出电压和电流都是连续的。若以相应的线电压由负到正的过零点作坐标原点，则可以很容易推导出

$$U_d = \frac{6}{2\pi}\int_{\frac{\pi}{3}+\alpha}^{\frac{2\pi}{3}+\alpha} \sqrt{6}U_2\sin\omega t\,\mathrm{d}(\omega t) = \frac{3\sqrt{6}}{\pi}U_2\cos\alpha = 2.34U_2\cos\alpha = 1.35U_{2L}\cos\alpha \quad (3-21)$$

式中：U_2 仍是变压器二次侧绕组的相电压的有效值；U_{2L} 是变压器二次侧绕组的线电压的有效值。

2. 直流输出电流的平均值 I_d

$$I_d = \frac{U_d}{R_d} \quad (3-22)$$

3. 流过一只晶闸管的电流的平均值和有效值

由于每组晶闸管都是轮流导通 $120°$，所以

$$I_{dT} = \frac{1}{3}I_d \quad I_T = \sqrt{\frac{1}{3}}I_d = 0.577I_d \quad (3-23)$$

4. 变压器二次侧绕组的电流有效值 I_2

由图 3-17 中的 i_u 的波形可以看出，变压器二次侧相电流的波形为正负对称的方波，正负各 $120°$，即变压器的二次侧绕组在一周期内有三分之二的时间在工作，所以

$$I_2 = \sqrt{\frac{2}{3}}I_d = 0.817I_d \quad (3-24)$$

另外，晶闸管两端承受的最大的正反向电压仍是 $\sqrt{6}U_2$。

当三相桥式全控整流电路带反电动势负载时，只要串接的平波电抗器的电感量足够大，保证电流连续，电路的工作情况就与电感性负载时一样，各电压、电流波形也相同，只

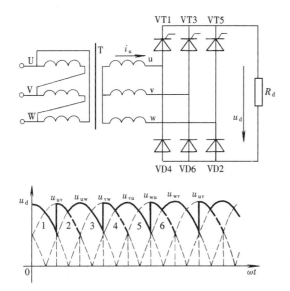

图 3-19 三相桥式半控整流电路及波形

是直流输出电流的平均值 I_d 的计算变为

$$I_d = \frac{U_d - E}{R} \qquad (3-25)$$

式中：E 是反电动势负载的电势；R 为反电动势负载的内阻。

综上所述，可以总结三相桥式全控整流电路的特点如下：

（1）在任何时刻都必须有两只晶闸管导通，且不能是同一组的晶闸管，必须是共阴极组的一只，共阳极组的一只，这样才能形成向负载供电的回路。

（2）对触发脉冲则要求按晶闸管的导通顺序 VT1—VT2—VT3—VT4—VT5—VT6 依次送出，相位依次相差 60°；对于共阴极组晶闸管 VT1、VT3、VT5，其脉冲依次相差 120°，共阳极组 VT4、VT6、VT2 的脉冲也依次相差 120°；但对于接在同一相的晶闸管，如 VT1 和 VT4，VT3 和 VT6，VT5 和 VT2，它们之间的相位均相差 180°。

（3）为保证电路能启动工作或在电流断续后能再次导通，要求触发脉冲为单宽脉冲或是双窄脉冲。

（4）整流后的输出电压的波形为相应的变压器二次侧线电压的整流电压，一周期脉动 6 次，每次脉动的波形也都一样，故该电路为 6 脉波整流电路。其基波频率为 300 Hz。

（5）电感性负载时晶闸管两端承受的电压的波形同三相半波时是一样的，但其整流后的输出电压的平均值 U_d 是三相半波时的 2 倍，所以当要求同样的输出电压 U_d 时，三相桥式电路对管子的电压要求降低了一半。

（6）电感性负载时，变压器一周期有 240° 有电流通过，变压器的利用率高，且由于流过变压器的电流是正负对称的，没有直流分量，所以变压器没有直流磁化现象。

正是由于三相桥式全控整流电路具有上述特点，所以在大功率高电压的场合中应用较为广泛。特别是对要求能进行有源逆变的负载，或中大容量要求可逆调速的直流电动机负载常选用此电路。但是由于此电路必须用 6 只晶闸管，触发电路也较复杂，所以，对于一般的电阻性负载，或不可逆直流调速系统可以选用三相桥式半控整流电路。

将三相桥式全控整流电路中共阳极组的三只晶闸管 VT4、VT6、VT2 换成三只二极管 VD4、VD6、VD2，就组成了三相桥式半控整流电路。由于共阳极组的二极管的阴极分别接在三相电源上，因此在任何时候总有一只二极管的阴极电位最低而导通，即 VD2、VD4、VD6 是在自然换相点 2、4、6 点自然换相。其电路及波形如图 3-19 所示。此电路的工作原理和分析方法同单相桥式半控整流电路相似，这里不再赘述。

第三节　带平衡电抗器的双反星形可控整流电路

从上面对三相桥式全控整流电路的分析可以看出，三相桥式全控整流电路是两组三相半波的串联，适合在高电压电流不大的场合中使用。在实际的工业生产中，有些场合如电解、电镀是要求直流电流高达几千甚至几万安培，但对电压要求却较低，仅几伏到十几伏。此种情况下若采用三相半波可控整流电路，将会有很大的电流流过中线，整流变压器铁心直流磁化也将很严重，所以此电路是不可取的；若采用三相桥式全控整流电路，虽然克服了半波电路的缺点，但大电流要经过两个晶闸管，增加了管耗，降低了整流装置的效率。

本节要介绍的带平衡电抗器的双反星形整流电路，实际上是两组独立的三相半波整流电路的并联运行。为更好地理解此电路，下面先分析不带平衡电抗器的六相半波可控整流电路，在此基础上再讨论带平衡电抗器的双反星形整流电路。

一、六相半波可控整流电路

六相半波可控整流电路如图 3-20（a）所示，其整流变压器具有两组二次侧绕组，都接成星形，但同名端相反，其目的是为了消除变压器铁心直流磁化问题。变压器二次侧双反星形绕组 u 和 u′、v 和 v′、w 和 w′分别安装在变压器的三个铁心上，u 和 u′、v 和 v′、w 和 w′的同名端相反，所以每对绕组上的电压存在 180° 的相位差，其六相电压的相量图是两个相反的星形，故称"双反星形"，如图 3-20（b）所示。由图中可以看出，六个相电压彼此相差 60°，顺序为 u_u、$u_w′$、u_v、$u_u′$、u_w、$u_v′$，六相绕组并联且各接有一只晶闸管，按其导通顺序给晶闸管编号为 VT1、VT2、VT3、VT4、VT5、VT6。

当 $\alpha = 0°$ 时，此电路的电压、电流波形如图 3-21 所示。其中六个相电压的交点就是六只晶闸管控制角 α 的起始点，即图中的 1、2、3、4、5 和 6 点。每间隔 60° 给相应晶闸管送出触发脉冲 $u_{g1} \sim u_{g6}$。这样，一个周期内，六只晶闸管轮流导通，每只管子导通 60°，整流输出电压 u_d 的波形就是六个相电压的包络线，如图 3-21 中的粗实线所示，u_d 在一个周期内脉动六次，比三相半波时的输出电压脉动小了。在不同的 α 角下，电感性负载时的输出电压的平均值计算为

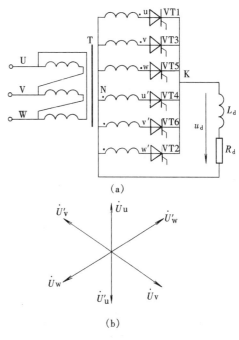

图 3-20 六相半波可控整流电路
(a) 电路图；(b) 相量图

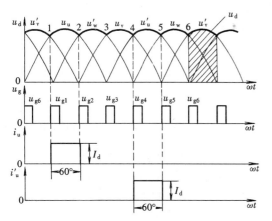

图 3-21 六相半波可控整流电路电感性
负载 $\alpha = 0°$ 时的波形

$$U_d = \frac{6}{2\pi} \int_{\frac{\pi}{3}+\alpha}^{\frac{2\pi}{3}+\alpha} \sqrt{2} U_2 \sin\omega t \, \mathrm{d}(\omega t)$$

$$= \frac{3\sqrt{2}}{\pi} U_2 \cos\alpha$$

$$= 1.35 U_2 \cos\alpha \qquad (3-26)$$

负载电流为一水平线，大小为 $I_d = \dfrac{U_d}{R_d}$。图 3-21 给出了流过与 u 和 u' 两相相连的晶闸管 VT1 和 VT4 的电流波形，由图中可以看出每只管子只导通了 $60°$，所以流过一只晶闸管的电流平均值和有效值分别为

$$I_{dT} = \frac{1}{6}I_d \qquad I_T = \sqrt{\frac{1}{6}}\,I_d = 0.408 I_d \qquad (3-27)$$

由于流过每一对绕组例如 u 相和 u' 相的电流所产生的磁通大小相等、方向相反而相互抵消，所以变压器铁心不存在直流磁化问题。克服了三相半波整流电路的缺点，但是变压器每相绕组一周期内只工作了 1/6 周期，变压器利用率很低，而且变压器一次侧绕组电流中含有很大的三次谐波成分，所以实际中并不用这种整流电路，而是采用带平衡电抗器的双反星形可控整流电路。

二、带平衡电抗器的双反星形可控整流电路

为了提高上面六相半波可控整流电路中变压器的利用率以及减少流过每只晶闸管的电流有效值，我们可以采取带平衡电抗器的双反星形可控整流电路，如图 3-22 所示，即将六相

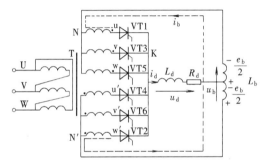

图 3-22　带平衡电抗器的双反星形可控整流电路

半波可控整流电路的六个绕组分成两组，一组是 u_u、u_v、u_w，另一组是 u_u'、u_v'、u_w'，两组绕组相位各相差 $180°$，相当于两组独立的三相半波可控整流电路并联，并在两组绕组的星形中点 N 和 N' 之间串接一只平衡电抗器 L_b，负载接于平衡电抗器的中心抽头和晶闸管的共阴极之间。

由于平衡电抗器 L_b 抽头两侧匝数相等，且又是绕在同一个铁心上，因此线圈中任一侧有变化的电流流过时，其抽头的两侧均会有大小相等、方向一致的感应电动势产生，这样将会使电路不再是六相轮流向负载供电，而是两组中各有一只晶闸管导通，并联向负载供电，每只晶闸管各承担负载电流的一半。

图 3-23 分别画出了电感性负载在 $\alpha = 0°$ 时两组晶闸管的工作电压、电流波形以及电路的输出电压 u_d 波形。取任一时刻如 ωt_1，同时触发晶闸管 VT1 和 VT2，虽然在 $\omega t_1 \sim \omega t_2$ 区间，相电压 u_u 和 u_w' 均为正值，但 $u_u > u_w'$，如果没有平衡电抗器 L_b，则只有 VT1 会被触发导通，VT2 由于 VT1 的导通而承受反压关断。在加了 L_b 后，由于 VT1 的导通使得 u 相绕组中的电流 i_u 从零开始增加，因此就会在 L_b 的上半部产生感应电动势 $\dfrac{e_b}{2}$，以阻碍电流 i_u 的变化，见图 3-22，它与相电压 u_u 的方向相反，使 VT1 的正向电压被压低了。同时绕在同一铁心上的 L_b 的下半部也会产生大小相等、方向一致的感应电动势，而此电动势的方向与相电压 u_w' 一致，使 VT2 的正向电压被抬高了，这样就会促使晶闸管 VT1 和 VT2 都能被触发导通。因此电抗器 L_b 起到使两相导通的平衡作用，故称平衡电抗器。

下面再来分析 VT1 和 VT2 同时导通后的输出电压 u_d 的情况。由图 3-22 可知，平衡电抗器两端的电动势 e_b 用来补偿 N 和 N' 间的电位差，也就是 L_b 两端的电压 u_b 等于相电压

u_u 和 $u_{w'}$ 的差值，即有

$$u_b = u_{NN'} = u_u - u_{w'} \qquad (3\text{-}28)$$

所以，此时有

$$u_d = u_u - \frac{u_b}{2} = u_{w'} + \frac{u_b}{2} = \frac{u_u + u_{w'}}{2}$$

$$(3\text{-}29)$$

由式（3-29）可以看出，我们以平衡电抗器 L_b 的中点作为整流电路输出电压的负端，此时输出电压 u_d 的大小是导通的两相相电压瞬时值的平均值，其波形就是图3-23中用实线表示的相应部分，它可以被看作是一个新的六相半波，其峰值为原六相半波峰值乘以 $\sin 60° = 0.866$。而平衡电抗器 L_b 上的电压 u_b 的波形为两组三相半波输出电压的差值，近似为一个三角波，其频率为150Hz。

ωt_2 以后，虽然有 $u_{w'} > u_u$，但由于平衡电抗器 L_b 的存在，仍能保证两管都导通，工作情况与上面类似。不同的是感应电动势的极性与上相反，即变为使 VT1 管的电压抬至 $u_u + \frac{1}{2}u_b$，而 VT2 管的电压被压低至 $u_{w'} - \frac{1}{2}u_b$，输出电压也仍是 u_u 和 $u_{w'}$ 相加的一半。

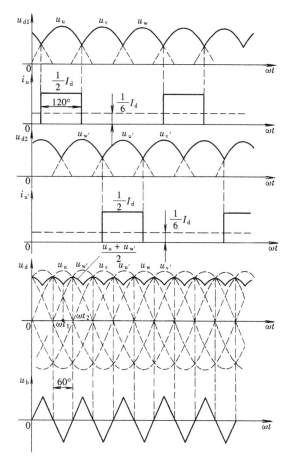

图3-23　带平衡电抗器的双反星形
电路 $\alpha = 0°$ 的波形

VT1 和 VT2 导通 60° 后，则要同时触发 VT3 和 VT2，由于 v 相电压高于 u 相，故 VT1 将换流给 VT3，而 VT3 的导通也将使 VT1 承受反压而关断，电路改为 VT3 和 VT2 同时导通，输出电压为 $u_d = \dfrac{u_v + u_{w'}}{2}$，工作原理同上所述。

因此，可以看出电路中的六只晶闸管的导通顺序与三相桥式全控整流电路时是一样的。也是按照 VT1—VT2—VT3—VT4—VT5—VT6—VT1 的顺序轮流工作。一个周期内每只晶闸管导通 120°，电路 60° 换流一次。并且此电路在任一时刻都有两只晶闸管同时导通。为保证电流断续后，两组三相半波电路仍能同时工作，与三相桥式全控整流电路一样，也要求单宽脉冲或双窄脉冲触发，窄脉冲的脉宽应大于 30°。又由于两组电路是并联的，任何时候都是两组中各有一只晶闸管导通，所以，流过一只晶闸管的电流是负载电流的一半，这一点与三相桥式整流电路不一样，但流过每只晶闸管的平均电流是 $\frac{1}{6}I_d$，与六相半波时是一样的，这是因为每只晶闸管的导通角由六相半波时的 60° 增大到了 120°。

在这种并联的电路中，还有一个问题需要注意，那就是环流。由于平衡电抗器 L_b 的存

在，使得两组三相半波输出电压的瞬时值的压差降到了 L_b 上，在此电压的作用下，就会产生只经过两组中分别导通的晶闸管而直接接通电源的电流 i_b，此电流并不经过负载，故称环流，如图 3 - 22 所示。考虑环流后，每组流过的电流就分别为 $\frac{1}{2}I_d \pm i_b$。例如，在前面分析的 $\omega t_1 \sim \omega t_2$ 区间，VT1 和 VT2 同时导通，流过 VT1 和 VT2 的电流分别为

$$i_{T1}=i_u=\frac{1}{2}I_b+i_b \tag{3-30}$$

$$i_{T2}=i_{w'}=\frac{1}{2}I_d-i_b \tag{3-31}$$

因此，为使两组电流尽可能平均分配，一般使平衡电抗器 L_b 的电感值足够大，以使环流 i_b 被抑制到小于最小负载电流的一半。否则会有一只晶闸管无法导通，例如 $\omega t_1 \sim \omega t_2$ 区间的 VT2 管。一般将环流限制在负载电流的 $1\%\sim2\%$。

图 3 - 24 为 $\alpha=30°$、$\alpha=60°$ 和 $\alpha=90°$ 时带电感性负载的输出电压 u_d 的波形以及 $\alpha=90°$ 时带电阻性负载的 u_d 波形。由图中可以看出，要想画出 u_d 的波形，先要画两组三相半波即六相半波的相电压波形，然后求出相邻两相的平均值的轨迹，在导通的两相相应区间的相电压平均值的波形就是 u_d 的波形。由图 3 - 24 （a）可知，电路带电感性负载时，$\alpha=90°$ 时的输出电压 u_d 的波形为正负对称，即输出电压的平均值为零，故电感性负载时的有效移相范围是 $0°\sim90°$。由图 3 - 24 （b）可以看出，若是电阻性负载，则 u_d 的波形不会出现负值，当 $\alpha\geqslant60°$ 时，u_d 的波形将会出现断续，图中画出了 $\alpha=90°$ 时的波形，不难分析出带电阻性负载时此电路的移相范围是 $0°\sim120°$。

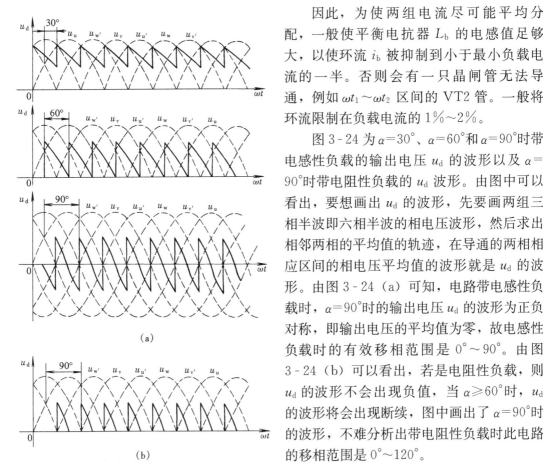

图 3 - 24　带平衡电抗器的双反星形电路的波形
(a) 电感性负载 $\alpha=30°$、$\alpha=60°$、$\alpha=90°$；
(b) 电阻性负载 $\alpha=90°$

双反星电路是两组三相半波电路的并联，故负载上得到的输出电压平均值 U_d 与三相半波可控整流电路的输出电压平均值相等，当为电感性负载时，有

$$U_d=\frac{3\sqrt{3}}{2\pi}\sqrt{2}U_2\cos\alpha=1.17U_2\cos\alpha \tag{3-32}$$

在此电路中，由于每组三相半波整流电路的输出电流是负载电流的一半，且每只晶闸管在一个周期内导通了 $120°$，所以流过一只晶闸管的电流的平均值和有效值分别为

$$I_{dT} = \frac{120°}{360°} \times \frac{1}{2} I_d = \frac{1}{6} I_d \tag{3-33}$$

$$I_T = \sqrt{\frac{120°}{360°} \times \frac{1}{2}} I_d = \frac{1}{2\sqrt{3}} I_d = 0.289 I_d \tag{3-34}$$

晶闸管承受的最大电压仍为二次侧绕组线电压的峰值，即 $\sqrt{6} U_2$。

带平衡电抗器的双反星形可控整流电路与前面的电路相比，具有如下特点：

（1）带平衡电抗器的双反星形可控整流电路是两组三相半波可控整流电路的并联，输出电压一周期内脉动六次，脉动比三相半波时小得多。

（2）与六相半波可控整流电路相比，变压器的利用率提高了一倍，故在输出电流相同时变压器的容量比六相半波整流时要小。

（3）与三相桥式全控整流相比，当变压器二次侧电压有效值 U_2 相等时，双反星形电路的直流输出电压平均值 U_d 是三相桥式整流电路的一半，与三相半波电路的输出一样。

（4）双反星形电路同时有两相导通，使变压器磁路平衡，不再像三相半波整流一样存在直流磁化问题。

（5）每只晶闸管导通时流过的电流为负载电流的一半，其有效值，以电感性负载为例，为 $0.289 I_d$，比三相半波和三相桥式整流时的 $0.577 I_d$ 及六相半波时的 $0.408 I_d$ 都要小，因此在相同负载电流的情况下，所选晶闸管的额定电流等级也减小了，整流器件承受负载的能力相对提高了。

第四节　变压器漏抗对整流电路的影响

前面我们分析了几种可控整流电路，在分析过程中，由于都忽略了变压器的漏抗，所以所有的换流都被认为是瞬时完成的。但实际上变压器绕组上总是存在有一定的漏感的，交流回路也会有一定的自感，我们将所有这些电感都折算到变压器的二次侧，用一个集中的电感 L_T 来代替。由于电感要阻碍电流的变化，电感中的电流也就不会突变，所以电流的换相是不可能在瞬时完成的，而要有一个过程，即经过一段时间，这个过程就称为换相过程，换相过程对应的时间常用相应的电角度来表示，称为换相重叠角，用 γ 来表示。我们以三相半波可控整流电路为例，来讨论变压器漏感对电路的影响。对于其他电路也可用相同的方法进行分析。

图 3-25 为考虑了变压器漏感后的三相半波可控整流电路的电路图和波形图。因三只晶闸管是轮流导通的，所以一周期内有三次换流过程，我们以 VT1 换流至 VT3 为例进行说明，其他两次换流情况是一样的。假设在 ωt_1 时刻之前已触发导通了 VT1 管，在 ωt_1 时给 VT3 管加触发脉冲，令 VT3 管导通。此时，由于 u 相、v 相均有漏感 L_T，故两相的电流 i_u、i_v 都不会突变，即 i_u 不会瞬时由稳定值 I_d 降为零，而 i_v 也不会瞬时由零升至稳定值 I_d。因此，在电流从 VT1 换至 VT3 的过程中，存在 VT1 和 VT3 同时导通的过程，此时相当于 u、v 两相短路，两相间的电压差为 $u_v - u_u$，称为短路电压。由于此短路电压的存在，将产生只流过两只导通的晶闸管并直接接通两相电源的环流 i_k，形成环流回路，如图 3-25（a）所示。每只管子换相前的初始电流叠加上环流 i_k 就是换相过程中流过每只管子的实际电流。在换相前流过 VT1 的电流 $i_{T1} = i_u = I_d$，流过 VT3 的电流为 $i_{T2} = i_v = 0$。所以在换相过程中，

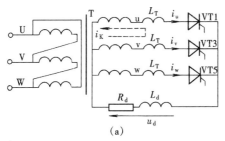

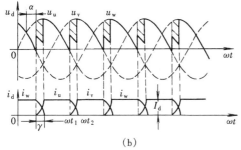

图 3-25 考虑变压器漏抗后的
三相半波可控整流电路及波形
(a) 电路图；(b) 波形图

$i_{T1}=i_u=I_d-i_k$，$i_{T2}=i_v=i_k$。短路电压加在回路漏感上，使得环流 i_k 逐渐增大，当 i_k 增大到负载电流稳定值 I_d 时，即图中的 ωt_2 时刻，晶闸管 VT1 的电流降为零，管子关断，此时流过 VT3 的电流为全部负载电流 I_d，这样就完成了换相。$\omega t_1 \sim \omega t_2$ 所对应的电角度就是换相重叠角 γ。

忽略换相回路的电阻，换相期间换流回路的电压方程式为

$$2L_T \frac{di_k}{dt}=u_v-u_u \qquad (3-35)$$

所以换相期间的整流输出电压的瞬时值 u_d 就变为

$$u_d=u_v-L_T \frac{di_k}{dt}=u_u+L_T \frac{di_k}{dt}=\frac{u_u+u_v}{2} \qquad (3-36)$$

式（3-36）表明，在上述换相过程中，输出电压既不是 u_u，也不是 u_v，而是这两个相电压的平均值，由此可得 u_d 的波形如图 3-25（b）所示。将其与图 3-6（b）相比较，可以发现，考虑了变压器漏感后，换相过程中的输出电压的瞬时值降低了，输出电压的波形少了一块面积，如图 3-25（b）中阴影所示，三相半波电路一周期内换相了三次，所以有三块同样的面积。这样，输出电压的平均值就降低了，少的就是一周期阴影面积的平均值，称之为换相压降，用 ΔU_d 来表示，可计算如下

$$\Delta U_d = \frac{3}{2\pi}\int_{\alpha}^{\alpha+\gamma}(u_v-u_d)d(\omega t) = \frac{3}{2\pi}\int_{\alpha}^{\alpha+\gamma}\left(u_v-\frac{u_u+u_v}{2}\right)d(\omega t)$$

$$= \frac{3}{2\pi}\int_{\alpha}^{\alpha+\gamma}L_T \frac{di_k}{dt}d(\omega t) = \frac{3}{2\pi}\int_{0}^{I_d}\omega L_T di_k = \frac{3}{2\pi}X_T I_d \qquad (3-37)$$

式中：X_T 是变压器每相折算到二次侧的漏抗，且 $X_T=\omega L_T$。

同样，如果是 m 脉波电路，其换相压降可表示为

$$\Delta U_d=\frac{m}{2\pi}X_T I_d \qquad (3-38)$$

考虑了变压器漏抗后的整流电压 U_d 为

$$U_d=U_{d0}\cos\alpha-\Delta U_d \qquad (3-39)$$

式中：U_{d0} 为整流电路理想情况下，当 $\alpha=0°$ 时的输出电压平均值。

上面三相半波电路的输出电压就变为

$$U_d=U_{d0}\cos\alpha-\Delta U_d=1.17U_2\cos\alpha-\frac{3}{2\pi}X_T I_d$$

下面，再来讨论变压器漏抗对换相重叠角 γ 的影响。在这里，我们忽略繁琐的数学推导，直接给出结论，即三相半波电路中换相重叠角 γ 与相关参数存在以下关系

$$\cos\alpha-\cos(\alpha+\gamma)=\frac{2X_T I_d}{\sqrt{6}U_2} \qquad (3-40)$$

式（3-40）说明，若已知漏抗 X_T，变压器二次侧相电压有效值 U_2，控制角 α 以及负载电流 I_d，就可以计算出换相重叠角 γ 的大小。当 α 角为某一固定值时，则 X_T 越大换相重叠角 γ 越大，I_d 越大换相重叠角也越大。因为 I_dX_T 越大，漏感储存的能量就越多，换相时间就越长，即 γ 越大。

对于其他的可控整流电路，也可采取类似的分析方法，现将结果列于表 3-1。

另外，对于计算换相重叠角 γ 的大小，有一个便于记忆的通用公式，即

$$\cos\alpha - \cos(\alpha + \gamma) = \frac{2\Delta U_d}{U_{d0}} \tag{3-41}$$

表 3-1　　　　　　　　　　各种整流电路换相压降和换相重叠角的计算

参数＼电路形式	单相全波	单相全控桥	三相半波	三相全控桥	六相半波
m	2	4	3	6	6
ΔU_d	$\dfrac{X_T}{\pi}I_d$	$\dfrac{2X_T}{\pi}I_d$	$\dfrac{3X_T}{2\pi}I_d$	$\dfrac{3X_T}{\pi}I_d$	$\dfrac{3X_T}{\pi}I_d$
$\cos\alpha - \cos(\alpha+\gamma)$	$\dfrac{X_T I_d}{\sqrt{2}U_2}$	$\dfrac{2X_T I_d}{\sqrt{2}U_2}$	$\dfrac{2X_T I_d}{\sqrt{6}U_2}$	$\dfrac{2X_T I_d}{\sqrt{6}U_2}$	$\dfrac{\sqrt{2}X_T}{U_2}I_d$

变压器漏抗的存在，和交流进线电抗器一样，可以起到限制短路电流和抑制电流电压变化率的作用。但是由于漏抗的存在使得输出电压的波形在换相期间出现缺口，会造成电网电压波形的畸变，影响其他用电设备的正常工作。下面通过一个例题来说明，考虑了变压器的漏抗后的一些参数的计算。

【例 3-2】　三相桥式全控整流电路，带电感性负载，其中 $R=5\Omega$，$L=\infty$，变压器二次侧电压有效值为 220V，折算到变压器二次侧的每相漏感为 $L_T=2\text{mH}$。求当 $\alpha=30°$ 时：①换相压降 ΔU_d；②输出电压 U_d；③负载上的电流 I_d；④流过晶闸管的电流的平均值 I_{dT} 和有效值 I_T；⑤换相重叠角 γ。

解　直流回路的电压平衡方程式为

$$2.34U_2\cos\alpha - \Delta U_d = RI_d$$

因为对于三相全控桥，一周期换相了六次，即 $m=6$，所以上式中的 ΔU_d 为

$$\Delta U_d = \frac{6}{2\pi}X_T I_d = \frac{6}{2\pi}\omega L_T I_d = \frac{6}{2\pi} \times 2\pi \times 50 \times 2 \times 10^{-3} \times I_d = 0.6I_d$$

将此结果及 $R=5\Omega$，$U_2=220\text{V}$，$\alpha=30°$ 代入上面的电压平衡方程式，可求出负载上的电流 I_d 为

$$I_d = \frac{2.34 \times 220 \times \cos30°}{5+0.6} = 79.61\text{A}$$

且由已知 $L=\infty$，可以认为负载电流波形为一条水平的直线。

再求换相压降 ΔU_d 为

$$\Delta U_d = 0.6I_d = 0.6 \times 79.61 = 47.77\text{V}$$

输出电压 U_d 为

$$U_d = U_{d0}\cos\alpha - \Delta U_d = 2.34U_2\cos\alpha - \Delta U_d = 2.34 \times 220 \times \cos30° - 47.77 = 398.06\text{V}$$

流过晶闸管的电流的平均值 I_{dT} 和有效值 I_T 为

$$I_{dT} = \frac{1}{3} I_d = \frac{1}{3} \times 79.61 = 26.54A$$

$$I_T = \frac{1}{\sqrt{3}} I_d = \frac{1}{\sqrt{3}} \times 79.61 = 45.96A$$

将上面有关参数代入表 3-1 的公式，即

$$\cos 30° - \cos(30° + \gamma) = \frac{2X_T I_d}{\sqrt{6} U_2} = \frac{2 \times 2\pi \times 50 \times 2 \times 10^{-3} \times 79.61}{\sqrt{6} \times 220} = 0.1856$$

解得

$$\gamma = 17.12°$$

第五节　可控整流电路供电的电动机机械特性

晶闸管可控整流装置带直流电动机负载组成的系统，习惯上称为晶闸管直流电动机系统，是电力拖动系统中主要的一种，也是可控整流装置的主要用途之一。在此系统中，晶闸管可控整流电路作为可调的直流电源给直流电动机供电，进行速度调节。电动机在电动运行时，因其电枢两端有一电动势 E，而此电动势对整流装置而言为一反电动势，即相当于可控整流电路带反电动势负载时的情况。如果暂时不考虑电动机的电枢电感，则只有当应导通的晶闸管所连的变压器二次侧的相电压的瞬时值大于此反电动势时，晶闸管才会导通，电枢中才会有电流流过，因此负载电流是断续的，这对整流电路和电动机负载来说都是非常不利的。由前面整流电路的带反电动势负载的情况分析可知，为了使负载电流连续和减小电流的脉动，在实际应用中一般要在电枢回路串一个平波电抗器，以保证负载电流在较大范围内连续。

此系统在电动机空载、轻载或平波电抗器的电感量不够大的情况下会出现负载电流断续的现象，对电动机的特性影响很大，此时其机械特性会是一条很软的曲线，而在负载电流即电枢电流连续时，其机械特性则是一条较硬的直线。因此，电动机电枢电流在连续和断续时，电动机的机械特性有很大的不同，下面就这两种情况分别加以讨论。

一、电流连续时直流电动机的机械特性

为了方便，以三相半波可控整流电路为例，如图 3-26 所示。

因为整流电路带反电动势负载时，若所串的平波电抗器的电感量足够大，其输出电压、电流波形与电感性负载时一样，电流波形为一近似平稳的水平直线。由第四节我们又知道，考虑了变压器的漏抗后，整流电路在大电感负载时的输出可以表示为 $U_d = U_{d0} \cos\alpha - \Delta U_d$，若再考虑进去变压器的等效内阻 R_T 以及晶闸管的导通压降 ΔU 后，整流电路的实际直流输出电

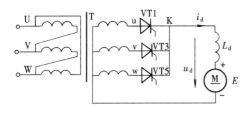

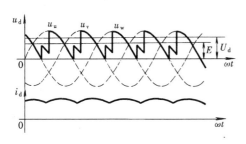

图 3-26　三相半波电路带电动机
负载时的电路及波形

压就变为

$$U_d = U_{d0}\cos\alpha - \Delta U_d - N\Delta U - R_T I_d$$

$$= U_{d0}\cos\alpha - N\Delta U - \left(\frac{m}{2\pi}X_T + R_T\right)I_d$$

$$= U_{d0}\cos\alpha - N\Delta U - R_i I_d \qquad (3\text{-}42)$$

式中：R_i 为整流电路的等效内阻，$R_i = \frac{m}{2\pi}X_T + R_T$；$N$ 是负载电流所经过的整流元件数，例如，三相半波电路时 $N=1$，三相桥式电路时 $N=2$。

同时又可以列出电动机电枢回路的电压平衡方程式

$$U_d = E + R_D I_d \qquad (3\text{-}43)$$

式中：E 为电动机的反电动势；R_D 为电动机电枢电阻。根据式（3-42）和式（3-43），对于三相半波可控整流电路有

$$E = U_d - R_D I_d = 1.17U_2\cos\alpha - \Delta U - R_i I_d - R_D I_d = 1.17U_2\cos\alpha - R_\Sigma I_d - \Delta U \quad (3\text{-}44)$$

式中：R_Σ 称为电动机电枢回路总的等效电阻，$R_\Sigma = \frac{3}{2\pi}X_T + R_T + R_D$。

根据电机与拖动中所学内容可知，直流电动机的电枢两端的电动势为 $E = C_e\phi n$（其中 n 为电动机的转速；$C_e\phi$ 是电动机在额定磁通下的电动势—转速比）。将此代入式（3-44），整理后可得用转速与负载电流表示的机械特性为

$$n = \frac{1.17U_2\cos\alpha}{C_e\phi} - \left(\frac{R_\Sigma}{C_e\phi}I_d + \frac{\Delta U}{C_e\phi}\right) = n_0' - \Delta n \qquad (3\text{-}45)$$

其中

$$n_0' = \frac{1.17U_2\cos\alpha}{C_e\phi}$$

$$\Delta n = \left(\frac{R_\Sigma}{C_e\phi}I_d + \frac{\Delta U}{C_e\phi}\right)$$

式中：n_0' 为电流连续时假想的理想空载转速；Δn 用来表示随着负载的增大，转速的下降。

由于晶闸管的导通压降 ΔU 通常仅为 1V 左右，故常忽略。可见，当控制角 α 一定时，电动机的转速 n 与负载电流 I_d 成线性关系。根据式（3-45）可以作出不同 α 角时的 n 与 I_d 的关系，如图 3-27 所示，它们是一组平行的直线。因为在负载电流小于某一数值时，电流就不再连续了，其机械特性就不是这一条了，所以图中这一部分用虚线表示，而 n_0' 也被称为电流连续时假想的理想空载转速。由式（3-45）可知，通过调节控制角 α，就可以达到调节电动机转速的目的。

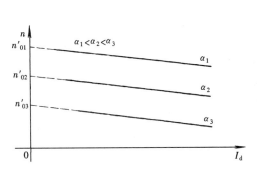

图 3-27 电流连续时电动机的机械特性

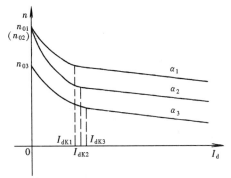

图 3-28 完整的电动机机械特性

二、电流断续时直流电动机的机械特性

由于整流电压是一个脉动的直流电压，当所串的平波电抗器的电感量不够大或者电动机负载太轻时，平波电抗器中的电感储能减小，会使电流不再连续，此时电动机的机械特性将呈现非线性。在电流断续的情况下找不到 n 与 I_d 之间的直接的数学表达式，因为电流断续时晶闸管的导通角 θ 是不一样的，即存在一个中间变量 θ，来联系 n 和 I_d 两个参数。当 α 为某一值时，给出不同的 θ 值，就可得出相应的 n 和 I_d 的数据，根据这些数据就可画出在此 α 角时，电动机在电流断续时的机械特性，如图 3-28 的虚线以左的部分。由图中可以看出，电流断续时的机械特性与电流连续时相比有如下几个特点：

（1）电动机的理想空载转速 n_0 升高。

根据电流连续时的电枢电动势的公式（3-44），可以求出任一 α 角时的反电动势。我们以 $\alpha=60°$ 为例，在理想空载情况下，即电动机的电枢电流 I_d 为零时，此时的理想空载反电动势 E_0' 为 $E_0'=1.17U_2\cos 60°=0.585U_2$，其相应的理想空载转速为 $n_0'=\dfrac{0.585U_2}{C_e\phi}$，对应于图 3-27 中直线与纵轴的交点。但此点我们之所以称之为假想的理想空载转速，是因为真正的理想空载转速要大于此值。因为 $\alpha=60°$ 时，晶闸管在触发导通时的相电压的瞬时值 u_2 为 $\sqrt{2}U_2$，显然它大于 E_0'，因此仍会存在电枢电流，电动机还会加速，直到转速升高到使电动机电枢电动势 E 与相电压的峰点相等时，即 $E=\sqrt{2}U_2$ 时，电枢中才没有电流通过，此时的转速才是电动机的理想空载转速，即

$$n_0=\frac{\sqrt{2}U_2}{C_e\phi} \tag{3-46}$$

同样，根据图 3-26 可以看出，只要 $0°\leqslant\alpha\leqslant60°$，触发晶闸管时的 u_2 就处于电源相电压的上升段，故理想空载转速都是 $n_0=\dfrac{\sqrt{2}U_2}{C_e\phi}$。而当 $\alpha\geqslant60°$ 时，u_2 此时已过峰值处于下降阶段，因此只要电动机电枢电动势 E 等于触发时的瞬时值，即 $E=\sqrt{2}U_2\sin\left(\dfrac{\pi}{6}+\alpha\right)$，电枢中就没有电流，此时的理想空载转速为

$$n_0=\frac{\sqrt{2}U_2}{C_e\phi}\sin\left(\frac{\pi}{6}+\alpha\right) \tag{3-47}$$

可见，当 $0°\leqslant\alpha\leqslant60°$ 时，对于不同的 α 角，电动机机械特性的理想空载转速都是用式（3-46）计算，且数值是一样的；当 $\alpha\geqslant60°$ 时，不同的 α 角其理想空载转速不同，要按式（3-47）计算。

（2）机械特性变软。

由图 3-28 还可看出，在电流断续区，负载电流很小的变化就可引起转速很大的变化，即机械特性变软，此特点与第一个特点是相联系的。

（3）随着 α 的增大，进入断续区的临界电流值 I_{dK} 增大。

α 越大，则变压器加给晶闸管的负电压时间就越长，要想维持电枢电流的连续，就要求平波电抗器储存较大的能量，而在电抗器电感量一定的情况下，就要有较大的电流 I_d，因此 α 越大，电动机机械特性中电流断续区的范围也越大。

我们将机械特性中电流断续时的特性和电流连续时的特性的交界点的电流，定义为临

界电流，用 I_{dK} 来表示。为使电动机运行在较好的工作状态，一般要求系统的最小工作电流 I_{dmin}（一般取电动机额定电流的 5%～10%）要大于 I_{dK}，即满足 $I_{dmin} \geq I_{dK}$，这样就能保证电动机工作在电流连续的机械特性较好的直线段。为此，就要选用电感量足够大的平波电抗器。表 3-2 给出了三种不同电路形式时，为保证电流连续所需的主回路的电感量 L。需要说明的是，L 不仅包括了平波电抗器电感量，还包括变压器的漏感 L_T、电动机电枢电感 L_D。

从表 3-2 可以看出，整流电路输出电压的脉动频率越高，则回路所需的电感量越小。

表 3-2 　　　　　　　　不同电路形式保证电流连续时所需电感量的计算

整流电路形式	单相桥式全控	三相半波	三相桥式全控
所需电感量的计算（单位 mH）	$2.87 \dfrac{U_2}{I_{dmin}}$	$1.46 \dfrac{U_2}{I_{dmin}}$	$0.693 \dfrac{U_2}{I_{dmin}}$

第六节　晶闸管可控整流应用实例

前面我们学习了几种基本的晶闸管可控整流电路，而实际晶闸管可控整流的应用电路有很多种类，本节介绍几种简单的晶闸管可控整流的应用类型及实例，其中涉及到的有关晶闸管触发电路的内容，在后面章节中会有详细的论述。

一、稳压电源

图 3-29 是晶闸管全波整流稳压电源，该电路输出电压为 12V（也可调整为其他电压输出，同时调整 R_1，R_2 阻值即可改变输出电压值）。它克服了半波整流稳压电源效率低，输出脉动大的缺点。该电路将 220V 的交流电压经变压器变换为 16～18V 的交流低压，再经由 VT1、VT2、VD1、VD2 组成的整流桥整流、电容滤波后，于 C、D 端输出直流电压。VD2、VT1、VD4 等工作在交流的正半周；VD1、VT2、VD6 等工作在交流的负半周，它们共同向输出 C、D 端提供电流。电路

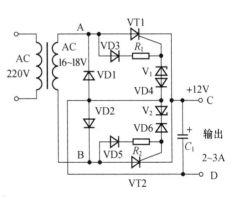

图 3-29　晶闸管全波整流稳压电源

中的 VD3、VD5 起隔离作用，即 VD3 是防止交流负半周时，电流通过 R_1；VD5 是防止交流正半周时，电流通过 R_2。电容器 C_1 起滤波和储能作用。

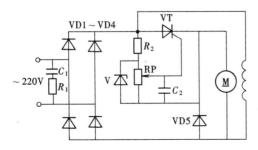

图 3-30　简易直流电动机调速系统

二、电动机控制电路

1. 小容量电机的调速装置

图 3-30 是一种简易的小容量直流电动机调速电路。

单相桥整流后的直流电压通过晶闸管 VT 加到直流电动机的电枢上。调节电位器 RP，则能改变晶闸管 VT 的控制角，从而改变输出直流电压的大小，实现直流电动机调速。为了使

电动机在低速时运转平稳，在移相回路中接入稳压管 V，以保证触发脉冲的稳定。VD5 并在电枢两端起续流的作用。

此系统所用的主电路即为图 2-16 所示的单相桥式整流电路。它调试简单，只要调节电位器 RP 的阻值就可以实现调速。因此，在小容量直流电动机及单相串励式手电钻中得到广泛应用。

2. 10kW 直流电动机不可逆调速系统

图 3-31 为此调速系统的电气原理总图。系统的主要技术数据和要求如下：

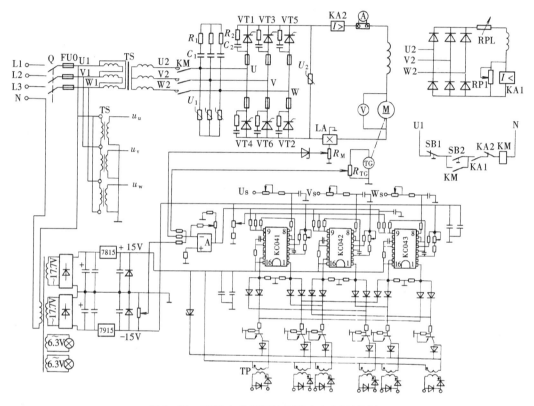

图 3-31　直流电动机调速系统电气原理总图

直流电动机：额定功率 $P_n=10kW$；额定电压 $U_n=220V$；额定电流 $I_n=55A$；转速 $n_n=1000r/min$。要求：调速范围 $D=10$，静差率 $s\leq5\%$，电流脉动系数 $S_i\leq10\%$。

因为此系统中的电动机容量较大，要求电流的脉动又小，故选用三相桥式全控整流电路作为主回路的接线方式；为满足电动机 220V 额定电压的要求，并且为保证所获直流电压的质量，采用了三相变压器将电源电压降压；同时为了避免三次谐波对电源的影响，主变压器采用 D，y 联结。在主回路中还设置了各种晶闸管保护环节，过电压保护有在交流侧的阻容保护（R_1、C_1）、压敏电阻（U_1），直流侧有压敏电阻（U_2）以及晶闸管两端过电压保护（R_2、C_2）；过电流保护采用了快速熔断器（FU）和过电流继电器（KA2）。另外，本系统还采用了电流截止反馈环节作限流保护，选用电流传感器 LA 为电流检测元件，在出现电流故障时将由过电流继电器切断主回路的电源。

由于系统的精度要求较高，所以还采用了转速负反馈调速系统，调速系统框图如图 3-32 所示。

晶闸管的触发电路采用了 KC04 组成的六脉冲集成触发电路，它具有工作可靠、体积小的特点，可使系统的接线较为简单。为保证触发电路与主回路的同步，还需采用一个三相同步变压器，可用三个单相变压器组来代替。有关三相同步变压器的内容将在后面章节介绍。

系统所需的直流电源由 CM7815 和 CM7915 三端集成稳压器提供。

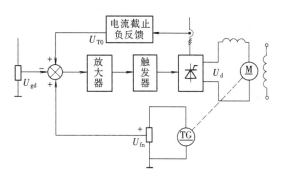

图 3-32 调速系统框图

电动机的励磁电路采用了三相桥式不可控整流电路，可获得较稳定的励磁电流。电源从主变压器二次侧引入，并由控制回路保证加励磁后再加电枢电压，即主接触器的主触点应在励磁绕组通电后再闭合，并且设置了弱磁保护环节。

小　结

由晶闸管组成的三相可控整流电路广泛应用于 4kW 以上、要求可调直流电压的场合。三相可控整流电路的基本形式是三相半波可控整流电路，它可以有共阴极和共阳极两种接法，其他常用的三相可控整流电路如三相桥式全控和带平衡电抗器的双反星形可控整流电路可分别看成是三相半波整流电路的串联和并联。

在分析三相可控整流电路时，要注意其与单相可控整流电路不同的是，三相交流电相邻相电压的交点即自然换相点为 $\alpha=0°$ 的点，此点距离相应的相电压波形原点为 30°。三相半波可控整流电路的输出电压波形是三个相电压波形的一部分，一个周期有三个波头，基波频率为 150Hz；三相桥式全控整流电路的输出电压波形是六个线电压波形的一部分，一个周期有六个波头，基波频率为 300Hz；带平衡电抗器的双反星形可控整流电路的输出电压波形为六个相电压相邻两相电压的平均值波形的一部分，一个周期也有六个波头，基波频率为 300Hz。本章介绍了这几种三相电路的工作原理、波形以及数量分析。

在整流电路的分析中，若考虑变压器的漏感，则相当于整流电路增加了一相不消耗有功功率的内阻。而整流电路作为直流电源给直流电动机供电时，直流电动机的机械特性在电流连续时为一条较硬的直线；在电流断续时，其机械特性为一条很软的曲线。因此，要使电动机在其所要求的范围内正常工作，就要在电枢回路中串入电感量足够大的平波电抗器。

另外，本章还介绍了几种晶闸管可控整流电路的应用实例。

习 题 及 思 考 题

3-1　三相半波可控整流电路，如果三只晶闸管共用一套触发电路，如图 3-33 所示，每隔 120° 同时给三只晶闸管送出脉冲，电路能否正常工作？此电路带电阻性负载时的移相范围是多少？

3-2　三相半波可控整流电路带电阻性负载时，如果触发脉冲出现在自然换相点之前 15°

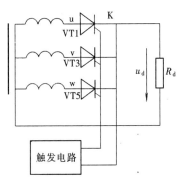

图 3-33　习题 3-1 图

处，试分析当触发脉冲宽度分别为 10°和 20°时电路能否正常工作？并画出输出电压 u_d 的波形。

3-3　三相半波可控整流电路，当三只晶闸管都不触发时，晶闸管两端电压 u_T 波形是怎样的？

3-4　三相半波可控整流电路带大电感负载时，若与 u 相相连的晶闸管的触发脉冲丢失，试画出 $\alpha=30°$ 时输出电压 u_d 的波形。

3-5　在一般三相半波可控整流装置中，若将电源三相电的进线相序接反了，电路还会正常工作吗？会出现什么问题？

3-6　三相半波可控整流电路带大电感负载，电感阻值为 10Ω，变压器二次侧相电压有效值为 220V。求当 $\alpha=45°$ 时，输出电压及电流的平均值 U_d 和 I_d、流过晶闸管的电流平均值 I_{dT} 和有效值 I_T，并画出输出电压 u_d、电流 i_d 的波形。如果在负载两端并接了续流二极管，再求上述数值及波形，并求流过续流二极管的电流平均值 I_{dDR} 和有效值 I_{DR}。

3-7　三相半波可控整流电路带电动机负载，为保证电流连续串入了足够大的平波电抗器，再与续流二极管并联，变压器二次侧相电压有效值为 220V，电动机负载为 40A，电枢回路总电阻为 0.2Ω。求当 $\alpha=60°$ 时，流过晶闸管及续流管的电流平均值、有效值以及电动机的反电动势各为多少？并画出输出电压 u_d、电流 i_d 及晶闸管和续流管的电流 i_{T1}、i_{DR} 波形。

3-8　三相桥式全控整流电路，若其中一只晶闸管短路时，电路会发生什么情况？

3-9　三相桥式全控整流电路带大电感性负载，$U_d=230V$，要求 α 在 0°~90°连续可调，试确定变压器二次侧相电压及晶闸管的电压等级。

3-10　三相桥式全控整流电路带电感性负载，其中 $L_d=0.2H$，$R_d=4Ω$，要求 U_d 从 0~220V 之间连续可调。试求：①整流变压器二次侧线电压是多少？②考虑取 2 倍裕量，选择晶闸管的型号；③整流变压器二次侧容量 S_2；④$\alpha=0°$ 时，电路的功率因数 $\cos\phi$；⑤当触发脉冲距对应的二次侧相电压波形原点多少度时，U_d 为零。

3-11　三相桥式全控整流电路带大电感性负载，$U_2=100V$，$R_d=10Ω$。求 $\alpha=45°$ 时，输出电压 U_d、电流 I_d 以及变压器二次侧电流有效值 I_2，流过晶闸管的电流有效值 I_{VT}。

3-12　试分析图 3-34 所示的三相桥式全控整流电路在 $\alpha=60°$ 时发生如下故障情况下的输出电压 u_d 的波形：①熔断器 1FU 熔断；②熔断器 2FU 熔断；③熔断器 2FU、3FU 熔断。

3-13　试比较六相半波整流电路与带平衡电抗器的双反星形整流电路工作情况有何不同？平衡电抗器在电路中起什么作用？

3-14　三相半波可控整流电路带大电感负载，负载电流为 10A 并保持不变，$u_2=100\sin\omega t$，换相重叠角为 10°。当 $\alpha=60°$ 时，求整流后的直流输出电压 U_d。

3-15　单相桥式全控整流电路，大电感负载，$R_d=5Ω$，变压器漏感 $L_T=2mH$，$U_2=110V$，$U_1=220V$。当 $\alpha=$

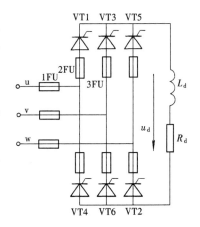

图 3-34　习题 3-12 图

0°时，试求：I_d、I_2、I_1 和换相重叠角 γ。

3-16 三相半波可控整流电路带反电动势负载，为保证电流连续串接了电感量足够大的电抗器，$U_2=100\text{V}$，$R_d=1\Omega$，$L_T=1\text{mH}$，$E=50\text{V}$。求 $\alpha=30°$时的输出电压 U_d、电流 I_d 以及换相重叠角 γ。

3-17 三相桥式全控整流电路带反电动势负载，并串有电感量足够大的电抗器，$E=200\text{V}$，$R_d=1\Omega$，$U_2=220\text{V}$，$\alpha=60°$。分别求出（1）$L_T=0$ 及（2）$L_T=1\text{mH}$ 两种情况下的 U_d、I_d 值，后者再求出换相重叠角 γ 的值。

3-18 三相桥式全控整流电路串电抗器带电动机负载，已知变压器的二次侧相电压 $U_2=100\text{V}$，变压器每相绕组折算到二次侧的漏感 $L_T=100\mu\text{H}$，负载电流 $I_d=150\text{A}$。求由于漏抗引起的换相压降以及 $\alpha=0°$的换相重叠角 γ 的大小。如果变压器每相绕组的电阻折算到二次侧为 0.02Ω，电动机电枢电阻为 0.03Ω，试写出该系统在电流连续时的机械特性方程。

3-19 三相半波可控整流电路对直流电动机电枢供电，在 $\alpha=60°$时，对应的理想空载转速为 $n_0=1000\text{r/min}$。求 $\alpha=30°$和 $\alpha=120°$的 n_0 各为多少？

3-20 某直流电动机系统，其额定功率为 5.5kW，额定电压为 220V，额定电流为 28A，采用三相半波整流或三相桥式整流供电，电源电压为 220V。若要求启动电流限制在 60A，且当负载电流降至 3A 时电流仍要保持连续，试计算两种供电方式时晶闸管的额定电压、额定电流，并计算所需平波电抗器的电感量。

第四章 触发电路与驱动电路

普通晶闸管是半控型电力电子器件。为了使晶闸管由阻断状态转入导通状态，晶闸管在承受正向阳极电压的同时，还需要在门极加上适当的触发电压。控制晶闸管导通的电路称为触发电路。触发电路常以所组成的主要元件名称进行分类，包括简单触发电路、单结晶体管触发电路、晶体管触发电路、集成电路触发器和计算机控制数字触发电路等。

控制 GTR、GTO、功率 MOSFET、IGBT 等全控型器件的通断则需要设置相应的驱动电路。基极（门极、栅极）驱动电路是电力电子主电路和控制电路之间的接口。采用性能良好的驱动电路，可使电力电子器件工作在较理想的开关状态，缩短开关时间，减少开关损耗。另外，许多保护环节也设在驱动电路或通过驱动电路来实现。

触发电路与驱动电路是电力电子装置的重要组成部分。为了充分发挥电力电子器件的潜力、保证装置的正常运行，必须正确设计与选择触发电路与驱动电路。

第一节 对触发电路的要求及简易触发电路介绍

一、晶闸管对触发电路的要求

晶闸管的触发信号可以用交流正半周的一部分，也可用直流，还可用短暂的正脉冲。为了减少门极损耗，确保触发时刻的准确性，触发信号常采用脉冲形式。晶闸管对触发电路的基本要求有如下几条：

1. 触发信号要有足够的功率

为使晶闸管可靠触发，触发电路提供的触发电压和触发电流必须大于晶闸管产品参数提供的门极触发电压与触发电流值，即必须保证具有足够的触发功率。例如，KP50 要求触发电压不小于 3.5V，触发电流不小于 100mA；KP200 要求触发电压不小于 4V，触发电流不小于 200mA。但触发信号不许超过规定的门极最大允许峰值电压与峰值电流，以防损坏晶闸管的门极。在触发信号为脉冲形式时，只要触发功率不超过规定值，允许触发电压或触发电流的幅值在短时间内大大超过铭牌规定值。

2. 触发脉冲必须与主回路电源电压保持同步

为了保证电路的品质及可靠性，要求晶闸管在每个周期都在相同的相位上触发。因此，晶闸管的触发电压必须与其主回路的电源电压保持某种固定的相位关系，即实现同步。实现同步的办法通常是选择触发电路的同步电压，使其与晶闸管主电压之间满足一定的相位关系。

3. 触发脉冲要有一定的宽度，前沿要陡

为使被触发的晶闸管能保持住导通状态，晶闸管的阳极电流在触发脉冲消失前必须达到擎住电流，因此，要求触发脉冲应具有一定的宽度，不能过窄。特别是当负载为电感性负载时，因其中电流不能突变，更需要较宽的触发脉冲，才可使元件可靠导通。例如，单相整流电路，电阻性负载时脉冲宽度应大于 $10\mu s$，电感性负载时则应大于 $100\mu s$；三相全控桥中，采用单脉冲触发时脉宽应大于 60°（通常取 90°），而采用双脉冲触发时，脉宽为 10° 左右即可。此外，很多晶闸管电路还要求触发脉冲具有陡的前沿，以实现精确的触发导通控制。

4. 触发脉冲的移相范围应能满足主电路的要求

触发脉冲的移相范围与主电路的型式、负载性质及变流装置的用途有关。例如，单相全控桥电阻负载要求触发脉冲移相范围为 180°，而电感性负载（不接续流管时）要求移相范围为 90°。三相半波整流电路电阻负载时要求移相范围为 150°，而三相全控桥式整流电路电阻负载时要求移相范围为 120°。

图 4-1 为几种常用触发脉冲的电压波形。

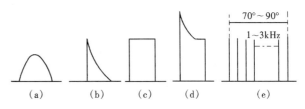

图 4-1　几种常用触发信号电压波形
(a) 正弦波；(b) 尖脉冲；(c) 方波；
(d) 强触发脉冲；(e) 脉冲列

二、简易触发电路

在负载功率较小、控制精度要求不高时（如各种家电产品），常采用简易触发电路。这类电路仅由几个电阻、电容、二极管以及光耦合器等组成，一般不用同步变压器，因而结构简单，调试方便，应用比较广泛。

1. 简单移相触发电路

图 4-2 是由可变电阻引入本相电压作为门极触发电压的一种简单移相触发电路及其有关波形。图中，晶闸管 VT 与负载 R_d 构成主电路，电阻 R、电位器 RP 及二极管 VD 构成触发电路。当交流电源电压 u_2 上正下负时，VT 承受正向电压，电源电压通过门极电阻 RP 产生门极电流 i_g，当 i_g 上升到晶闸管触发电流 I_G 时，晶闸管触发导通。由于导通的晶闸管阳、阴极间电压几乎为零，因而全部电源电压几乎都加到负载电阻 R_d 上。改变可变电阻 RP 的阻值，便可改变门极电流上升至 I_G 所需的时间，即改变晶闸管在一个周期中开始导通的时刻（即实现了移相触发），从而改变了负载 R_d 上的电压值。二极管 VD 在电路中的作用是防止门极承受反向电压。由波形图可知，此电路的移相范围小于 90°。

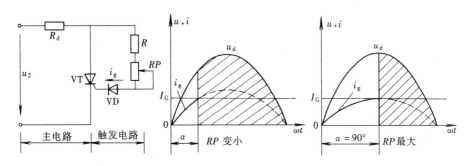

图 4-2　本相电压为触发信号的触发电路及波形

2. 阻容移相触发电路

图 4-3 给出了一个简单的阻容移相触发电路及其有关波形。图中，R_d、VT 构成主电路，RP、C、VD1、VD2 构成触发电路，它是利用电容 C 充电延时触发来实现移相的。交流电源电压 u_2 经负载 R_d 加在晶闸管阳、阴极之间。当晶闸管承受反压时，u_2 经二极管 VD2 对电容 C

充电，极性为上负下正，此时充电时间常数很小（因二极管正向阻值很小），故电容两端电压 u_C 的波形与 u_2 波形近似。当 u_2 过了负的最大值后，C 经 RP、R_d 和 u_2 放电，随后被 u_2 反充电，极性为上正下负。此时充电时间常数较大（反充电时二极管 VD2 截止），导致 u_C 的增加滞后于 u_2。当 u_C 上升到晶闸管触发电压 U_G 时，晶闸管被触发导通。改变 RP 阻值即可改变反充电的时间常数，从而改变 u_C 上升到 U_G 的时间，实现移相触发。

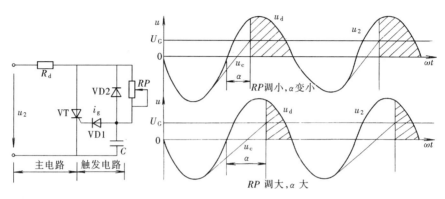

图 4-3 阻容移相触发电路及波形

3. 数字集成块触发电路

目前应用较多的 TTL、CMOS 等数字集成电路，因其输出电流较小，难以直接触发普通晶闸管，但可以直接触发高灵敏度的晶闸管。图 4-4 所示为数字集成电路组成的触发电路。其中图 4-4（a）为数字集成电路输出高电平直接触发高灵敏度晶闸管 VT 的电路。为防止误触发，集成块 IC 不触发时输出的低电平必须小于 0.2V，考虑到有些集成电路输出的低电平大于 0.2V（如 TTL 低电平为 0.4V），故在门阴之间接入 4.7kΩ 电阻，用以避免低电平引起的误触发。图 4-4（b）为数字集成电路输出低电平经晶体管 V1 触发晶闸管导通的电路，这里晶体管 V1 起着驱动的作用。当数字集成电路输出低电平时，V1 导通，为晶闸管 VT 提供足够的门极触发电流，足以触发普通晶闸管导通。

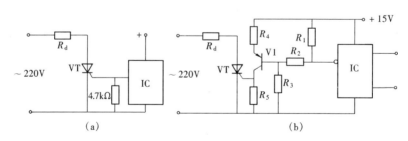

图 4-4 数字集成块触发电路
(a) 直接触发；(b) 经晶体管触发

第二节 单结晶体管触发电路

单结晶体管（简称单结管）触发电路结构简单，运行可靠，触发脉冲前沿陡，抗干扰能力强，广泛应用于中小容量的晶闸管电路。

一、单结晶体管的结构

单结晶体管的结构及其图形符号如图 4-5 所示。它是在一块高电阻率的 N 型硅片上，用欧姆接触的方式从其两端引出两个电极：第一基极 b1 和第二基极 b2。b1 与 b2 之间的电阻为 N 型硅片的体电阻，阻值约为 4~10kΩ。在两个基极之间靠近 b2 处掺入 P 型杂质，形成 PN 结，由 P 区引出发射极 e。图 b 中 r_{b1}、r_{b2} 分别表示 e 极与 b1、b2 之间的基片电阻。可见，单结晶体管只有一个 PN 结，故称"单结管"，但有两个基极，故又称"双基极管"。

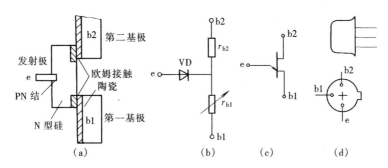

图 4-5　单结晶体管

(a) 结构图；(b) 内部电路图；(c) 符号；(d) 管脚图

触发电路中常用的国产单结管型号有 BT33 和 BT35。其中 B 表示半导体，T 表示特种管，第一个数字 3 表示有 3 个电极，第二个数字 3（或 5）表示耗散功率为 300（或 500）mW。

用下述方法可容易判别单结晶体管的好坏：用万用表×1kΩ 电阻挡测量，若某电极与另外两电极间的正向电阻小于反向电阻，则该电极为发射极。另两电极的正反向电阻值应该相等。

常见单结晶体管主要参数见表 4-1。

表 4-1　　　　　　　　　　　　　　**单结晶体管主要参数**

参数名称		分压比 η	基极电阻 r_{bb}（kΩ）	峰点电流 I_P（μA）	谷点电流 I_V（μA）	谷点电压 U_V（V）	饱和电压 U_{es}（V）	最大反压 U_{bbmax}（V）	耗散功率 P_{max}（mW）
测试条件		$U_{bb}=20V$	$U_{bb}=3V$ $I_e=0$	$U_{bb}=0$	$U_{bb}=0$	$U_{bb}=0$	$U_{bb}=0$ $I_e=I_{emax}$		
BT33	A	0.45~0.9	2~4.5	<4	>1.5	<3.5	<4	≥30	300
	B							≥60	
	C	0.3~0.9	>4.5~12			<4	<4.5	≥30	
	D							≥60	
BT35	A	0.45~0.9	2~4.5			<3.5	<4	≥30	500
	B					>3.5		≥60	
	C	0.3~0.9	>4.5~12			>4	<4.5	≥30	
	D							≥60	

注　作为触发电路，η 选大些，U_V 小些，I_V 大些，这样有利于提高脉冲幅度和扩大移相范围。

二、单结晶体管的伏安特性

在单结晶体管两个基极 b2 和 b1 间加一固定直流电压 U_{bb} 时，所测得的发射极电流 I_e 与发射极正向电压 U_e 之间的关系曲线称为单结晶体管的伏安特性 $I_e=f(U_e)$。改变直流电压 U_{bb} 的值，可以得到一组伏安特性。试验电路及伏安特性如图 4-6 所示。

将 S 断开，I_{bb} 为零，在发射极 e 加上电压 U_e，U_e 由零开始逐渐增加，得到图 4-6（b）

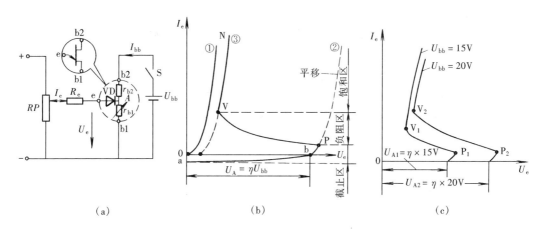

图 4 - 6　单结晶体管的伏安特性

(a) 单结晶体管实验电路；(b) 单结晶体管伏安特性；(c) 特性曲线族

中①所示伏安特性。这条曲线与二极管正向伏安特性曲线相接近。

1. 截止区——aP 段

将 S 闭合，外加的基极电压 U_{bb} 经单结管内部等效电路中的 r_{b1} 与 r_{b2} 分压，可得到 A 点电位 U_A 为

$$U_A = \frac{r_{b1}}{r_{b1} + r_{b2}} U_{bb} = \eta U_{bb} \tag{4-1}$$

式中：η 称为单结晶体管的分压比，是单结晶体管的主要参数，其值一般为 $0.3 \sim 0.9$，由管子内部结构决定。

将 U_e 由零逐渐增加，在 $U_e < U_A$ 时，管内 PN 结反偏，只有很小的反向漏流，$I_e < 0$。当 U_e 增至 $U_e = U_A$ 时，管内 PN 结零偏，$I_e = 0$，对应于图（b）中的 b 点。进一步增加 U_e，$U_e > U_A$，PN 结开始正偏，出现正向漏流，但 PN 结还未充分导通，I_e 数值很小。继续增大 U_e，直到 U_e 比 ηU_{bb} 高出一个 PN 结正向导通压降 U_D 时，PN 结才导通，此时单结晶体管由截止状态进入导通状态，对应于图（b）中 P 点。P 点称为峰点，P 点对应的电压称为峰点电压 U_P，所对应的电流称为峰点电流 I_P。显然，$U_P = \eta U_{bb} + U_D$。

2. 负阻区——PV 段

将 U_e 由 U_P 再增大时，由于管内 PN 结充分导通，因而 I_e 增大；此时大量的空穴载流子不断从发射极注入 A 点到 b1 的硅片，使此区段内载流子大量增加，因此 r_{b1} 值迅速减小；r_{b1} 的减小使硅片上的分压也发生变化，导致 U_A 下降，因而使 U_e 也下降；U_A 的下降使 PN 结承受更大的正偏电压，因而有更多的空穴注入硅片，促使 r_{b1} 进一步减小，I_e 又进一步增大，这样便形成一个正反馈过程。从外电路看，在此区间，U_e 减小而 I_e 增大，动态电阻 $\Delta r_{eb1} = \Delta U_e / \Delta I_e$ 为负值，称单结管的这一特性为负阻特性。曲线上对应 P、V 两点之间的一段称为负阻区。在 V 点，硅片中载流子浓度趋于饱和，r_{b1}、U_A、U_e 均减至最小值。V 点称为谷点，谷点所对应的发射极电压和发射极电流分别称为谷点电压 U_V 和谷点电流 I_V。当 $U_e > U_P$ 后，单结管从截止区迅速经过负阻区到达谷点 V，在负阻区不能停留。

3. 饱和区——VN 段

当硅片中载流子饱和后，载流子向 N 区注入遇到阻力，欲使 I_e 继续增大，必须增大电压

U_e，因此在谷点 V 之后，元件又恢复正阻特性，U_e 随 I_e 的增加而增大，此区间为元件的饱和区。显然，谷点电压是维持单结管导通的最小电压，一旦 $U_e < U_V$，单结管将由导通转变为截止。

改变电压 U_{bb}，则 U_A 及 U_P 也随之改变，从而可得到一族伏安特性曲线。

三、单结晶体管自激振荡电路

利用单结晶体管的负阻特性及 RC 电路的充放电特性，可组成单结晶体管自激振荡电路，产生频率可变的脉冲，电路如图 4-7（a）所示。

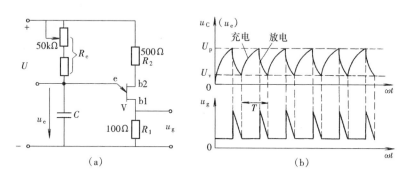

图 4-7　单结晶体管振荡电路与波形

(a) 振荡电路；(b) 波形

设初始时电容 C 两端电压为零。当加上直流电压 U 后，经电阻 R_e 对电容 C 充电，发射极电压 u_e 为电容的端电压 u_C，其值按指数曲线逐渐上升。在 $u_C < U_P$ 时，单结管处于截止状态；当 u_C 达到单结管的峰点电压 U_P 时，单结管进入负阻区，并迅速饱和导通，电容经 e、b1 向电阻 R_1 放电，在 R_1 上输出一个脉冲电压。随着电容放电，到 $u_C = U_V$ 甚至更小时，管子从导通又转为截止，R_1 上的脉冲电压结束，电容 C 又开始充电。充电到 U_P 时，单结管又导通。如此重复下去，形成振荡，在 R_1 上便得到一系列的脉冲电压 u_g。由于放电回路电阻远小于充电回路电阻，故 u_C 为锯齿波，而 R_1 上输出的是前沿很陡的尖脉冲，如图 4-7（b）所示。

忽略电容 C 的放电时间，电路的振荡频率近似为

$$f = \frac{1}{T} = \frac{1}{R_e C \ln \dfrac{1}{1-\eta}} \tag{4-2}$$

调节 R_e，即可调节振荡频率；而 R_1 上输出脉冲电压 u_g 的宽度则取决于电容电路的放电时间常数。

R_2 是温度补偿电阻，其作用是维持振荡频率不随温度而变。例如，当温度升高时，一方面，由于管子 PN 结具有负温度系数会使 U_D 减小；另一方面，由于 r_{bb} 具有正温度系数，使 r_{bb} 增大，R_2 上的压降略有减小，则加在管子 b1、b2 上的电压略有增加，从而使得 U_A 略有增加，以此来补偿因 U_D 减小对峰点电压 $U_P = U_A + U_D$ 的影响，使 U_P 基本不随温度而变。

四、单结晶体管同步触发电路

图 4-8（a）为一单相半控桥单结晶体管触发电路。为了使晶闸管每次导通的控制角 α 都相同，从而得到稳定的直流电压，触发脉冲必须在电源电压每次过零后滞后 α 角出现，因此，触发脉冲与电源电压的相位配合需要同步。图中同步电路由同步变压器 T_s、整流桥以及稳压管 V 组成。变压器一次侧接主电路电源，二次侧经整流、稳压削波，得到梯形波，作为触发电路电源，也作同步信号用。当主电路电压过零时，触发电路的同步电压也过

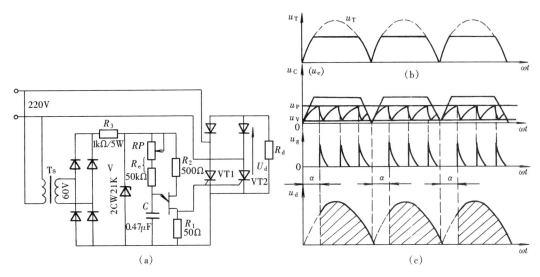

图 4 - 8   单结晶体管触发电路及波形

(a) 触发电路；(b) 波形

零，单结管的 U_{bb} 也降为零，管内 A 点电位 $U_A=0$，保证电容电荷很快放完，在下一个半波开始时能从零开始充电，从而使各半周的控制角 α 一致，起到同步作用。由图 4 - 8（c）可以看到，每半个电源周期中电容 C 充放电不止一次，晶闸管只由第一个脉冲触发导通，后面的脉冲不起作用。改变 R_e，可改变电容的充电速度，从而达到调节 α 角的目的。例如，增加 R_e 值，可推迟第一个脉冲出现的时刻，即 α 增大；反之，α 减小。由于只有阳极电压为正的晶闸管才能触发导通，因此如图中所示，可将触发脉冲同时送到两个晶闸管 VT1、VT2 的门极，这样既可保证这两个晶闸管轮流正常导通，又可使电路简化。

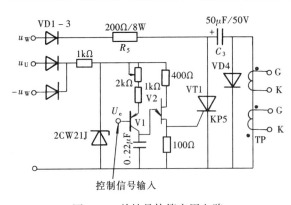

图 4 - 9   单结晶体管实用电路

若触发脉冲直接由电阻 R_1 上取出，则由于触发电路与主电路之间有直接的电联系，很不安全。因此，在实际应用中，常将脉冲通过脉冲变压器输出，以实现输出的两个脉冲之间以及触发电路与主电路之间的电气隔离。另外，常用晶体管代替图 4 - 8 电路中的 R_e，以便实现自动移相。图 4 - 9 所示为一种单结晶体管组成的实用触发电路，它是用小晶闸管 VT1 将触发脉冲放大，放大后的脉冲再输出去触发大电流

晶闸管。脉冲放大输出的过程是：先利用三相交流电中 $+u_W$ 相电压经 R_5、VD4 对电容 C_3 充电，极性为左正右负。然后，单结管电路产生幅值与功率均较小的触发脉冲触发 VT1 并使其导通，从而使 C_3 经 VT1 及脉冲变压器 TP 的一次侧放电，并在 TP 的二次侧送出脉宽一定、幅值及功率很大的脉冲，去触发大电流晶闸管（图中未画出）。触发电路的同步电压由三相电压的 u_U、$-u_W$ 相经二极管并联给出，这样可使稳压管上梯形波的底线宽度扩大到 $240°$，输出脉冲的移相范围可扩大到 $180°$。由于三相交流电中 $+u_W$ 相电压比 $+u_U$、$-u_W$

相超前，因而保证了电路先给 C_3 充电，然后再触发 VT1。

第三节　同步电压为锯齿波的触发电路

　　单结晶体管触发电路输出触发脉冲的功率较小，脉冲较窄，另外，由于单结晶体管的参数差异较大，在多相电路中，触发脉冲不易做到一致。因此，单结晶体管触发电路只用于控制精度要求不高的单相晶闸管系统。在电流容量较大、要求较高的晶闸管装置中，为了保证触发脉冲具有足够的功率，常采用由晶体管组成的触发电路。按照同步电压的型式不同，常用晶体管触发电路可分为同步电压为正弦波和同步电压为锯齿波两种触发电路。其中，同步电压为锯齿波的触发电路，不受电网波动和波形畸变的影响，移相范围宽，因而应用范围较广。本节只讨论这一类型的触发电路。

　　图 4 - 10 所示为同步电压为锯齿波的触发电路。它由 5 个基本环节组成：同步环节；锯齿波形成及脉冲移相控制环节；脉冲形成、放大和输出环节；双脉冲形成环节和强触发环节。下面分别加以讨论，讨论中将晶体三极管、二极管均按硅管考虑，PN 结正向导通压降为 0.7V，三极管饱和导通压降为 0.3V。

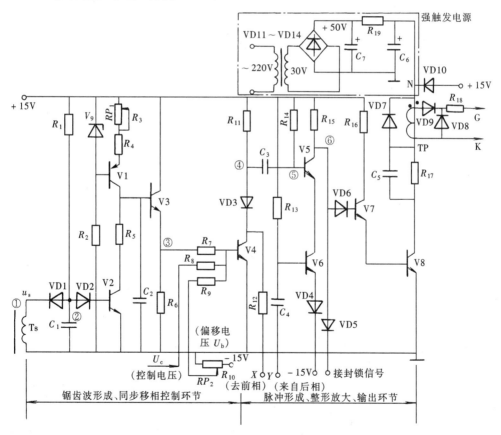

图 4 - 10　同步电压为锯齿波的触发电路

R_1、R_6 10kΩ；R_2、R_4 4.7kΩ；R_5 200Ω；R_7 3.3kΩ；R_{13}、R_{14} 30kΩ；R_8 12kΩ；R_9、R_{11} 6.2kΩ；R_{12} 1kΩ；R_{15} 6.2kΩ；
R_{16} 200Ω；R_{17} 30Ω；R_{18} 20Ω；R_{19} 300Ω；R_3、R_{10} 1.5kΩ；C_7 2000μF；C_1、C_2、C_6 1μF；C_3、C_4 0.1μF；C_5 0.47μF；
V1 3CG1D；V2~V7 3DG12B；V8 3DA1B；V9 2CW12；VD1~VD9 2CP12；VD10~VD14 2CZ11A

一、同步环节

在锯齿波触发电路中,同步就是要求锯齿波的频率与主回路的频率相同。在图 4 - 10 电路中,同步环节由同步变压器 Ts、晶体管 V2、二极管 VD1、VD2 以及 R_1、C_1 组成。由后面第二个问题"锯齿波形成及脉冲移相控制环节"部分中的分析可知,锯齿波的产生过程是通过三极管 V2 的周期性通断来控制电容 C_2 的充电与放电,从而在 C_2 两端产生锯齿波电压。V2 在由截止变导通期间产生锯齿波,V2 的截止持续时间就是锯齿波的宽度,V2 开关的频率就是锯齿波的频率。因此,要使触发脉冲与主回路电源同步,就是使 V2 开关的频率与主回路电源频率同步。图中,同步变压器 Ts 与整流变压器接在同一电源上,并用同步变压器的二次电压控制 V2 的通断,因而可以保证锯齿波触发脉冲与主回路电源同步。

同步变压器 Ts 的二次侧电压 u_s 经 VD1、VD2、C_1 加在了 V2 的基极。在 u_s 为负半周的下降段时,VD1 导通,电容 C_1 被迅速(正向)充电,图中②点电位为负值,V2 截止。在 u_s 负半周的上升段,由于 C_1 已充至负半周的最大值,故 VD1 反偏截止,+15V 电源通过 R_1 给电容 C_1 反向充电,使②点电位 $u_②$ 升高。当 $u_②$ 升至 1.4V 时 V2 导通,并使 $u_②$ 钳位于 1.4V。直到 u_s 的下一个负半周到来时,VD1 重新导通,C_1 迅速放电后又被正向充电,V2 又被截止,如此重复。可见,在电源电压一个正弦波周期内,V2 经历截止与导通两个状态,对应的锯齿波形恰为一个周期,从而实现了锯齿波与主回路电源的同步。还可看出,$u_②$ 从 u_s 负半周上升段开始时刻到达 1.4V 的时间越长,V2 截止时间就越长。这就是说,V2 截止的时间长短与 C_1 反充电的时间常数 R_1C_1 有关。

二、锯齿波形成及脉冲移相控制环节

形成锯齿波电压的方案很多,图 4 - 10 中为恒流源电路方案,主要元件有 V1、V9、V3、RP_1、R_2、R_4、C_2 等,其中 V1、V9、RP_1、R_4 为恒流源,恒流源电流为 V1 的集电极电流 I_{c1}。V2 作为同步开关控制 C_2 的充放电转换。V3 为射极跟随器,起阻抗变换和前后级隔离作用,以减小后级对锯齿波的影响。

当 V2 截止时,恒流源以恒流 I_{c1} 对电容 C_2 充电,C_2 两端电压 u_{C2} 为

$$u_{C2} = \frac{1}{C_2} \int I_{c1} \, dt = \frac{I_{c1}}{C_2} t \tag{4-3}$$

可见,由于采用恒流源充电,u_{C2} 随时间 t 作线性增加,充电斜率为 I_{c1}/C_2。调节 RP_1 可改变恒流源电流 I_{c1},从而改变锯齿波的斜率。

当 V2 导通时,C_2 经电阻 R_5、V2 放电,由于 R_5 阻值很小,放电很快,使 u_{c2} 迅速降至接近零。如此,只要控制 V2 使其周期性地截止导通,就可使电容 C_2 周期性地充电放电,就可在 C_2 两端得到周期性的锯齿波电压 u_{c2}。u_{c2} 经 V3 组成的射极跟随器输出后,与外加控制电压 U_c、偏移电压 U_b,分别通过 R_7、R_8、R_9 加至晶体管 V4 的基极。引入射极跟随器 V3 的目的是防止 U_c、U_b 对锯齿波的线性造成影响。

根据电工学中的叠加原理,射极跟随器输出的锯齿波电压 u_{e3}、控制电压 U_c(正值)及偏移电压 U_b(负值)三者对 V4 的共同作用,可以分解为三者单独对 V4 作用的叠加。图 4 - 11 给出了三者单独作用的等效电路。

为了分析的方便,先不考虑 V4 的存在。当只考虑锯齿波电压 u_{e3} 单独作用时,其等效电路如图 4 - 11 (a) 所示,V4 基极 b4 点的电压为

$$u'_{e3} = \frac{R_8 /\!/ R_9}{R_7 + R_8 /\!/ R_9} u_{e3} = \frac{12 /\!/ 6.2}{3.3 + 12 /\!/ 6.2} u_{e3} = 0.55 u_{e3} \tag{4-4}$$

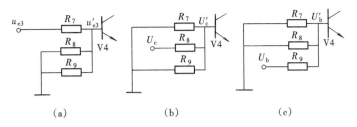

图 4-11 u_{e3}、U_C、U_b 单独作用的等效电路

当只考虑 U_C 与 U_b 单独作用时，其等效电路分别如图 4-11（b）或 4-11（c）所示，b4 点的电压分别为 U_c'、U_b'

$$U_c' = \frac{R_7 \mathbin{/\mkern-5mu/} R_9}{R_8 + R_7 \mathbin{/\mkern-5mu/} R_9} U_c = \frac{3.3 \mathbin{/\mkern-5mu/} 6.2}{12 + 3.3 \mathbin{/\mkern-5mu/} 6.2} U_c = 0.15 U_c \qquad (4-5)$$

$$U_b' = \frac{R_7 \mathbin{/\mkern-5mu/} R_8}{R_9 + R_7 \mathbin{/\mkern-5mu/} R_8} U_b = \frac{3.3 \mathbin{/\mkern-5mu/} 12}{6.2 + 3.3 \mathbin{/\mkern-5mu/} 12} U_b = 0.3 U_b \qquad (4-6)$$

由式（4-4）至式（4-6）可知，u_{e3}' 为一斜率比 u_{e3} 低的锯齿波，U_c' 及 U_b' 均为常数，数值分别比控制电压 U_C 及偏移电压 U_b 小得多。

三者共同作用时，b4 点的合成电压为

$$u_{b4} = u_{e3}' + U_c' - U_b' \qquad (4-7)$$

当 u_{b4} 为负时，V4 截止；当 u_{b4} 由负过零变正时，V4 由截止变为导通，u_{b4} 被钳位到 0.7V。

如将晶体管发射结及二极管的正向压降均以 0.7V 计，晶体管饱和压降以 0.3V 计，图 4-10 电路中各点的电压波形如图 4-12 所示。

触发电路工作时，常将偏移电压 U_b 调整为某一负固定值。设置负偏移电压的目的是为了使控制电压 U_C 为正，以实现单极性调节。当 U_b 固定后，改变 U_C，可改变 u_{b4} 波形与时间横轴的交点，即改变了 V4 由截止转为导通的时刻，从而改变了触发脉冲产生的时刻，也就是改变控制角 α，实现移相控制。通常设置 $U_C=0$ 对应 α 角的最大值，U_C 增大时，α 角随之减小。

三、脉冲形成、放大和输出环节

这部分电路位于图 4-10 中右部。其中晶体管 V4、V5、V6 组成脉冲形成环节，V7、V8 组成脉冲放大和输出环节，脉冲变压器 TP 的一次侧接在 V8 集电极回路中，TP 的二次侧输出触发脉冲。

如前所述，晶体管 V4 的基极电压 u_{b4} 受锯齿波电压 u_{e3}、控制电压 U_C 及偏移电压 U_b 的共同作用，使 V4 周期性地导通与截止。当 V4 截止时，+15V 电源分别经 R_{14}、R_{13} 给晶体管 V5、V6 提供足够的基极电流，使之饱和导通，故⑥点电位为 -13.7V（=-15+0.7+0.3×2），V7、V8 截止，脉冲变压器一次侧无电流流过，二次侧无脉冲输出。此时，+15V 电源经 $R_{11} \to C_3 \to$ V5 $\to$ V6 $\to$ VD4 $\to$ -15V 给电容 C_3 充电，充电极性为左正右负，充电后电容左端④点电位约为 15V，电容右端⑤点电位约为 -13.3V。

当 V4 在 u_{b4} 控制下由截止转为饱和导通时，④点电位由 +15V 突降为约 1V，但因电容 C_3 两端电压不能突变，故使 V5 的基极⑤点电位随之突降至约 -27.3V，从而使 V5 因发射结反偏而立即截止，⑥点电位则迅速升高，导致 V7、V8 导通，TP 输出触发脉冲，⑥点电位则被钳位于 +2.1V（VD6、V7、V8 三个 PN 结导通压降之和）。与此同时，电容 C_3

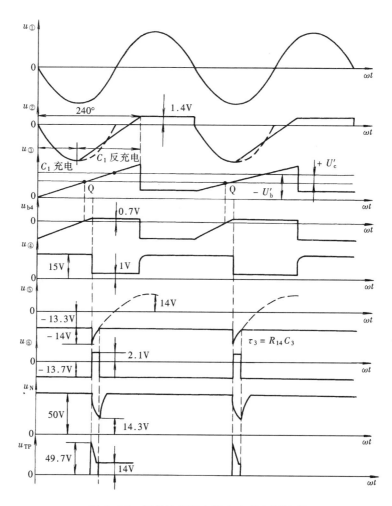

图 4 - 12　锯齿波触发电路各点的电压波形

经+15V 电源→R_{14}→C_3→VD3→V4 放电并反向充电，导致⑤点电位逐渐升高。当⑤点电位升至 -13.3V 时，V5 因发射结正偏又重新导通，使⑥点电位从 2.1V 又降至 -13.7V，导致 V7、V8 管又截止，输出脉冲结束。由此可见，电路是在 V4 导通的瞬间，也就是 V5 转为截止的瞬间开始产生输出脉冲的。V5 截止的持续时间即为输出脉冲的宽度，可见，输出脉宽可由 C_3 反充电的时间常数 C_3R_{14} 来设定。

电路中，VD6 是为提高 V7、V8 的导通阈值、增强抗干扰能力而设置的；电容 C_5 的作用是改善输出脉冲的前沿陡度；VD7 为保护二极管，它可防止在 V7、V8 截止时，脉冲变压器 TP 一次侧的感应电动势击穿 V8 管；R_{16}、R_{17} 分别为 V7、V8 管的限流电阻；接于 TP 二次侧的二极管 VD8、VD9 可使输出脉冲只能正向加在被触发晶闸管的门、阴极之间。

四、双脉冲形成环节

由前述三相可控整流电路的内容可知，三相全控桥式整流电路中，6 个晶闸管需要依次轮流触发，每个管的触发脉冲都要求是双窄脉冲，相邻两个脉冲的间隔为 60°。将 6 个图 4-10 所示的触发电路加以组合就可产生这种双脉冲。

在图 4-10 中，V5、V6 两个晶体管都导通时，V7、V8 截止，脉冲变压器 TP 无脉冲输出。但在 V5、V6 两个管中只要有一个截止，V7、V8 就会导通，就有脉冲输出。可见，欲产生双脉冲输出，可以让 V5、V6 先后分别截止。为此，在每个触发电路上引出 X、Y 两个连接端，并顺序将后相的 X 端与前相的 Y 端相连。这里设第一块触发板为前相，第二块触发板为后相。工作时，先由前相的同步移相环节向其电路中 V5 基极送出负脉冲信号使其截止，V7、V8 导通一次，TP 输出第一个窄脉冲；而后由滞后 60°的后相触发电路（第二块触发板）在其产生本相第一个窄脉冲的同时，将信号由该触发板中 V4 管的集电极经 R_{12} 的 X 端送到与之相连的前相触发电路的 Y 端，使前相触发电路中电容 C_4 微分，产生负脉冲送至 V6 基极，使 V6 截止，于是前相的 V7、V8 又导通一次，前相的 TP 输出第二个窄脉冲。第二个脉冲比第一个脉冲滞后 60°角。VD3、R_{12} 的作用是防止双脉冲信号的相互干扰。

　　图 4-13 示出由 6 块触发板组成的三相全控桥触发电路的连接方法。这种连接只适用于三相电源 U、V、W 为正相序，6 只晶闸管的触发顺序为 VT1→VT2→VT3→VT4→VT5→VT6、彼此间隔 60°的触发方式。在安装使用这种触发电路的晶闸管装置时，应先测定电源的相序，再正确连接。如果电源相序相反，装置将不会正常工作。

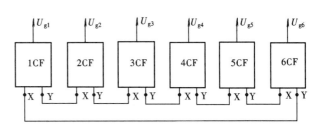

图 4-13　触发电路实现双脉冲的连接

五、强触发及脉冲封锁环节

　　强触发脉冲通常是指幅值高、前沿陡的触发脉冲。使用强触发脉冲可以缩短晶闸管的开通时间，有利于保证串并联使用的晶闸管或全控桥电路中的晶闸管被触发时能同时导通，提高触发的可靠性。在大中容量系统的触发电路中都带有强触发环节。

　　图 4-10 电路的右上角部分即为强触发环节。单相桥式整流电路经阻容 π 型滤波得到近 50V 的直流电压，在 V8 导通前，经 R_{19} 对 C_6 充电，图中 N 点电位为 50V。当 V8 导通时，C_6 经 TP 的一次侧、R_{17} 以及 V8 迅速放电。由于放电回路电阻很小，N 点电位下降很快。在 C_6 放电期间，一方面，50V 电源也在向 C_6 再充电，力图使其电压回升，但因充电时间常数过大，因而不能阻止因放电引起的 N 点电位的下降；另一方面，当 N 点电位降至 14.3V 时，VD10 导通，与 VD10 相连的+15V 电源成为脉冲变压器一次侧的供电电源，并使 N 点电位不能低于 14.3V。因此，在 V8 导通以后，N 点电位由 50V 迅速降至 14.3V，并被钳位于 14.3V。当 V8 再次截止后，C_6 被 50V 电源充电，N 点电位重新回升至 50V，为下一次强触发作准备。C_5 的作用是提高强触发脉冲前沿陡度。加强触发后，脉冲变压器一次侧电压 u_{TP} 波形如图 4-12 所示。

　　在事故情况下，或是逻辑无环流可逆系统中，要求一组晶闸管桥路工作而另一组桥路封锁，此时可对欲封锁的触发电路引入封锁信号，即将 VD5 的下端接零电位或负电位，使 V7、V8 无法导通，则脉冲变压器无法输出脉冲。二极管 VD5 的作用是防止封锁端接地时，经 V5、V6 和 VD4 到−15V 之间产生大电流通路。

　　本节介绍了同步电压为锯齿波的触发电路。这种触发电路抗干扰能力强，不受电网电压波动与波形畸变的直接影响，移相范围宽。缺点是控制电压 U_C 与整流输出电压 U_d 之间不成线性关系，电路也比较复杂。

第四节　集成触发器和数字触发电路

电力电子技术的重要发展方向之一就是电力电子器件及其门控电路的集成化和模块化。集成触发器具有体积小、功耗低、调试接线方便、性能稳定可靠等优点。相控集成触发器主要有 KC 系列和 KJ 系列，本节简要介绍 KC 系列中的 KC04 与 KC41C 及由其组成的三相全控桥触发电路。另外，微机控制的数字触发电路调节方便、使用可靠、易于实现自动化，本节也作简要介绍。

一、KC04 移相集成触发器

KC04 移相集成触发器是具有 16 个引脚的双列直插式集成元件，主要用于单相或三相全控桥式装置。该电路与分立元件构成的锯齿波触发电路相似，也是由同步、锯齿波形成、移相控制、脉冲形成与整形放大输出等部分构成，其内部电路图如图 4 - 14 所示。

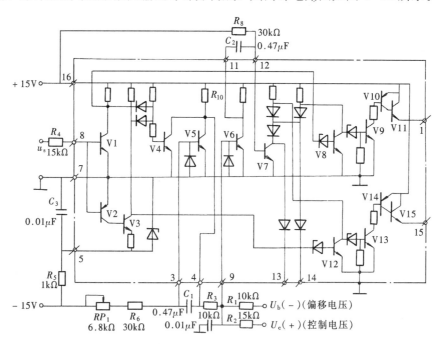

图 4 - 14　KC04 内部电路图

8 脚经限流电阻 R_4 接正弦形同步电压 u_s，同步电压 u_s 与限流电阻 R_4 之间的关系可按式 $u_s = R_4 \times (1 \sim 2)$ mA 确定。16 脚接 +15V 电源。在一个交流电周期内，1 脚与 15 脚输出相位差 180° 的两个窄脉冲，可作为三相全控桥主电路同一相上下晶闸管的主触发脉冲。输出脉冲的宽度由 R_8、C_2 的值决定，R_8 或 C_2 值越大，输出脉冲越宽。由 4 脚形成的锯齿波可以通过调节 6.8kΩ 电位器 RP_1 改变斜率。9 脚为锯齿波电压 u_{c5}、偏移电压 U_b（负值）和控制电压 U_c（正值）的综合比较输入端。13、14 脚提供脉冲列调制和脉冲封锁控制端。

KC04 电路各引脚电压波形如图 4 - 15（a）所示。

KC04 移相触发器的主要技术数据如下：

电源电压：DC±15V，允许波动±5%

电源电流：正电流≤15mA，负电流≤8mA

移相范围：≥170°（同步电压 30V，R_4 为 15kΩ）

脉冲宽度：400μs~2ms

脉冲幅值：≥13V

最大输出能力：100mA

正负半周脉冲相位不均衡范围：±3°

环境温度：-10~70℃

二、KC41C 六路双脉冲形成器

KC41C 是一种六路双脉冲形成器件，用一块 KC41C 与三块 KC04（或 KC09）可组成三相全控桥双脉冲触发电路，输出六路双脉冲触发信号。KC41C 的内部电路如图 4-16 所示。

KC41C 与 KC04 组成的三相全控桥双脉冲触发电路如图 4-17 所示。三块 KC04 移相触发器的 1 端与 15 端产生的 6 个主脉

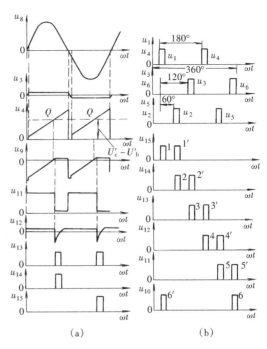

图 4-15　KC04 与 KC41C 各点电压波形

(a) KC04 各引脚电压波形；(b) KC41C 端子的脉冲波形

冲分别接到 KC41C 的 1~6 端，经内部集成二极管电路形成双窄脉冲，再由内部集成三极管电路放大后经 10~15 端输出。输出的脉冲信号接到 6 个外部晶体管 V1~V6 的基极进行功率放大，可得到 800mA 的触发脉冲电流，以触发大功率的晶闸管。KC41C 不仅具有双窄脉冲形成功能，而且具有电子开关封锁控制功能。KC41C 集成块内部 V7 管为电子开关，当引脚 7 接地或处于低电位时，V7 截止，各路可正常输出触发脉冲；当引脚 7 置高电位时，V7 导通，各路无输出脉冲。KC41C 各端子的脉冲波形如图 4-15（b）所示。

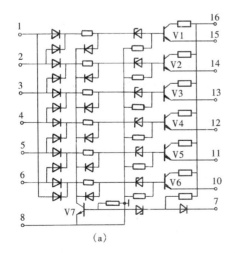

(a)

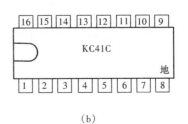

(b)

图 4-16　KC41C 六路双窄脉冲形成器

(a) 内部原理电路；(b) 外形端子排列

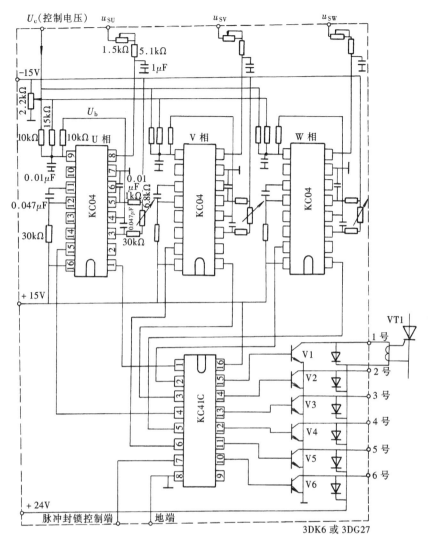

图 4-17 三相全控桥集成触发电路

三、数字触发电路

上述各种触发电路都属于模拟量控制电路,其缺点是易受电网的影响,以及由于元件参数分散,同步电压波形畸变等原因,会导致各触发器的移相特性不一致。例如,当同步电压不对称度为±1°时,输出脉冲的不对称度可达3°~5°,这会导致整流输出谐波电压增大,并使电网电压出现附加畸变,三相电压中性点偏移。这种影响对于大型相控整流装置来说是不可忽视的。数字式移相触发装置输出脉冲不对称度仅为±1.5°,精度可提高2~3倍,因而使上述影响大为减轻。

在各种数字触发电路中,微机组成的数字触发电路结构简单、控制灵活、准确可靠。其组成框图如图4-18所示。

在图示触发系统中,控制角

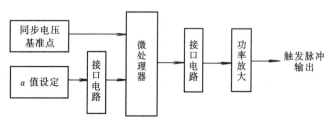

图 4-18 微机控制数字触发系统框图

α的设定值以数字形式通过接口电路传给微机,微机以同步电压基准点作为计时起点开始计数。当计数器计至α所对应的数值时,微机发出触发信号,该信号再经接口电路、放大、整形电路送至被触发电路。由于MCS—51系列8031单片机价格低、功能强、应用广,因此下面以8031单片机组成的三相全控桥电路的触发系统为例作一分析。

1. 单片机控制触发系统的工作原理

8031单片机内部有两个16位可编程定时/计数器T0、T1,它们有多种工作方式。当其工作方式设置为方式1时,构成16位定时/计数器,对机器周期进行计数。运行中,先将计数初值装入专用寄存器TL(低8位)和TH(高8位),然后定时器从初值开始加一计数,当计数值溢出时,向CPU发出中断申请,CPU响应中断,执行中断程序。单片机在中断程序中发出触发信号。图4-19(a)为前面讲过的三相全控桥电路。按照此电路的要

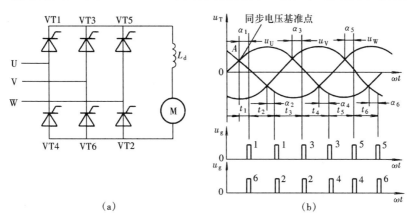

图 4 - 19 三相全控桥电路及其触发脉冲
(a) 电路;(b) 触发脉冲

求,若采用双脉冲触发方式,在一个工频周期内,6只晶闸管的组合触发顺序应为:6、1;1、2;2、3;3、4;4、5;5、6。每个工频周期要发出6对脉冲,如图4-19(b)所示。为使微机输出的触发脉冲与晶闸管主回路电源电压同步,必须设法在交流电源每一周期的相同位置都产生一个同步基准信号,本系统以线电压过零点作为同步电压基准点,如图中A点为线电压u_{UW}的过零点,该点即为本周期的同步电压基准点。

本系统采用相对触发方式,即以前一个脉冲为基准来确定后一个脉冲的形成时刻。设控制角为α,则第一对脉冲距离同步电压基准点的电角度为α,之后每隔60°发一对脉冲,在一个工频周期内共发6对脉冲。各脉冲位置与对应时间间隔的关系如图4-19(b)所示,其中,t_1对应α角,t_2至t_6均对应60°角。按上述输出脉冲顺序编写的程序流程图如图4-20所示。系统共用3个中断源:外部同步信号中断INT0,定时器T0、T1计时中断。第一对脉冲的计时由T0完成,其余5对脉冲的计时由T1完成。

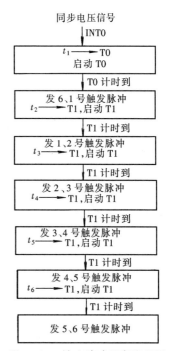

图 4 - 20 输出脉冲程序流程图

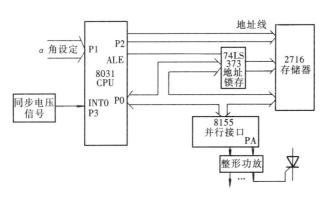

图 4-21　8031 单片机控制触发系统硬件配置框图

2. 单片机控制触发系统的硬件设置

8031 单片机控制触发系统的硬件配置框图如图 4-21 所示。由于 8031 内部没有程序存储器，因此外接一片 EPROM2716。8031 共有 4 个并行 I/O 口，P0 口用作数据线和 2716 的低 8 位地址线，数据和地址分时控制，由 ALE 进行地址锁存，74LS373 为地址锁存器。P2 口用作 2716 的高 8 位地址线。P1 口用作输入口，读取控制角 α 的设定值。P3 口为双功能口，其中使用 P3.2 引脚第 2 功能作为外部中断 INT0 输入端。输出脉冲经并行接口芯片 8155 输出，再经功放、整形电路送至晶闸管。

第五节　触发电路与主电路电压的同步

一、同步的概念

为了使触发脉冲出现在被触发晶闸管承受正向电压的时间间隔之内，确保主电路各晶闸管在每一个周期中均按相同的顺序和控制角被触发导通，就必须给触发电路提供与晶闸管承受的电源电压保持合适相位关系的电压。这里将提供给触发电路合适相位的电压称为同步信号电压，正确选择同步信号电压与晶闸管主电压的相位关系称为同步或定相。同步的概念有两层含义：一是触发脉冲的频率必须与晶闸管主电路电压的频率一致；二是输出触发脉冲的相位应满足主电路电压相位的要求。在常用的锯齿波移相触发电路中（图 4-10），送出脉冲的时刻是由送到触发电路的不同相位同步信号 u_s 来定位、并通过改变控制电压与偏移电压的大小来实现移相的。通过同步变压器 T_s 的不同接线组别向各触发单元提供不同相位的交流电压（即同步信号电压 u_s），就能确保主电路中各晶闸管按规定的顺序和时刻得到触发脉冲。

在安装、调试晶闸管变流装置时，有时会出现这种情况，即分别检查晶闸管主电路和触发电路时，两者都正常工作，但连接起来就不能正常工作，输出电压波形也不规则，这种情况常常是由不同步造成的。

二、同步的实现

要使触发电路与主电路电压取得同步，首先，应使主电路整流变压器与触发电路同步变压器由同一电网供电，以保证二者电源频率一致；其次，要依据主电路的型式选择合适的触发电路；最后，依据整流变压器的接线组别、主电路线路型式、负载性质来确定触发电路的同步信号电压，并通过同步变压器的不同接线组别或阻容滤波移相，得到相位符合要求的同步信号电压。

因为同步变压器二次绕组要分别接到各单元触发电路上，而同一套主电路的各单元触发电路一般应有公共接地端，所以，同步变压器的二次绕组只能采用星形联接，而不能采用三

角形联接，即同步变压器只有 D，y
（△/Y）与 Y，y（Y/y）两种联接
方式，这两种联接方式共有 12 种接
线组别。这些接线组别可用钟点法
来表示。钟点法是以三相变压器一
次侧任一线电压为参考矢量，用垂
直向上的箭头表示，作为时钟的长
针指向 12 点位置，再将对应二次侧
线电压矢量作为时钟短针，短针指
向几点钟就是几点钟接法。例如，
D，y3 接法表示一次侧为三角形联
接、二次侧为星形联接、二次侧线
电压矢量（即短针方向）指向 3 点
钟位置，而相邻两钟点间隔为 30°
角，故依照矢量逆时针旋转来分
析，短针落后长针 90° 角，即二次侧
线电压落后一次侧对应线电压 90°。
三相同步变压器的 12 种接线组别与
钟点数如图 4-22 所示。由于整流变
压器与同步变压器二者的一次绕组
总是接在同一个三相电源上，故可
采用简化电压矢量图解法来确定同
步变压器的接线组别。

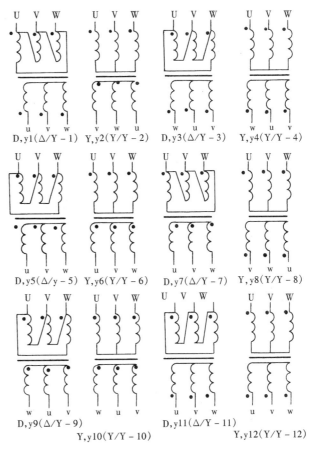

图 4-22　触发电路中使用的三相同步变压器的
接线组别与钟点数

　　现以具体实例详细说明如何实
现触发电路与主电路电压的同步。

　　【例 4-1】　三相全控桥式变流电路如图 4-23（a）上部电路所示。负载为直流电动机，可
逆运行。整流变压器 TR 联接为 D，y1 接线组别。触发电路采用图 4-10 所示以锯齿波为同步电
压（这里，同步电压与同步信号电压是两个概念）的触发电路，锯齿波齿宽为 240°，考虑到锯齿
波起始段的非线性，需在起始段留出 60° 的余量，要求移相范围为 30°～150°。试按照简化电压相
量图解法来确定同步变压器的接线组别及变压器绕组联接方法。

　　解　这里只以一个晶闸管 VT1 的同步问题为例加以说明，其余 5 个管可根据相位关系依次
加以确定。具体步骤如下：

　　1. 确定同步信号电压与主电路电压的相位关系

　　依题意，本题采用图 4-10 所示同步电压为锯齿波的触发电路，锯齿波斜边宽度为 240°，扣
除起始段的 60° 后剩余 180° 区间。在此 180° 区间内截取连续的 120°（150°－30°）区间，可覆盖主
电路的移相范围。本例截取锯齿波的范围为 60°～180°，与主电路的 $\alpha = 30°～150°$ 移相范围相对
应。由图 4-12 可知，产生这一锯齿波 $u_③$ 所对应的正弦波电压 $u_①$ 就是加至触发电路的同步信号
电压 u_{SU}，它取自同步变压器 U 相的二次电压。按照上述分析，在图 4-23（b）中画出了同步信
号电压 u_{SU}、锯齿波电压（同步电压）$u_③$、主电路电压 u_U 与 u_{UV} 波形之间的对应关系。由图

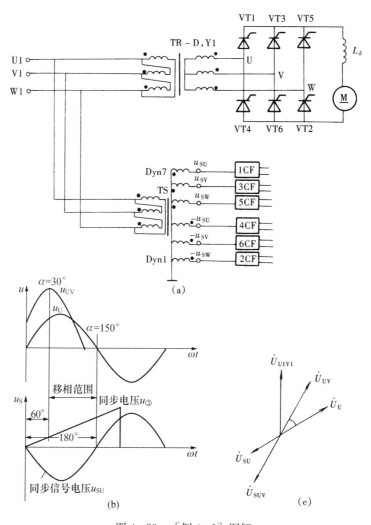

图 4 - 23　[例 4 - 1] 图解
(a) 电路；(b) 各波形间相位关系；(c) 简化向量图

4 - 23 (b) 可以确定出 u_U 与 u_{SU} 之间的相位关系。显示，u_{SU} 较 u_U 滞后 180°。

2. 确定同步变压器的接线组别

整个过程用简化向量图的方法进行，如图 4 - 23 (c) 所示。首先按照钟点法画出整流变压器 TR 的相位关系向量图，即选取三相整流变压器一次侧某线电压 $\dot{U}_{U1V1}$ 为参考向量，箭头向上，作为时钟长针指向 12 点位置，并画出对应的二次线电压 $\dot{U}_{UV}$ 向量作为短针，指向 1 点钟位置。另外，由于星形联接时相电压 $\dot{U}_U$ 必滞后于线电压 $\dot{U}_{UV}$ 30°，故可容易由 $\dot{U}_{UV}$ 向量画出 $\dot{U}_U$ 向量。其次，根据前面得出的同步信号电压 u_{SU} 与主电路电压 u_U 之间的相位关系（u_{SU} 滞后 u_U 180°），作出晶闸管 VT1 触发电路的同步信号电压 $\dot{U}_{SU}$ 向量（与 $\dot{U}_U$ 反向）。由于同步变压器二次侧只能作 yn 形联接，故可由相电压 $\dot{U}_{SU}$ 画出线电压 $\dot{U}_{SUV}$（$\dot{U}_{SUV}$ 超前 $\dot{U}_{SU}$ 30°）。由图 4 - 23 (c) 所示的图解结果可知，$\dot{U}_{SUV}$ 向量指向 7 点钟位置。因此，与 VT1、VT3、VT5 三管触发电路相连的同步变压器应联接为 D，yn7，而与 VT4、VT6、VT2 三管触发电路相连的同步变压器应联接为 D，yn1，D，yn7 与 D，yn1 共同用一个一次绕组。至此，同步变压器的接线组别便确定完毕，为 TS—D，yn7，yn1。

3. 确定同步信号电压与各触发电路的连接

按照所确定的同步变压器的接线组别 TS—Dyn7，yn1，画出其各个绕组，再将 TS 的二次电压 u_{SU}、u_{SV}、u_{SW} 分别接到 VT1、VT3、VT5 三管触发电路 1CF、3CF、5CF 的同步信号电压输入端，将二次电压 $-u_{SU}$、$-u_{SV}$、$-u_{SW}$ 分别接至 VT4、VT6、VT2 三管触发电路 4CF、6CF、2CF 的同步信号电压输入端。连线如图 4-23（a）所示。

至此，便完成了本题所提出的实现同步的要求。总结上述过程，可得到实现同步的一般步骤如下：

（1）根据触发电路可提供的移相范围和主电路所要求的移相范围，确定同步信号电压 U_s 与对应晶闸管阳极电压之间的相位关系。

（2）根据整流变压器 TR 的接线组别，以电源某一线电压作为参考向量，画出整流变压器二次侧也就是晶闸管阳极电压的向量位置，再根据第一步确定的 U_s 与晶闸管阳极电压之间的相位关系，画出对应的同步信号相电压与同步信号线电压向量，确定同步变压器的接线组别。

（3）将同步变压器二次电压 u_{SU}、u_{SV}、u_{SW} 分别接到晶闸管 VT1、VT3、VT5 的触发电路，$-u_{SU}$、$-u_{SV}$、$-u_{SW}$ 分别接到晶闸管 VT4、VT6、VT2 的触发电路。

应当说明，在实际应用过程中，在同步变压器与触发电路之间往往加入滤波、移相等环节，同步信号电压通过阻容电路后，相位会移动一定的角度，在作同步配合时必须把这一相位移动考虑在内。

另外，相同的主电路、相同的触发电路，要实现同步配合，所采用的同步变压器的接线组别可以不相同，这与移相范围在锯齿波斜线上对应的截取区间有关。本例中 $\alpha = 30° \sim 150°$ 在锯齿波上对应截取的区间是 $60° \sim 180°$。若截取区间改为 $90° \sim 210°$，则同步变压器的接线组别会有所不同。

第六节　全控型电力电子器件的驱动电路

前面介绍的触发电路都是针对晶闸管及其派生器件而言的。晶闸管的控制端只能控制其导通，而不能控制其关断，因而属于半控型器件。与晶闸管不同的是，另有一类具有自关断能力的电力电子器件，属于全控型器件，其控制端（基极、门极、栅极）具有控制器件导通和关断的双重功能。这类器件也称为自关断器件。为了实现上述功能，需要在这些器件的控制端接入驱动电路。驱动电路是全控型电力电子器件主电路与控制电路之间的接口，对整个电力电子装置的性能影响很大。驱动电路性能良好，可使电力电子器件工作在理想的开关状态，缩短开关时间，减少开关损耗，提高装置的运行效率、可靠性及安全性。另外，许多保护环节也可通过驱动电路来实现。由于各种自关断器件的导通和关断机理差别很大，因此其驱动电路也有很大不同。本节将分别介绍 GTR、GTO、功率 MOSFET 及 IGBT 的驱动电路。

一、电力晶体管（GTR）基极驱动电路

（一）GTR 对基极驱动电路的要求

理想的 GTR 基极驱动电流波形如图 4-24 所示。对 GTR 基极驱动电路的要求一般有如下几条：

（1）控制 GTR 开通时，驱动电流前沿要陡，并有一定的过冲电流（I_{b1}），以缩短开通时间，减小开通损耗。

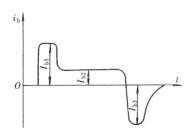

图 4 - 24　理想的基极驱动
电流波形

（2）GTR 导通后，应相应减小驱动电流（I_{b2}），使器件处于临界饱和状态，以降低驱动功率，缩短储存时间。

（3）GTR 关断时，应提供足够大的反向基极电流（I_{b3}），迅速抽取基区的剩余载流子，以缩短关断时间，减少关断损耗。

（4）应能实现主电路与控制电路之间的电气隔离，以保证安全，提高抗干扰能力。

（5）具有一定的保护功能。

（二）驱动电路中的电气隔离

在驱动电路中，常采用光隔离或磁隔离来实现主电路与控制电路之间的电气隔离。

光隔离所采用的组件是光耦合器。光耦合器由发光组件（发光二极管）和受光组件（光敏二极管、光敏三极管）组成，封装在同一个外壳中，以光为媒介传递信号。常用光耦合器有普通型、高速型和高传输比型三种，其内部电路和基本接法分别如图 4 - 25（a）、（b）、（c）所示。普通型光耦合器的输出特性和晶体管相似，但电流传输比 I_C/I_D 一般只有 0.1～0.3；高传输比光耦合器的 I_C/I_D 则大得多。另外，普通型光耦合器的响应时间较长，约为 $10\mu s$，而高速型光耦合器中光敏二极管流过的是反向电流，其响应时间不到 $1.5\mu s$。

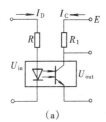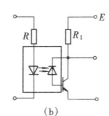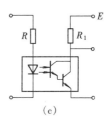

图 4 - 25　光耦合器的类型及接法
（a）普通型；（b）高速；（c）高传输比型

磁隔离所采用的组件是脉冲变压器。为避免脉冲较宽时铁心饱和，常采用高频调制和解调方法。当调制频率较高时，GTR 的发射结电容即可起到解调作用，不必另设解调电路。

（三）GTR 基极驱动电路实例

1. 分立组件组成的驱动电路

图 4 - 26 是具有负偏压、能防止过饱和的 GTR 驱动电路。当输入的控制信号 u_i 为高电平时，晶体管 V1、光耦合器 B 及晶体管 V2 均导通，而晶体管 V3 截止，V4 和 V5 导通，V6 截止。V5 的发射极电流流经 R5、VD3，驱动 GTR，使其导通，同时给电容 C_2 充上左正右负的电压。C_2 的充电电压值由电源电压 U_{CC} 及 R_4、R_5 的比值决定。当 u_i 为低电平时，

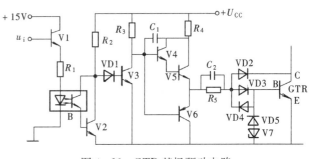

图 4 - 26　GTR 基极驱动电路

V1、B 及 V2 均截止，V3 导通，V4 与 V5 截止，V6 导通。C_2 通过 V6、GTR 的 e、b、VD4 放电，使 GTR 迅速截止。尔后，C_2 经 V6、V7、VD5、VD4 继续放电，使 GTR 的 b、e 结承受反偏电压，保证其可靠截止。因此，称 V6、V7、VD5、VD4 和 C_2 构成的电路为截止反偏电路。电路中，C_2 为加速电容。"加速"的含义是：在 V5 刚刚导通时，电源 U_{CC} 通过 R_4、V5、C_2、VD3 驱动 GTR，R_5 被 C_2 短路，这样，就能实现驱动电流的过冲，且使驱动电流的前沿更陡，从而加速 GTR 的开通。过冲电流的幅度可为额定基极电流的两倍以上。驱动电流的稳态值由 U_{CC}、R_4、R_5 值决定，在选择 $R_4 + R_5$ 值时，要保证基极电流足够大，以保证 GTR 在最大负载电流时仍能饱和导通。

VD2（称箝位二极管）、VD3（称电位补偿二极管）和 GTR 构成了抗饱和电路，可使 GTR 导通时处于临界饱和状态。若无抗饱和电路，当负载较轻时，V5 的发射极电流全部注入 GTR 的基极，就会使 GTR 过饱和，关断时退饱和时间会延长。加上抗饱和电路后，当 GTR 因过饱和而造成集电极电位低于基极电位时，箝位二极管 VD2 就会导通，将基极电流分流，从而减小 GTR 的饱和深度，维持 $U_{bc} \approx 0$。而当负载加重 I_C 增加时，集电极电位升高，原来由 VD2 旁路的电流又会自动回到基极，确保 GTR 不会退出饱和。这样，抗饱和电路可使 GTR 在不同的集电极电流情况下，集电结始终处于零偏置或轻微正向偏置的临界饱和状态，从而缩短存储时间。而且在不同负载情况下及在应用离散性较大的 GTR 时，存储时间也可趋于一致。应当注意，VD2 必须是快速恢复二极管，其耐压也应和 GTR 的耐压相当。

2. 集成化基极驱动电路

基极驱动电路的集成化模块克服了分立组件驱动电路组件多、电路复杂、稳定性差的缺点，同时还增加了电路保护功能。这里介绍一下目前应用较多的两种基极驱动模块。

（1）UAA4002　这是法国 THOMSON 公司生产的专用集成化基极驱动电路芯片，原理如图 4-27 所示。该驱动模块的突出特点是保护功能丰富。图 4-28 是由 UAA4002 组成的 8A、400V 开关电源原理图。驱动电路为电平控制方式，最小导通时间为 $2.8\mu s$。该电路的有关功能说明如下：

1）限流。负电源回路中串有 0.1Ω 电阻，用以检测 GTR 的集电极电流，并将该信号引入芯片的 I_C 端（12 脚）。一旦发生过流，该信号使比较器状态发生变化，逻辑处理器检测到这种变化，便发出封锁信号，封锁输出脉冲，使 GTR 关断。

2）防止退饱和。用二极管 VD 来检测 GTR 集电极电压，VD 的负极接 GTR 的集电极，正极接芯片的 U_{CE} 端

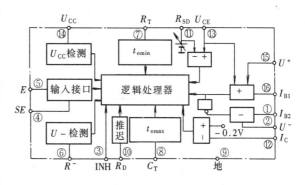

图 4-27　UAA4002 原理框图

（13 脚）。GTR 开通时，比较器检测 U_{CE} 端的电压值，若比 R_{SD} 端（11 脚）的设定电压高，比较器便向逻辑处理器发出信号，处理器发出封锁信号，从而可防止 GTR 因基极电流不足或集电极电流过载而引起退饱和。在图 4-28 中，R_{SD} 端开路，动作阈值被自动限制在 5.5V。

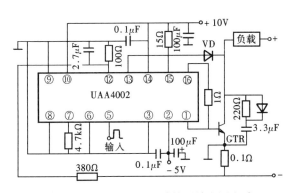

图 4 - 28 UAA4002 驱动的开关电源电路

3）导通时间间隔控制。通过 R_T 端（7 脚）外接电阻（图 4 - 28 中为 4.7kΩ）来确定 GTR 的最小导通时间 t_{omin}，以保证 GTR 开关辅助网络的电容充分放电。通过 C_T 端（8 脚）外接电容来确定 GTR 的最大导通时间 t_{omax}，以限制电路的输送功率，或防止脉冲控制方式因传输信号中断而造成持续导通。

4）电源电压检测。利用 U_{CC} 端（14 脚）检测正电源电压，保证在电源电压小于 7V 时芯片无输出信号，以免 GTR 在过低的驱动电压下退饱和而造成损坏。负电压的检测可利用 U^- 端（2 脚）与 R^- 端（6 脚）之间外接电阻来实现。

5）延时功能。通过 R_D 端（10 脚）外接电阻来进行调整，使芯片的控制电压前后沿之间能保持 $1\sim20\mu s$ 的延时。不需延时时，将此端接正电源。

6）热保护。当芯片温度高于 150℃时自动切断输出脉冲，低于极限值时恢复输出。

7）输出封锁。INH 端（3 脚）加高电平时输出封锁，加低电平时解除封锁。

图 4 - 28 的电路中，UAA4002 的延时功能、最大导通时间控制、负电源电压检测等功能未予使用。

（2）HL201A/HL202A HL201A 型驱动模块采用厚膜工艺制造，可靠性高、受环境影响小、价格便宜，可直接驱动 75A 以内的 GTR。HL202A 除具有 HL201A 的一般优点外，还具有退饱和保护、负电源电压欠压保护，并能实现对被驱动 GTR 的过流快速分散就地保护。HL202A 具有内置光电耦合器，具有贝克箝位端，可直接驱动 100A 以内的 GTR。

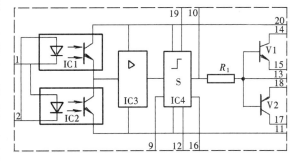

图 4 - 29 HL202A 功能原理框图

HL202A 的功能原理框图如图 4 - 29 所示。表 4 - 2 给出了 HL202A 的端子功能。

表 4 - 2　　　　　　　　HL202A 的 端 子 菜 单

端 子	功　　　　　能	端 子	功　　　　　能
1	输入控制电压（0V 和 13V）	14	NPN 输出晶体管的集电极
2	通过电阻、电容接+15V 和控制地	15	正基极驱动电流的输出端
9	外接电容器 C_1，决定退饱和保护的延迟时间	16	退饱和保护的阈值控制，当饱和值取 5V 时可不外接电位器，此端悬空即可
10	外接电阻、电容器	17	PNP 输出晶体管集电极
11	负电源端，接-5.5～-7V 电源电压	18	负基极驱动电流输出端
12	电源接地端	19	退饱和保护引入端
13	贝克钳位输出端	20	正电源端，接+8～+10V 电源电压

图 4-30 为 HL202A 的应用接线图。图中正电源 U_{CC} 经电阻 R_{C1} 接模块的 14 端，经内部驱动三极管 V1，由 15 端输出，驱动 GTR 的基极。设 V1 的饱和压降为 U_{ces}，GTR 的基极电流为 I_B，其基极保护电阻为 R_B（R_B 一般取值 1Ω），则 R_{C1} 的取值可由下式估算

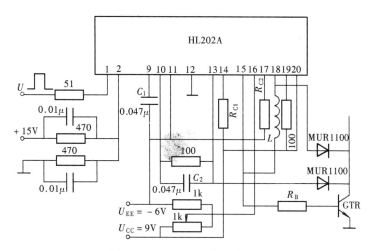

图 4-30 HL202A 应用接线图

$$R_{C1} = \frac{U_{CC} - U_{ces}}{I_B} - R_B$$

当 I_B 为 0.5～1.5A 时，R_{C1} 取值约为 10～5Ω。R_{C2} 为内部驱动三极管 V2 的集电极电阻，其值应大于 R_{C1}。V2 的发射极 18 端外接合适数值的电感 L 可优化 GTR 的关断过程，L 值约为几 mH。16 端外接的电位器可调节退饱和保护电平的高低，若 16 端悬空，退饱和保护电平约为 5V。9 端外接电容 C_1 决定了退饱和保护的延迟时间，延迟时间与 C_1 容量成正比。图中 C_1 为 0.047μF，对应延迟时间约为 3μs，这就是说，当 GTR 出现过流时，产生退饱和，集射极电压增加到保护电平值时，HL202A 会在 3μs 内自动封锁正向驱动电流，施加负向驱动电流，使 GTR 可靠地关断，从而实现对 GTR 的过流快速分散就地保护。另外，当负驱动电源 U_{EE} 低于 5V 时，HL202A 会自动封锁输出脉冲，实现负电源电压的欠压保护。

二、门极可关断晶闸管（GTO）门极驱动电路

（一）GTO 门极驱动电路结构与驱动波形

GTO 的触发导通过程与普通晶闸管相似，但关断过程则与普通晶闸管完全不同，这是正确使用 GTO 的关键所在。影响关断的因素很多，如，阳极电流越大关断越难，电感负载较电阻负载难以关断，工作频率越高、结温越高越难以关断。因此，对门极关断技术应给予特别重视。

门极驱动电路包括开通电路、关断电路和反偏电路，结构示意图如图 4-31 所示。理想的门极驱动信号（电流、电压）波形如图 4-32 所示，其中实线为电流波形，虚线为电压波形。波形分析如下：

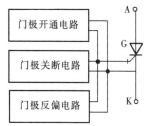

图 4-31 门极驱动电路
结构示意图

1. 导通触发

GTO 触发导通要求门极电流脉冲应前沿陡、宽度大、幅度高、后沿缓。由于组成整体组件的各 GTO 元的特性难以避免

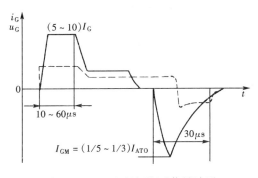

图 4-32 GTO门极驱动信号波形

分散性，若门极正向电流上升沿不陡，会造成先导通的 GTO 元电流密度过大。而上升沿陡峭的门极电流脉冲可使所有的 GTO 元几乎同时导通，电流分布趋于均匀。一般要求前沿 $di_G/dt \geqslant 5A/\mu s$。若门极电流脉冲幅度和宽度不足，可能会引起部分 GTO 元尚未达到擎住电流时，门极脉冲已经结束，导致部分已导电的 GTO 元承担全部阳极电流而过热损坏。一般要求脉冲幅度为额定直流触发电流 I_G 的 5～10 倍，脉宽为 10～60μs。另外，脉冲后沿应尽量平缓，后沿过陡容易产生振荡。

2. 关断触发

对门极关断脉冲波形的要求是前沿较陡、宽度足够、幅度较高、后沿平缓。前沿要求陡可缩短关断时间，减少关断损耗，一般建议 di_G/dt 取 10～50A/μs。门极关断负电压脉冲宽度应 $\geqslant 30\mu s$，以保证可靠关断。关断电流脉冲幅度应大于（1/5～1/3）I_{ATO}。关断电压脉冲的后沿应尽量平缓，否则，若坡度太陡，由于结电容效应，可能产生正向门极电流，使 GTO 导通。

（二）GTO 门极驱动电路实例

图 4-33 为一双电源供电的门极驱动电路。该电路由门极导通电路、门极关断电路和门极反偏电路组成，GTO 的额定参数为 200A、600V。该电路可用于三相 GTO 逆变器。

（1）门极导通电路。在无导通信号时，晶体管 V1 未导通，电容 C_1 被充电到电源电压，约为 20V。当有导通信号时，V1 导通，产生门极电流。已充电的电容 C_1 可以加速 V1 的导通，从而增加门极导通电流的前沿陡度。与此同时，电容 C_2 被充电，充电路径为 +20V 电源→V1→GTO 门极→GTO 阴极→C_2→电感 L→二极管 VD→−20V 电源，充电电压达 40V。

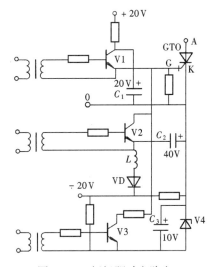

图 4-33 门极驱动电路之一

（2）门极关断电路。当有关断信号时，晶体管 V2 导通，C_2 经 GTO 的阴极、门极、V2 放电，形成峰值为 90A、前沿陡度为 20A/μs、宽度大于 10μs 的门极关断电流。

（3）门极反偏电路。电容 C_3 由 −20V 电源充电、稳压管 V4 箝位，其两端得到上正下负、数值为 10V 的电压。当晶体管 V3 导通时，此电压作为反偏电压加在 GTO 的门极上。

图 4-34 为另一个实用的门极驱动电路。该电路由导通控制与关断控制两部分电路组成，图中上半部分为导通控制电路，下半部分为关断控制电路。每部分电路都由光电隔离、整形、放大三级电路构成。在导通控制电路中，光耦合器 B1 的作用是防止前级电路与 GTO 门极电路相互干扰，并实现不同电平的转换。但 B1 的输出波形会产生畸变，因而需要加整形电路。由 V1、V2 组成的施密特触发器即为整形电路。整形后的脉冲信号经 V3、V4 和

V5 组成的放大级送至 GTO 门极，触发 GTO 导通。

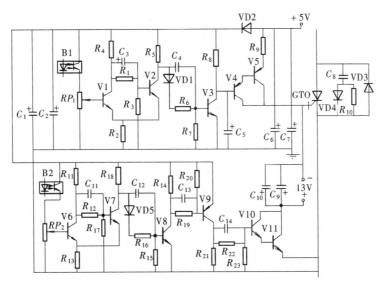

图 4-34 门极驱动电路之二

关断控制电路与导通控制电路的不同点仅在于前者增加了 V9 这个反相器，目的是将送至 GTO 的脉冲变为负脉冲，以达到关断 GTO 的目的。为了提高负脉冲的幅度，其输出级电源增至 13V。

该电路可以驱动额定电压为 1200V、I_{ATO} 为 500A 的 GTO，用于三相 PWM 控制的 GTO 逆变器。

三、功率场效应晶体管（功率 MOSFET）的栅极驱动电路

（一）栅极驱动的特点及要求

功率 MOSFET 是电压控制型器件，控制极栅极的输入阻抗高，静态时几乎不需要输入电流。但由于栅极存在输入电容 C_i，在开通和关断过程中需要对输入电容充放电，因而需要驱动电路提供一定的驱动电流。充放电时间常数直接影响着电路的工作速度。设 R_i 为输入回路电阻，栅极电压上升时间 t_γ 可表示为

$$t_\gamma = 2.2R_iC_i$$

设 C_i 在 t_γ 时间内充电电流近似为线性，则开通过程中的驱动电流 I_G 可用下式估算

$$I_G = \frac{C_iU_{GS}}{t_\gamma}$$

关断过程的驱动电流也可仿照上式估算。一般来说，功率大的 MOSFET 输入电容也较大，因而需要的驱动功率也较大。

对功率 MOSFET 栅极驱动电路的主要要求是：

（1）触发脉冲的前后沿要陡。

（2）栅极电容充放电回路的电阻值应尽量小，以提高功率 MOSFET 的开关速度。

（3）触发脉冲电压幅值应高于功率 MOSFET 的开启电压 $U_{GS(th)}$，以保证其可靠开通，但应小于其栅源极击穿电压 $U_{(BR)GS}$（通常为 ±20V）。

（4）为了防止功率 MOSFET 截止时误导通，应在其截止时提供负的栅源电压，该电压

还应小于$U_{(BR)GS}$。

　（二）栅极驱动电路实例

　功率 MOSFET 的栅极驱动电路有多种形式，通常可分为普通驱动电路与专用驱动电路两类。

　1. 普通驱动电路

　图 4 - 35 示出了几种普通的栅极驱动电路。其中图（a）、（b）、（c）是由 TTL 电路组成的驱动电路。由于 TTL 电路输出高电平一般为 3.5V，而功率 MOSFET 的开启电压通常为 2～6V，所以应采用集电极开路的 TTL。图 4 - 35（a）为直接驱动方式，这种方式简单可靠，电路通过上拉电阻 R 可以提高输出驱动电平的幅值，使器件充分导通，但由于 R 的存在影响了开通速度。图 4 - 35（b）为在（a）图基础上作了改进的快速开通驱动电路。当 TTL 输出低电平时，功率 MOSFET 的输入电容经由二极管 VD 接地，使器件可靠关断；当 TTL 输出高电平时，+15V 电源经驱动管 V 向功率 MOSFET 栅极输入电容充电。由于 V 具有放大作用，故而可提高充电能力，加快开通速度。图 4 - 35（c）为互补联结的驱动电路，它使开通和关断信号均得以放大，提高了开关速度，增加了驱动功率，适合于驱动大功率 MOSFET 管。图 4 - 35（d）是电磁隔离式栅极驱动电路。图中，VD1 为续流二极管，并联于脉冲变压器一次侧，用以限制加在驱动晶体管 V 上的过电压，电阻 R_1 用来限制栅极电流，R_2 用来防止栅极开路。图 4 - 35（e）为光电隔离式驱动电路。当光耦合器 B 导通时，V3 随之导通，并向 V1 提供基极电流，使之导通，V2 截止，电源 U_{CC1} 经电阻 R_5 向功率 MOSFET 的栅极输入电容充电，使功率 MOSFET 管开通。当光耦截止时，V3 截止，V1 截止，V2 导通，使功率 MOSFET 管的栅极经 V2 接地，迫使其关断。这里电容 C 与二极管 VD3 为加速网络，三极管 V1、二极管 VD1、VD2 构成贝克箝位电路。

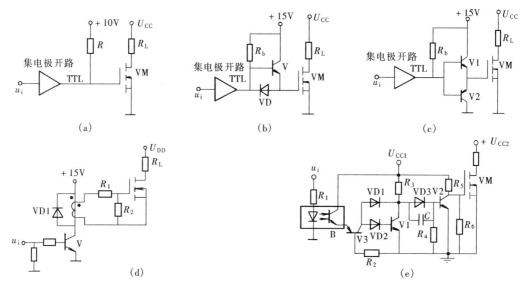

图 4 - 35　栅极驱动电路
（a）直接驱动；（b）快速开通驱动；（c）互补联结驱动；（d）电磁隔离驱动；（e）光电隔离驱动

　2. 专用集成驱动电路

　目前，较常用的驱动功率 MOSFET 的专用集成电路是美国国际整流器公司（IR 公司）

生产的 IR2110、IR2115、IR2130 芯片、日本富士电机公司的 FA5310、FA5311 等。这里仅介绍 IR2110 的功能特点及应用。

IR2110 是具有 14 个引脚的双列直插式芯片，内部原理框图如图 4-36 所示。该芯片有高、低两个独立的输出通道，可同时驱动两只器件。两个通道分别采用推挽式连接的低阻场效应晶体管输出方式，输出峰值电流可达 2A 以上。两个通道均设有延时控制，典型的开通延时为 120ns，关断延时为 94ns。芯片还具有输入逻辑保护及输出电源欠电压保护等保护功能。输入逻辑保护是指功率电路发生过载、短路等故障时，检测保护电路的输出信号接入 IR2110 保护控制输入端（SD），高电平有效，芯片内部逻辑电路将两通道的输入控制信号自动封锁。电源欠压保护方式为两通道分别检测。当 U_{CC} 低于芯片内部电路整定值时，同时封锁两个通道的输出脉冲，而当 U_B 欠压时，仅封锁高端通道的输出脉冲。IR2110 的端子功能如表 4-3 所示。其应用的典型连接如图 4-37 所示。

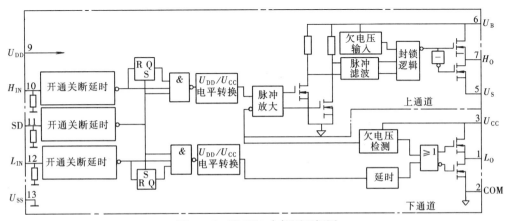

图 4-36　IR2110 内部原理框图

表 4-3　　　　　　　　　　　　　　　**IR2110 端 子 菜 单**

端子序号	符号	功　能
1	L_O	低端驱动输出，推挽式驱动输出峰值电流不小于 2A，高低端两路输出具有滞后欠压锁定功能
2	COM	公共端
3	U_{CC}	低端固定电源电压；当 U_{CC} 低于芯片内部电路整定值时，同时封锁高低两端的输出脉冲
5	U_S	高端浮置电源偏置电压
6	U_B	高端浮置电源电压；当 U_B 低于芯片内部电路整定值时，仅封锁高端输出
7	H_O	高端驱动输出；推挽式驱动输出峰值电流不小于 2A，高低端两路输出具有滞后欠压锁定功能
9	U_{DD}	逻辑电路电源电压
10	H_{IN}	高端逻辑输入
11	SD	保护控制输入端；当检测到外功率电路发生过载、短路等故障时，检测保护电路的输出信号接入 IR2110 的 SD 端，高电平有效，芯片内部逻辑电路将上下两通道的输入控制信号自动封锁
12	L_{IN}	低端逻辑输入
13	U_{SS}	逻辑电路地电位端外接电源电压，其值可以为零
4、8、14		空端

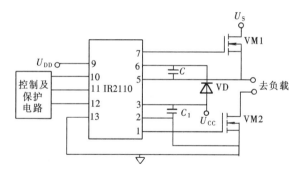

图 4 - 37　IR2110 应用的典型连接

四、绝缘栅双极晶体管（IGBT）栅极驱动电路

IGBT 是以 GTR 为主导组件、MOSFET 为驱动组件的复合结构器件，因此其栅极驱动电路与功率 MOSFET 的栅极驱动电路有相似之处。

（一）对 IGBT 栅极驱动电路的要求

（1）IGBT 的输入极为绝缘栅极，对电荷积聚很敏感，因此驱动电路必须可靠，要有一条低阻抗的放电回路，驱动电路与 IGBT 的连线应尽量短。

（2）要用内阻小的驱动源对栅极电容充放电，以保证栅极控制电压 U_{GE} 的前后沿足够陡峭，减少 IGBT 的开关损耗。栅极驱动源的功率也应足够，以使 IGBT 的开、关可靠，并避免在开通期间因退饱和而损坏。

（3）要提供大小适当的正反向驱动电压 U_{GE}。正向偏压 U_{GE} 增大时，IGBT 通态压降和开通损耗均下降，但若 U_{GE} 过大，则负载短路时其 I_C 随 U_{GE} 的增大而增大，使 IGBT 能承受短路电流的时间减小，不利于其本身的安全，为此，U_{GE} 也不宜选的过大，一般选 U_{GE} 为 12~15V。对 IGBT 施加负向偏压（$-U_{GE}$）可防止因关断时浪涌电流过大而使 IGBT 误导通，但其值又受 C、E 间最大反向耐压限制，一般取 $-5 \sim -10V$。

（4）要提供合适的开关时间。快速开通和关断有利于提高工作频率，减小开关损耗，但在大电感负载情况下，开关时间过短会产生很高的尖峰电压，造成元器件击穿。

（5）要有较强的抗干扰能力及对 IGBT 的保护功能。

（6）驱动电路与信号控制电路在电位上应严格隔离。

（二）IGBT 栅极驱动电路实例

1. 分立组件组成的驱动电路

图 4 - 38（a）为脉冲变压器组成的栅极驱动电路。来自脉冲发生器的脉冲信号经晶体管 V 放大后加至脉冲变压器 TP 初级，经 TP 耦合、反向串联双稳压管双向限幅后驱动 IGBT。该电路简单，工作频率较高，可达 100kHz，但存在漏感和趋肤效应，使绕组的绕制工艺复杂，并容易产生振荡。图 4 - 38（b）为采用光电耦合器隔离的驱动电路。输入控制信号经光

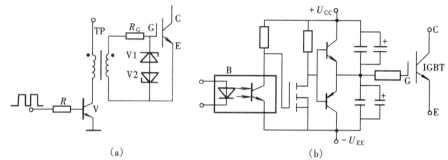

（a）　　　　　　　　　　　　　　（b）

图 4 - 38　栅极驱动电路

（a）由脉冲变压器组成的栅极驱动电路；（b）采用光电耦合器的驱动电路

耦合器 B 引入，再经 MOS 管放大，由互补推挽电路输出至 IGBT，为其提供正、反向驱动电流。输出级采用互补型式的电路可降低驱动源的内阻，并加速 IGBT 的关断过程。

2. IGBT 的集成驱动电路

目前，已研制出许多专用的 IGBT 集成驱动电路，这些集成化模块抗干扰能力强、速度快、保护功能完善，可实现 IGBT 的最优驱动。本节只介绍日本富士公司的部分 EXB 系列驱动电路。

EXB 系列集成驱动电路分标准型和高速型两种，EXB850、EXB851 为标准型，最大开关频率为 10kHz；EXB840、EXB841 为高速型，最大开关频率为 40kHz。图 4 - 39 为 EXB841 的功能原理框图。

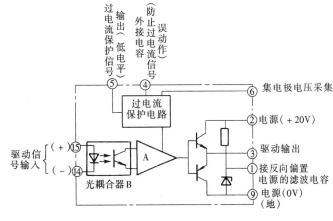

图 4 - 39　EXB841 功能原理框图

EXB841 为厚膜集成电路矩形扁片状封装，单列直插，端子功能见表 4 - 4。

表 4 - 4　　　　　　　　　　　　　　**EXB840/841 的端子菜单**

端　子	功　　能	端　子	功　　能
1	与用于反向偏置电源的滤波电容器相连接	6	集电极电压监视
2	供电电源（+20V）	7、8、10、11	空端
3	驱动输出	9	电源地
4	用于外接电容器，以防止过电流保护电路误动作（绝大部分场合不需要此电容器）	14	驱动信号输入（−）
5	过电流保护输出	15	驱动信号输入（+）

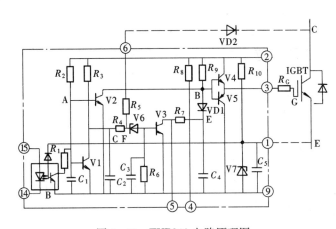

图 4 - 40　EXB841 电路原理图

图 4 - 40 示出 EXB841 的电路原理图。由图可见，EXB841 的结构可分为隔离放大、过电流保护和基准电源三部分。隔离放大部分由光耦合器 B、晶体管 V2、V4、V5 和阻容组件 R_1、C_1、R_2、R_9 组成。光耦合器 B 的隔离电压可达 2500VAC。V2 为中间放大级，V4、V5 组成的互补式推挽输出，可为 IGBT 栅极提供导通和关断电压。晶体管 V1、V3 和稳压管

V6 以及阻容组件 $R_3 \sim R_8$、$C_2 \sim C_4$ 组成过电流保护部分，实现过电流检测和延时保护。电阻 R_{10} 与稳压管 V7 构成 5V 基准电源，为 IGBT 的关断提供 $-5V$ 反偏电压，同时也为光耦合器提供工作电源。芯片的 6 脚通过快速二极管 VD2 连接 IGBT 的集电极 C，通过检测 U_{CE} 的大小来判断是否发生短路或集电极电流过大。芯片的 5 脚为过电流保护信号输出端，输出信号供控制电路使用。

图 4-40 电路的工作过程为：

(1) IGBT 的开通。当 14 与 15 两脚间通以 10mA 电流时，光耦合器 B 导通，图中 A 点电位下降使 V1、V2 截止。V2 截止导致 B 点电位升高，V4 导通，V5 截止。2 脚电源经 V4、3 脚及 R_G 驱动 IGBT 栅极，使 IGBT 迅速导通。

(2) IGBT 的关断。当 14 与 15 两脚间流过的电流为零时，B 截止，V1、V2 导通，使 B 点电位下降，V4 截止，V5 导通。IGBT 栅极电荷经 V5 迅速放电，使 3 脚电位降至 0V，比 1 脚电位低 5V。因而 $U_{GS} = -5V$，此反偏电压可使 IGBT 可靠关断。

(3) 保护过程。保护信号采自 IGBT 的集射极压降 U_{CE}。当 IGBT 正常导通时，U_{CE} 较小，隔离二极管 VD2 导通，稳压管 V6 不被击穿，V3 截止，C_4 被充电，使 E 点电位为电源电压值（20V）并保持不变。一旦发生过流或短路，IGBT 因承受大电流而退饱和，导致 U_{CE} 上升，VD2 截止，V6 被击穿使 V3 导通，C_4 经 R_7 和 V3 放电，E 点及 B 点电位逐渐下降，V4 截止，V5 导通，使 IGBT 被慢慢关断从而得到保护。与此同时，5 脚输出低电平，将过电流保护信号送出。

图 4-41 为 EXB841 的实际应用电路。控制脉冲输入端 14 脚为高电平时，IGBT 截止，14 脚为低电平时，IGBT 导通。稳压管 V1、V2 用于栅射极间电压限幅保护。C_1、C_2 为电源滤波电容，作用是吸收由电源接线阻抗变化引起的电源电压波动。电容值可选 $47\mu F$。VD2 为外接箝位二极管。5 脚外接光耦合器 B，当 IGBT 过流时，5 脚输出低电平，B 导通，输出过电流保护执行信号。

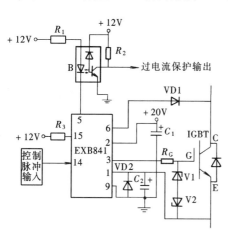

图 4-41 EXB841 应用电路

使用 IGBT 专用驱动电路时应注意以下事项：

(1) 驱动电路与 IGBT 栅射极接线长度应小于 1m，并使用双绞线以提高抗干扰能力。

(2) 若集电极上有大的电压尖脉冲产生，可增加栅极串联电阻 R_G 使尖脉冲减小。R_G 值的选择可参考表 4-5 所给数值。

表 4-5　　　　IGBT 栅极串接电阻 R_G 参考值

IGBT 额定值	500V	10A	15A	30A	50A	100A	150A	200A	300A	400A	
	1000V		5A	15A	25A	50A	75A	100A	150A	200A	300A
R_G/Ω		250	150	82	50	25	15	12	8.2	5	3.3

第七节　电力电子器件的保护

与其他电子元器件相比，电力电子器件承受过电压、过电流的能力较差，能承受的电压上升率 du/dt、电流上升率 di/dt 也不高。在实际应用时，由于各种原因，总可能会发生过电压、过电流甚至短路等现象，若无保护措施，势必会损坏电力电子器件，或者损坏电路。因此，为了避免器件及线路出现损坏，除元器件的选择必须合理外，还需要采取必要的保护措施。

一、晶闸管的保护

（一）过电流及其保护

当线路发生超载或短路等情况时，晶闸管的工作电流会超过允许值，形成过电流。此时，由于流过管内 PN 结的电流过大，热量来不及散发，会使结温迅速升高，最后烧毁结层，造成晶闸管永久损坏。产生过电流的原因常见有以下几个方面：

（1）电网电压波动过大，使流过晶闸管的电流随电源增加而超过额定值。

（2）内部管子损坏或触发电路故障，造成相邻桥臂上的晶闸管导通，引起两相电源短路。

（3）整流电路直流输出侧短路、逆变电路因换流失败而引起逆变失败，均可引起很大短路电流。

（4）可逆传动环流过大、控制系统故障，可使晶闸管过电流。

过电流保护就是要在出现过电流尚未造成晶闸管损坏之前，快速切断相应电路消除过电流，或对电流加以限制。常用的过电流保护措施如图 4 - 42 所示。这些措施是：

1）快速熔断器保护。快速熔断器简称为快熔。使用快熔是最简单有效的过电流

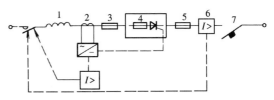

图 4 - 42　晶闸管装置可采用的过电流保护措施
1—进线电抗限流；2—电流检测和过流继电器；
3、4、5—快速熔断器；6—过电流继电器；
7—直流快速开关

保护措施。快熔的熔体是一定形状的银质熔丝，埋于石英砂中。快熔具有快速熔断的特征，且所通过的电流越大，其熔断时间越短。当通以短路电流时，其熔断时间可小于10ms，因此，可在晶闸管损坏之前快速切断短路故障。

快熔一般有图 4 - 43 所示的三种接法。（a）图中快熔串接于桥臂，保护效果最好，但使用的熔断器较多。（b）图接在交流一侧，（c）图接在直流一侧，均比（a）图使用快熔的个数少，但保护效果较差。快熔一旦熔断，则需更换，造价较高，因此，在多种过电流保护措施同时使用的大容量电力变流系统中，快熔一般都作为最后一道保护来使用。

2）电子线路控制保护。利用电子线路组成的保护电路所实施的过电流保护称为电子线路控制保护。这种保护电路一般由检测、比较和执行等环节组成。其执行保护的途径可以是继电控制保护，也可以是脉冲移相保护。图 4 - 44 即为电子线路控制保护的实用电路。

当主电路过流时，电流互感器 TA 检测到过流信号，电流反馈电压 U_{fi} 增大，稳压管 V1 被击穿，使 V2 导通。此后有两个控制途径。一方面，由于 V2 导通使灵敏继电器 KA 得电

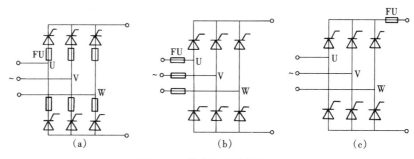

图 4-43 快速熔断器的接法
（a）快熔接法一；（b）快熔接法二；（c）快熔接法三

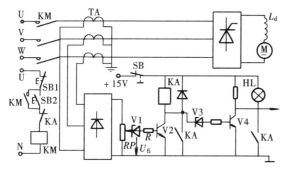

图 4-44 电子线路控制的过流保护电路

并自锁，同时断开主电路接触器 KM，切断交流电源实现过流保护。另一方面，V2 导通导致 V4 截止，V4 集电极输出高电平控制晶闸管触发电路，使触发脉冲迅速往 α 增大方向移动，使主电路输出电压迅速下降，负载电流迅速减小，达到限流保护的目的。当过流故障严重时，上述限流控制可能来不及发挥作用，为了尽快消除故障电流，此时可控制晶闸管触发脉冲快速移至整流状态的

移相范围之外，即进入逆变状态（见第五章），使输出端瞬时出现负电压，迫使故障电流迅速下降至零。此法也称为拉逆变保护。HL 为过流指示灯。调节电位器 RP 可改变被限制电流的大小。SB 为恢复按钮，故障排除后，按下 SB，系统恢复等待状态。

3）直流快速开关保护。这是一种开关动作时间只有 2ms、全部断弧时间只有 25～30ms 的开关器件。它可先于快熔而起保护作用，可用于功率大、短路可能性大的系统。但其价格昂贵，结构复杂，因而使用较少。

4）进线电抗限制保护。在交流侧串接交流进线电抗器，或采用漏感较大的整流变压器来限制短路电流。此法具有限流效果，但大负载时交流压降大，为此，一般以额定电压 3% 的压降来设计进线电抗值。

（二）过电压及其保护

过电压就是超过了晶闸管正常工作时允许承受的最大电压。晶闸管对过电压很敏感。当正向电压超过其正向转折电压 U_{BO} 一定值时，就会使晶闸管硬开通，造成电路工作失常，严重的甚至损坏器件；当外加反向电压超过其反向击穿电压时，晶闸管会受反向击穿而损坏。因此必须研究产生过电压的原因和抑制过电压的办法。

电路产生过电压的外部原因主要是电网剧烈波动、雷击及干扰；内部原因主要是电路状态变化时积聚的电磁能量不能及时消散。其主要表现为两种类型：一是器件开、关引起的冲击过电压；二是雷击或其他外来干扰引起的浪涌过电压。几乎不可能从根本上消除产生过电压的根源，而只能设法将过电压的幅度抑制到安全限度之内，这是过电压保护的基本思想。

1. 晶闸管关断过电压及保护

在晶闸管承受反压而关断的过程中，当正向电流下降到零时，管子内部各结层残存的载流子在反向电压作用下形成瞬间反向电流，这一反向电流消失速度 $\mathrm{d}i/\mathrm{d}t$ 很大，会在电路的等效电感中产生很大的感应电动势，该电动势与外电压串联，反向加在正恢复阻断的晶闸管两端，形成瞬间过电压。如图 4-45 所示，其峰值可达工作电压峰值的 5~6 倍。

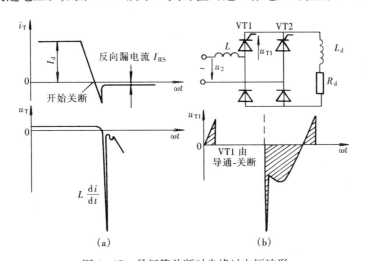

图 4-45　晶闸管关断时尖峰过电压波形
(a) 晶闸管关断时电流、电压波形；(b) 单相半控桥晶闸管关断过电压波形

针对这种尖峰状瞬时过电压，最常用的方法是在晶闸管两端并接电容，利用电容两端电压不能突变的特性来吸收尖峰电压。为了限制晶闸管开通损耗和电流上升率，并防止电路产生振荡，还要在电容上串接电阻 R。由于 C 与 R 起的作用是吸收或消耗过电压的能量，因此这种电路称为阻容吸收电路，如图 4-46 所示。阻容吸收电路要尽量靠近晶闸管，引线要尽量短。

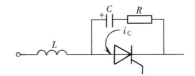

图 4-46　晶闸管阻容吸收电路

阻容吸收电路的组件数值可参照表 4-6 所给经验数据。电容的耐压为管子额定电压的 1.3 倍。电阻功率为

$$P_{\mathrm{R}} = fCU_{\mathrm{m}}^{2} \times 10^{-6} \quad (\mathrm{W})$$

式中：f 为电源频率 (Hz)；C 为与电阻串联的电容值 ($\mu\mathrm{F}$)；U_{m} 为晶闸管工作电压峰值 (V)。

表 4-6　　　　　　　　**晶闸管并联的阻容吸收电路数据**

晶闸管额定电流/A	1000	500	200	100	50	20	10
电容/μF	2	1	0.5	0.25	0.2	0.15	0.1
电阻/Ω	2	5	10	20	40	80	100

2. 交流侧过电压及保护

交流侧过电压是指在接通或断开晶闸管整流电路的交流侧相关电路时所产生的过电压，也称为交流侧操作过电压。这种过电压常发生于下列几种情况：

①高压电源供电的整流变压器，由于一次、二次绕组间存在分布电容，在一次侧合闸

瞬间，一次侧的高压可通过分布电容耦合到二次侧，使二次侧出现过电压。对于低压整流变压器，一次侧合闸时，变压器的漏电感和分布电容可能发生谐振而在二次侧产生过电压；②整流变压器空载或负载阻抗较高时，若断开一次侧开关，由于电流突变一次侧会产生很大的感应电动势，二次侧也会感应出很高的瞬时过电压。若这种断开操作发生在励磁电流峰值时刻，则过电压最高；③与晶闸管设备共享一台供电变压器的其他用电设备分断时，变压器漏感和线路分布电感也将释放储能而形成过电压，与电源电压迭加施加于晶闸管设备上。

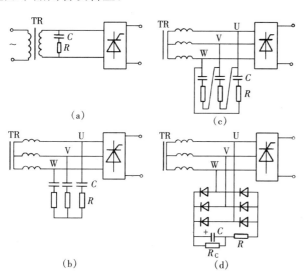

图 4 - 47　交流侧阻容吸收电路

(a) 单相连接；(b) 三相星形连接；(c) 三相三角形连接；

(d) 三相整流连接

交流侧操作过电压都是瞬时的尖峰电压，一般来说，抑制这种过电压最有效的方法是并联阻容吸收电路，接法如图 4 - 47 所示。其中图 (d) 是整流式阻容吸收电路，与其他三相电路相比，这种电路只用了一个电容，而且电容只承受直流电压，故可采用体积小得多的电解电容。在晶闸管导通时，电容的放电电流也不流过晶闸管。

因雷击或从电网侵入高电压干扰引起的过电压称为浪涌过电压，上述阻容吸收电路抑制浪涌过电压的效果较差。因此，一般可采用阀型避雷器或具有稳压特性的非线性电阻器件（如硒堆、压敏电阻）来抑制浪涌过电压。

压敏电阻是由氧化锌、氧化铋等烧结而成的金属氧化物非线性电阻，具有正反向都很陡的稳压特性，其伏安特性如图 4 - 48 所示。正常电压作用下压敏电阻没有击穿，漏电流极小（微安级），故损耗很小；遇到过电压时，可泄放数千安培的放电电流因而抑制过电压能力强。此外，压敏电阻反应快、体积小、价格便宜，正在受到广泛的应用。但压敏电阻本身热容量小，一旦工作电压超过其额定电压很快就会烧毁，而且每次通过大电流之后，其标称电压都有所下降，因此不宜用于频繁出现过电压的场合。图 4 - 49 为压敏电阻的几种接法。压敏电阻还可并联于整流输出端作为直流侧过电压保护。

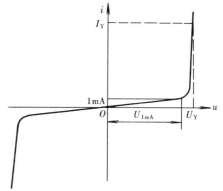

图 4 - 48　压敏电阻伏安特性

3. 直流侧过电压及保护

整流电路直流侧发生切除负载、快熔熔断、正在导通的晶闸管烧坏或开路等情况时，若直流侧为大电感负载，或者切断时的电流值大，就会在直流侧产生较大的过电压。抑制的办法是在整流输出端并联压敏电阻。

（三）正向电压上升率和电流上升率的抑制

1. 正向电压上升率 du/dt 的抑制

晶闸管内含有三个 PN 结。在正向阻断状态下，其阳极与阴极之间相当于一个电容，若突然加上正向阳极电压，便会有充电电流流过结面。此电流流过门极与阴极的 PN 结时，相当于门极有触发电流。如果正向电压上升率 du/dt 较大，充电电流也较大，会使晶闸管误导通。因此，对晶闸管的正向电压上升率应当加以限制。

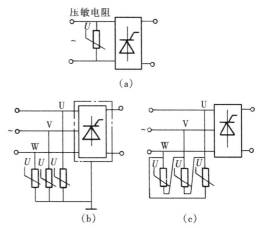

图 4 - 49　压敏电阻的几种接法
(a) 压敏电阻接法一；(b) 压敏电阻接法二；
(c) 压敏电阻接法三

在有整流变压器的设备中，利用变压器漏感及晶闸管两端的阻容吸收电路，可以限制晶闸管的电压上升率。在没有整流变压器的设备中，可在电源输入端串联进线电感并加阻容吸收电路，也可在每个整流桥臂上串接 $20\sim30\mu H$ 的空心电感，或在桥臂上套上 $1\sim2$ 个铁淦氧磁环。

2. 正向电流上升率 di/dt 的抑制

晶闸管开始导通时，主电流集中在门极附近，随着时间增加，导通区逐渐扩大，直至全部 PN 结面导通。若阳极电流上升太快，电流来不及扩展到全部结面，则可能引起门极附近电流密度过大而过热，使晶闸管损坏。因此，必须抑制 di/dt。

串接进线电感或桥臂电感，或采用图 4 - 47 (d) 所示整流式阻容电路，使电容放电电流不经过晶闸管，都可抑制 di/dt。应当说明，在桥臂上串接电感，对功率较大或频率较高的逆变电路，可能使换流时间增长而影响电路正常工作。为此，有的桥臂电感采用几只铁淦氧磁环，套在桥臂导线上。在管子刚刚导通时电流小，磁环不饱和，桥臂电感量大，恰能抑制 di/dt 值；到电流变大时，磁环饱和，桥臂电感量减小，阳极电流快速上升（此时电流已在晶闸管 PN 结面上扩散，已允许电流上升率为较大值），以不使换流时间延长。

二、晶闸管的串联与并联

在高电压和大电流的场合，单个晶闸管的耐压或电流容量达不到要求时，就要考虑把晶闸管串联或并联起来使用。下面介绍晶闸管串、并联使用的基本方法及注意事项，其他电力电子器件及模块的串、并联使用也可参照。

（一）晶闸管的串联

当晶闸管的额定电压小于实际要求时，可将同型号晶闸管串联使用。串联使用的晶闸管流过的反向漏电流相同，但由于器件特性不可避免的存在分散性，因此各个管子上分配的反向电压却可能不一样。如图 4 - 50 (a) 所示，曲线 1、2 分别为晶闸管 VT1、VT2 的阳极反向伏安特性曲线，对应于相同的反向漏电流 I_R，两者管压降并不一样，$U_{VT1}<U_{VT2}$，分压不均现象十分明显。若外施电压较高，则 VT2 可因反向过电压而被击穿损坏，随后，外施电压全部加到 VT1 上，VT1 随之也被击穿损坏。同理，当施加较高正向电压时，其中分压较高的管子先转折，而后另一管子也转折，两个器件都失去控制作用。可见，晶闸管在串联使

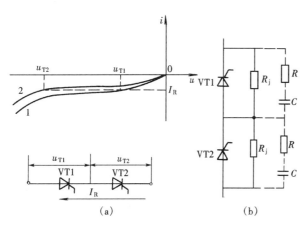

图 4-50 晶闸管串联反向电压分配与均压措施
(a) 晶闸管的伏安特性曲线；(b) 均压措施

用时，必须采取均压措施。

在串联组件上并接阻值相等的电阻 R_j（R_j 称为均压电阻）是克服电压不均的常用办法，如图 4-50 (b) 所示。由于 R_j 阻值远远小于管子的漏电阻，所以并联 R_j 后管子两端的电阻值基本相等，所承受电压也基本相等。这种均压称为静态均压。均压电阻可按下式选取

$$R_j \leqslant (0.1 \sim 0.25) U_{Tn} / I_{DRM}$$

式中 U_{Tn}——晶闸管额定电压；

         I_{DRM}——晶闸管断态重复峰值电流。

均压电阻功率可按下式计算

$$P_{R_j} \geqslant K_{R_j} \left(\frac{U_m}{n} \right)^2 \frac{1}{R_j}$$

式中 U_m——器件承受的正反向峰值电压；

      n——串联器件数；

      K_{R_j}——计算系数，单相电路取 0.25，三相电路取 0.45，直流电路取 1。

均压电阻只能使变化缓慢的电压或直流电压均匀分配，解决的是静态不均压问题，而在器件开通与关断过程中出现的瞬时电压不均匀则属于动态不均压，他是由各器件的结电容、触发特性、导通与关断时间等因素决定的。开通时，开通较慢的器件将瞬时受到高电压；关断时，关断较快的器件在关断瞬时将承受全部的换流反电压，因而这些器件容易损坏。解决串联晶闸管在开通与关断过程中出现的电压不均匀问题，称为动态均压。图 4-50 中虚线所示在晶闸管两端并联的阻容吸收回路，既可起到过电压保护作用，又可实现动态均压，是一种经常采用的措施。

（二）晶闸管的并联

在大功率系统中，有时用多个同型号的晶闸管并联，以承担较大的工作电流。晶闸管并联时，各管压降相同，但由于正向特性不完全一致，各管负担的电流可能相差很大，如图 4-51 (a)所示。可见，晶闸管并联使用时，必须采取均流措施。

常用的均流措施有电阻均流和电感均流两种，分别如图 4-51 (b) 和 (c) 所示。图 (b) 中，均流电阻 R_j 的值是以器件最大工作电流时，电阻压降为器件正向压降的 1~2 倍为原则来选取的。如 50A 的器件，均流电阻为 0.02~0.04Ω。由于这种方法电阻功耗较大，故只适用于小电流晶闸管。

图 (c) 所示为电感均流，用一个铁芯带有两个相同线圈，同名端相反接在并联电路中。均流原理是利用电抗器上感应电动势的作用，使两管中电流分配达到基本一致。

当两管中电流相等时，电感铁芯内两线圈的励磁安匝互相抵消，电抗不起作用。若两管中电流不相等，比如 $I_1 > I_2$，则在电感上产生如图所示的感应电动势，这个电动势促使 I_1 减小、I_2 增加，从而达到均流的目的。电感均流损耗小，在大功率晶闸管装置中比较适用。

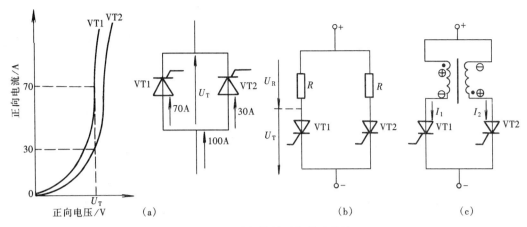

图 4-51　晶闸管并联与均流措施

(a) 晶闸管并联；(b) 电阻均流；(c) 电感均流

三、全控型电力电子器件的缓冲与保护

(一) 缓冲电路

全控型电力电子器件在电路中大多工作在开关状态。在开关过程中，电路中各种储能组件能量的释放可能会使器件受到很大冲击而损坏，电流在芯片中分布不均匀会导致器件局部过热。另外，由于开关频率较高，开关损耗也是一个不可忽视的问题。

设置缓冲电路就可以避免器件流过大电流和器件两端出现过高电压，或者将电流电压的峰值错开而不同时出现，可以抑制 du/dt、di/dt，减少开关损耗，提高电路的可靠性。可见，缓冲电路也是一种重要的保护电路。

缓冲电路通常由电阻、电容、电感及二极管组成。下面讨论几种典型的缓冲电路。讨论中以 GTR 为例，但同样适用于其他电力电子器件。

1. 开通缓冲电路

开通缓冲电路如图 4-52 所示。将电感 L_S 串联在 GTR 集电极电路中，二极管 VD_S 与 L_S 并联，利用电感电流不能突变的原理来抑制 GTR 的电流上升率。在 GTR 开通过程中，在集电极电压下降其间，电感 L_S 限制了集电极电流的上升率 di/dt；在 GTR 关断时，电感 L_S 中的储能通过二极管 VD_S 的续流作用消耗在 VD_S 和电感本身的电阻上。二极管 VD_F 为负载 Z_L 提供续流通路。

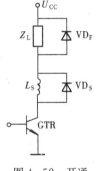

图 4-52　开通缓冲电路

2. 关断缓冲电路

关断缓冲电路如图 4-53 所示，它是将电容并联于器件两端，利用电容两端电压不能突变的原理来减小器件的 du/dt，抑制尖峰电压。该图所示为充放电式 RCD 缓冲电路。器件关断时，电源经负载 Z_L、二极管 VD_S 向电容 C_S 充电，电容端电压缓慢上升；器件开通时，电容 C_S 通过电阻 R_S 放电，R_S 可限制器件中的尖峰电流。

3. 复合缓冲电路

将开通缓冲电路与关断缓冲电路结合在一起，称为复合缓冲电路，在实际中应用较多。图 4-54 为两种复合缓冲电路实例。

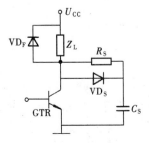

图 4-53　关断缓冲电路

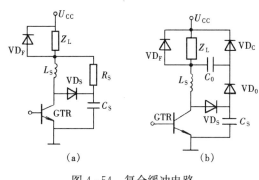

图 4 - 54　复合缓冲电路
(a) 耗能式；(b) 馈能式

图 4 - 54 (a) 中，当 GTR 关断时，负载电流经 L_S、VD_S 向电容 C_S 充电，GTR 两端电压平缓上升；当 GTR 开通时，L_S 限制电流变化率，同时，C_S 上储存的能量经 R_S、L_S、GTR 放电，能量消耗在 R_S 上，减少了 GTR 承受的电流上升率 $\mathrm{d}i/\mathrm{d}t$。这种电路把缓冲电路的能量消耗在电阻上，称为耗能式复合缓冲电路。

图 4 - 54 (b) 所示电路是将缓冲电路的能量以适当的方式回馈给负载，故称为馈能式复合缓冲电路。当 GTR 开通时，L_S 限制电流变化率，并在 L_S 中储存部分能量，同时电容 C_S 经 VD_O、C_O、L_S 和 GTR 回路放电，将 C_S 上储存的能量转移至 C_O 上。GTR 关断时，C_S 被充电至电源电压，同时，电容 C_O 和电感 L_S 并联运行向负载放电，将本身储存的能量馈送给负载。

IGBT 在电力变换电路中始终工作于开关状态，其工作频率高达 20～50kHz，很小的电路电感就可能引起很大的感应电动势，从而危及 IGBT 的安全，因此，IGBT 的缓冲电路功能更侧重于开关过程中过电压的吸收与抑制。图 4 - 55 给出了几种用于 IGBT 桥臂的典型缓冲电路。其中 (a) 图是最简单的单电容电路，适用于 50A 以下的小容量 IGBT 模块，由于电路无阻尼组件，易产生 LC 振

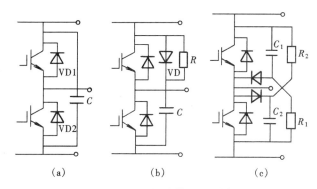

图 4 - 55　IGBT 桥臂模块的缓冲电路
(a) 小容量；(b) 中容量；(c) 大容量

荡，故应选择无感电容或串入阻尼电阻 R_S；(b) 图是将 RCD 缓冲电路用于双桥臂的 IGBT 模块上，适用于 200A 以下的中等容量 IGBT；在 (c) 图中，将两个 RCD 缓冲电路分别用在两个桥臂上，该电路将电容上过冲的能量部分送回电源，因此损耗较小，广泛应用于 200A 以上的大容量 IGBT。

(二) 保护电路

如前所述，缓冲电路本身就是重要的保护电路。除此之外，在介绍各种驱动电路、驱动模块时，也都介绍了其中所包含的保护电路，这里不再重叙。这里仅对前面未提到的其他一些保护电路和措施作一介绍。

1. 功率 MOSFET 的保护

(1) 静电保护。

功率 MOSFET 和 IGBT 属于栅极控制型器件，输入阻抗极高，且其栅极绝缘层很薄，在静电较强的场合，极易引起静电击穿，造成栅源短路；另外，其栅极和源极都是由金属化薄膜铝条引出的，很容易被静电击穿电流熔断，造成栅极或源极断路。为此，必须采取以下措施防止静电击穿：

1）应该用抗静电包装袋、导电材料包装袋或金属容器存放功率 MOSFET 器件，不能用普通塑料袋存放。

2）取用功率 MOSFET 器件时，工作人员必须使用接地良好的抗静电腕带，并且应拿器件的管壳，不要拿器件的引线。

3）安装时，工作台、电烙铁应良好接地。

4）测试时，工作台与测试仪器都必须良好接地。必须将功率 MOSFET 的三个电极全部接入测试仪器后，才可加电。改换测试时，电压和电流要先恢复到零。

（2）工作保护。

栅源过电压保护　漏极电压的突变会通过极间电容耦合到栅极，若栅源间阻抗过高，则会产生过高的栅源尖峰电压，将栅源氧化层击穿，造成器件损坏。当耦合到栅极的电压为正时，还可能引起器件误导通。防止栅源过电压的方法有：适当降低栅极驱动电路的阻抗，在栅源间并接阻尼电阻，或并接约 20V 的齐纳二极管（栅极不得开路）。

漏源过电压保护　若功率 MOSFET 器件带有感性负载，当器件关断时，漏极电流的突变会产生很高的漏极尖峰电压使器件击穿。为此要在感性负载两端并接箝位二极管。另外，为防止因电路存在杂散电感 L_S 而产生的瞬时过电压，还应在漏源两端采用 RCD 或 RC 缓冲电路，如图 4-56 所示。

漏极过电流保护　因器件误开通或负载变化等原因引起漏极电流超过漏极峰值电流时，应使器件迅速关断。可采用电流互感器或其他检测控制电路切断器件回路。

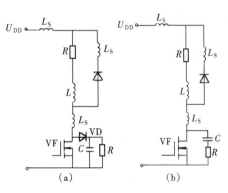

图 4-56　漏源过电压的保护
（a）RCD 缓冲电路；（b）RC 缓冲电路

2. IGBT 的保护

IGBT 的过电压保护措施已在前面的缓冲电路部分作了介绍，这里只讨论 IGBT 的过电流保护措施。过电流保护措施主要是检测出电流信号后迅速切断栅极控制信号来关断 IGBT。实际使用中，当出现负载电路接地、输出短路、桥臂某组件损坏、驱动电路故障等情况时，都可能使一桥臂的两个 IGBT 同时导通，使主电路短路，集电极电流过大，器件功耗增大。为此，就要求在检测到过电流后，通过控制电路产生负的栅极驱动信号来关断 IGBT。尽管检测和切断过电流需要一定的时间延迟，但只要 IGBT 的额定参数选择合理，$10\mu s$ 内的过电流一般不会使之损坏。

图 4-57 为采用集电极电压识别方法的过流保护电路。IGBT 的集电极通态饱和压降 U_{CES} 与集电极电流 I_C 呈近似线性关系，I_C 越大，U_{CES} 越高，因此，可通过检测 U_{CES} 的大小来判断 I_C 的大小。图中，脉冲变压器的①、②端输入开通驱动脉冲，③、④端输入关断信号脉冲。IGBT 正常导通时，U_{CE} 低，C 点电位低，VD 导通并将 M 点电位箝位于低电平，晶体管 V2 处于截止状态。若 I_C 出现过电流，则 U_{CE} 升高，C 点电位升高，VD 反向关断，M 点电位便随电容 C_M 充电电压上升，很快达到稳压管 V1 阈值使 V1 导通，进而使 V2 导通，封锁栅极驱动信号，同时光耦合器 B 也发出过流信号。

为了避免 IGBT 过电流的时间超过允许的短路过电流时间，保护电路应当采用快速光耦

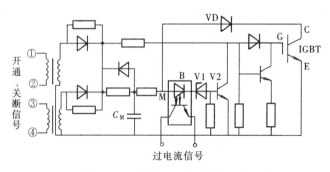

图 4-57　识别集电极电压的过电流保护电路

合器等快速传送组件及电路。不过，切断很大的 IGBT 集电极过电流时，速度不能过快，否则会由于 di/dt 值过大，在主电路分布电感中产生过高的感应电动势，损坏 IGBT。为此，应当在允许的短路时间之内，采取低速切断措施将 IGBT 集电极电流切断。

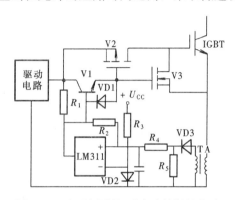

图 4-58　识别发射极过电流的保护电路

图 4-58 为检测发射极电流过流的保护电路。在 IGBT 的发射极电流未超过限流阈值时，比较器 LM311 的同相端电位低于反相端电位，其输出为低电平，V1 截止，VD1 导通，将 V3 管关断。此时，IGBT 的导通与关断仅受驱动信号控制：当驱动信号为高电平时，V2 导通，驱动信号使 IGBT 导通；当驱动信号变为低电平时，V2 管的寄生二极管导通，驱动信号将 IGBT 关断。

在 IGBT 的发射极电流超过限流阈值时，电流互感器 TA 二次侧在电阻 R_5 上产生的电压降经 R_4 送到比较器 LM311 的同相端，使该端电位高于反相端，比较器输出翻转为高电平。VD1 截止，V1 导通。一方面，导通的 V1 迅速泄放掉 V2 管上的栅极电荷，使 V2 迅速关断，驱动信号不能传送到 IGBT 的栅极；另一方面，导通的 V1 还驱动 V3 迅速导通，将 IGBT 的栅极电荷迅速泄放，使 IGBT 关断。为了确保关断的 IGBT 在本次开关周期内不再导通，比较器加有正反馈电阻 R_2，这样，在 IGBT 的过电流被关断后比较器仍保持输出高电平。然后，当驱动信号由高变低时，比较器输出端随之变低，同相端电位亦随之下降并低于反相端电位。此时整个过电流保护电路已重新复位，IGBT 又仅受驱动信号控制：驱动信号再次变高（或变低）时，仍可驱动 IGBT 导通（或关断）。如果 IGBT 射极电流未超限值，过流保护电路不动作；如果超了限值，过流保护电路再次关断 IGBT。可见，过流保护电路实施的是逐个脉冲电流限制。实施了逐个脉冲电流限制，可将电流限值设置在最大工作电流以上（比如，设为最大工作电流的 1.2 倍），这样，既可保证在任何负载状态甚至是短路状态下都将电流限制在允许值之内，又不会影响电路的正常工作。电流限值可通过调整电阻 R_5 来设置。

小　　结

晶闸管触发电路是向晶闸管门阴极间提供触发电压和电流，控制晶闸管导通的电路。按组成组件分类，触发电路可分为：简单触发电路、单结晶体管触发电路、晶体管触发电路、集成电路触发电路和计算机数字触发电路等。简单触发电路常用于控制精度要求不高的小功率系统。单结管触发电路结构简单、抗干扰、易调试、输出脉冲前沿陡，常用于中小容量晶闸管的触发控制。而晶体管触发电路与集成触发器则常用于大容量晶闸管的触发控制。计算机数字触发电路控制灵活、准确可靠，特别是由价格低、功能强的单片机组成的数字触发系统越来越得到广泛的应用。应在明确了对触发电路要求的基础上，重点熟悉单结管触发电路，同步电压为锯齿波的触发电路的组成与工作原理，熟悉由 KC04 与 KC41C 组成的三相桥式相控整流电路的触发电路，掌握触发电路与主电路电压实现同步的方法。

各种自关断器件因导通和关断机理不同，其驱动电路也有很大差别。GTR、GTO 为电流型控制器件，功率 MOSFET、IGBT 为电压型控制器件。对 GTR 应尽量采用相应的驱动模块，同时采取必要的保护措施；GTO 门极控制的关键是关断控制，要求关断控制电流波形前沿较陡、宽度足够、幅度较高、后沿平缓。功率 MOSFET 的驱动功率小，但存在对极间电容充放电问题，它直接影响着工作速度，并需要提供一定的驱动电流。IGBT 的驱动常采用专用功率模块，使用时应注意栅极串联电阻的选用，并注意对 IGBT 的保护。

习 题 及 思 考 题

4-1　晶闸管电路对触发电路的要求有哪些？

4-2　单结晶体管触发电路中，如在削波稳压管两端并接一只大电容，可控整流电路是否还能正常工作？为什么？

4-3　用分压比为 0.6 的单结晶体管组成的振荡电路中，若 $U_{bb}=20V$，问峰值电压 U_p 为多少？若管子的 b_1 或 b_2 脚虚焊，则充电电容两端的电压约为多少？

4-4　在单结晶体管振荡电路中，为减小温度对 U_p 的影响而引入 R_2，试说明其工作原理。

4-5　图 4-59 为单结晶体管分压比测量电路。测量时，先将按钮 SB 闭合，调节 50kΩ 电位器，使微安表读数为 $I_1=100\mu A$，然后断开 SB，再读微安表数值为 $I_2\mu A$，I_2 除以 100 即为管子的分压比。试说明原理。

4-6　图 4-60 为电动机正反转定时控制电路，用于要求均匀搅拌等正反转控制的机械装置上。调节电位器 RP_1（220kΩ）能改变正转工作时间；调节电位器 RP_2（220kΩ）能改变反转工作时间。试说明其工作原理。

4-7　触发电路中设置的控制电压 U_c 与偏移电压 U_b 各起什么作用？在使用中如何调整？

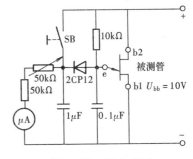

图 4-59　题 4-5 图

4-8　同步电压为锯齿波的触发电路有什么优、缺点？这种电路由哪些基本环节组成？锯齿波的底宽由什么组件参数决定？输出脉宽如何调整？

4-9　三相桥式全控整流电路中，直流电动机负载，不要求可逆运行，整流变压器 TR 的接法为 Dy5，触发电路采用图 4-10 所示 NPN 管锯齿波同步移相触发电路，考虑锯齿波起始段的非线性，预留 60°角的裕量，求：

①同步电压与对应主电压的相位关系；

②用矢量图确定同步变压器 Ts 的接法与钟点数。

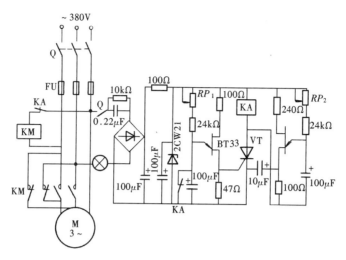

图 4-60　题 4-6 图

4-10　说明 8031 单片机数字触发电路的工作原理。如何取得同步信号？如何得到不同的控制角和不同的脉冲宽度？

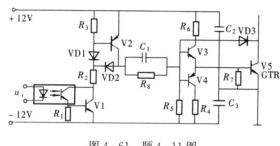

图 4-61　题 4-11 图

4-11　图 4-61 为一种采用正负双电源供电的实用的 GTR 驱动电路。当 u_i 为高电平时 GTR 导通；u_i 为低电平时 GTR 截止。试分析该电路的工作原理，并说明 VD3、V4 在电路中所起的主要作用是什么？

4-12　画出 GTO 门极控制信号的推荐波形，采用这样的波形对 GTO 的开通与关断控制有什么好处？

4-13　GTO 门极控制电路的基本结构如何？关断控制受到哪些电路参数的影响？

4-14　功率 MOSFET 对栅极驱动电路有哪些要求？功率 MOSFET 的栅极驱动电路有哪些主要形式？各画出一个电路加以说明。

4-15　为什么以及如何对功率 MOSFET 组件进行静电保护？功率 MOSFET 组件运行时应采取什么保护措施？

4-16　试说明图 4-33GTO 门极驱动电路的工作原理。

4-17　对 IGBT 的栅极驱动电路有哪些要求？使用 IGBT 专用驱动电路应注意哪些事项？

4-18　GTR 缓冲电路的作用是什么？有哪些缓冲电路形式？

4-19　GTR、IGBT 及功率 MOSFET 在结构上有何不同？他们的驱动电路各有什么特点？是否可以互换？

第五章　有源逆变电路

前面第二、三两章中讨论的是整流电路，是把交流电变换为直流电的电路。在实际应用中，还有与整流逆向的过程，既把直流电变换为交流电的过程，这种过程称为逆变。把直流电逆变成交流电的电路称为逆变电路。逆变又分为有源逆变与无源逆变。有源逆变是将直流电变成和电网同频率的交流电反送到交流电网中的过程，无源逆变则是将直流电变成某一频率或可调频率的交流电直接供给负载使用的过程。无源逆变的内容留到第七章再作介绍，本章只讨论有源逆变。有源逆变主要用在直流电机可逆拖动、交流绕线转子异步电动机串级调速以及高压直流输电等方面。

第一节　有源逆变的工作原理

一、两电源间功率的传递

整流与有源逆变的根本区别就表现在两者能量传送方向的不同。一个相控整流电路，只要满足一定条件，也可工作于有源逆变状态。这种装置称为变流装置或变流器。为了弄清有源逆变的工作原理，首先分析一下两个直流电源间的功率传递问题。

如图 5-1 所示，两个直流电源 E_1 和 E_2 的连接可有三种形式。

图 5-1（a）为两电源同级性连接，称为电源逆串。当 $E_1 > E_2$ 时，电流 I 从 E_1 正极流出，流入 E_2 正极，为顺时针方向，其大小为

$$I = \frac{E_1 - E_2}{R}$$

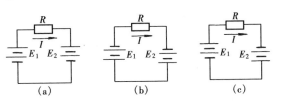

图 5-1　两个直流电源间的功率传递
(a) 电源逆串；(b) 电源逆串，极性与
图 (a) 相反；(c) 电源顺串

在这种连接情况下，电源 E_1 输出功率 $P_1 = E_1 I$，电源 E_2 则吸收功率 $P_2 = E_2 I$，电阻 R 上消耗功率为 $P_R = P_1 - P_2 = I^2 R$，P_R 为两电源功率之差。

图 5-1（b）亦为两电源同极性连接，但两电源的极性均与（a）图相反。当 $E_2 > E_1$ 时，电流仍为顺时针方向，但是从 E_2 正极流出，流入 E_1 正极，其大小为

$$I = \frac{E_2 - E_1}{R}$$

在这种连接情况下，电源 E_2 输出功率，而 E_1 吸收功率，电阻 R 仍然消耗两电源功率之差，即 $P_R = P_2 - P_1$。

图 5-1（c）为两电源反极性连接，称为电源顺串。此时电流仍为顺时针方向，大小为

$$I = \frac{E_1 + E_2}{R}$$

此时电源 E_1 与 E_2 均输出功率，电阻上消耗的功率为两电源功率之和：$P_R = P_1 + P_2$。若回路电阻 R 很小，则 I 很大，这种情况与两个电源间短路相当。

通过上述分析，可有下述结论：

（1）无论电源是逆串还是顺串，只要电流从电源正极端流出，则该电源就输出功率；反之，若电流从电源正极端流入，则该电源就吸收功率。

（2）两个电源逆串连接时，回路电流从电动势高的电源正极流向电动势低的电源正极。如果回路电阻很小，即使两电源电动势之差不大，也可产生足够大的回路电流，使两电源间交换很大的功率。

（3）两个电源顺串连接时，相当于两电源电动势相加后再通过 R 短路，若回路电阻 R 很小，则回路电流会非常大，这种情况在实际应用中应当避免。

二、有源逆变的工作原理

在上述两电源电路中，若用晶闸管变流装置的输出电压代替 E_1，用直流电机的反电动势代替 E_2，就成了晶闸管变流装置与直流电机负载之间交换能量的问题，如图 5-2 所示。

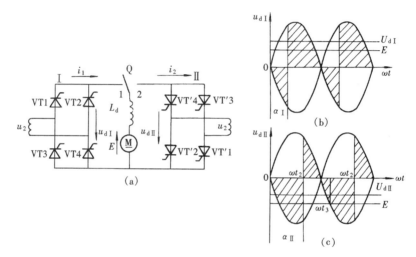

图 5-2　单相桥式变流电路整流与逆变原理
(a) 电路图；(b) 整流状态下的波形图；(c) 逆变状态下的波形图

图 5-2 (a) 中有两组单相桥式变流装置，均可通过开关 Q 与直流电动机负载相连。将开关 Q 拨向位置 1，且让 I 组晶闸管的控制角 $\alpha_I<90°$，则电路工作在整流状态，输出电压 U_d 上正下负，波形如图 5-2 (b) 所示。此时，电动机作电动运行，电动机的反电动势 E 上正下负，并且通过调整 α 角使 $|U_{dI}|>|E|$，则交流电压通过 I 组晶闸管输出功率，电动机吸收功率。负载中电流 I_d 值为

$$I_d = \frac{U_{dI}-E}{R} \tag{5-1}$$

式中：R 为回路总电阻。这种情况与图 5-1 (a) 所示相同。

将开关 Q 快速拨向位置 2。由于机械惯性，电动机转速不变，则电动机的反电动势 E 不变，且极性仍为上正下负。此时，若仍按控制角 $\alpha_{II}<90°$ 触发 II 组晶闸管，则输出电压 U_{dII} 为下正上负，与 E 形成两电源顺串连接。这种情况与图 5-1 (c) 所示相同，相当于短路事故，因此不允许出现。

若当开关 Q 拨向位置 2 时，又同时将触发脉冲控制角调整到 $\alpha_{II}>90°$，则 II 组晶闸管输出电压 U_{dII} 将为上正下负，波形如图 5-2 (c) 所示。设由于惯性的原因，电动机转速不

变，反电动势 E 不变，并且调整 α 使 $|U_{d\mathbb{I}}| < |E|$，则晶闸管在 E 与 u_2 的作用下导通，负载中电流为

$$I_d = \frac{E - U_{d\mathbb{I}}}{R} \tag{5-2}$$

这种情况下，电动机输出功率，运行于发电制动状态，$\mathbb{I}$组晶闸管吸收功率并将功率送回交流电网。这种情况就是有源逆变，它与图 5-1（b）所示情况相同。

由以上分析及图 5-2（c）所示晶闸管变流装置在逆变状态下的输出电压波形可以看出，逆变时的输出电压控制原理与整流时相同，计算公式仍为 $U_d = 0.9U_2\cos\alpha$，只不过其中控制角 α 的取值应满足 $\alpha > 90°$。为了计算方便，令 $\beta = 180° - \alpha$，称 β 为逆变角，则

$$U_d = 0.9U_2\cos\alpha = 0.9U_2\cos(180° - \beta) = -0.9U_2\cos\beta \tag{5-3}$$

在图 5-2（a）所示电路中，若设电动机在外力作用下以一定速度逆向旋转、产生上负下正的反电动势 E，此时将开关 Q 与 1 接通，并调整控制角 α 使其在 $\alpha > 90°$ 即 $\beta < 90°$ 范围内，则 $\mathbb{I}$组晶闸管也工作在逆变状态。此时电动机运行于发电制动状态，输出功率，而 $\mathbb{I}$组晶闸管吸收功率回送交流电网。同样的分析可知，$\mathbb{I}$组晶闸管也可工作于整流状态。可见，同一套变流装置，当 $\alpha < 90°$ 时工作在整流状态，当 $\alpha > 90°$ 时工作在逆变状态。整流状态运行时，晶闸管在交流电源正半周期间导通的时间较在负半周期间导通的时间长，即输出电压 u_d 波形正面积大于负面积，电压平均值 $U_d > 0$，直流平均功率的传递方向是由交流电源经变流器传送到直流负载（电动机）；逆变状态运行时，晶闸管在交流电源负半周期间导通的时间较正半周期间的长，u_d 正面积小于负面积，$U_d < 0$，直流平均功率由发电机传送到交流电网。当 $\alpha = 90°$ 时，输出电压正负面积相等，$U_d = 0$，电流 I_d 也为零，交直流两侧间无直流能量交换。

这里需要再说明一下，与整流时的情况不同，逆变时在变流器的直流侧存在与 I_d 同方向的电动势 E，在控制角 α 大于 90°时，尽管晶闸管的阳极电位处于交流电压大部分为负半周的时刻，但由于有 E 的作用，只要 E 在数值上大于 U_d，晶闸管便仍能承受正压而导通。

综上所述，可归纳出如下 2 条实现有源逆变的条件：

1）变流装置的直流侧必须外接电压极性与晶闸管导通方向一致的直流电源，且其值应稍大于变流装置直流侧的平均电压。

2）变流装置必须工作在 $\beta < 90°$（即 $\alpha > 90°$）区间，使其输出直流电压极性与整流状态时相反，才能将直流功率逆变为交流功率送至交流电网。

上述两条必须同时具备才能实现有源逆变。为了保持逆变电流连续，逆变电路中都要串接大电感。

应当指出，半控桥或有续流二极管的电路，因它们不可能输出负电压，也不允许直流侧接上与直流输出反极性的直流电动势，所以这些电路不能实现有源逆变。

第二节 三相有源逆变电路

常用的有源逆变电路，除单相全控桥电路外，还有三相半波和三相全控桥电路等。三相有源逆变电路中，变流装置的输出电压与控制角 α 之间的关系仍与整流状态时相同，即

$$U_d = U_{d0}\cos\alpha$$

只不过逆变时 $90°<\alpha<180°$，使 $U_d<0$。

一、三相半波有源逆变电路

图 5-3（a）所示为三相半波有源逆变电路。电路中电动机产生的电动势 E 为上负下正，令控制角 $\alpha>90°$ 即 $\beta<90°$，以使 U_d 为上负下正，且满足 $|E|>|U_d|$，则电路符合有源逆变的条件，可实现有源逆变。逆变器输出直流电压 U_d（U_d 的方向仍按整流状态时的规定，从上至下为 U_d 的正方向）的计算式为

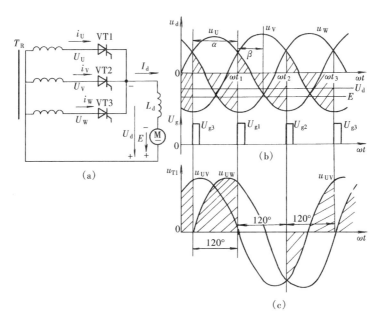

图 5-3 三相半波有源逆变电路

（a）电路；（b）输出电压波形；（c）晶闸管端电压波形

$$U_d = U_{d0}\cos\alpha = -U_{d0}\cos\beta = -1.17U_2\cos\beta \quad (\alpha>90°) \quad (5-4)$$

式中：U_d 为负值，意味着 U_d 的极性与整流状态时相反。输出直流电流平均值为

$$I_d = \frac{E-U_d}{R_\Sigma} \quad (5-5)$$

式中：R_Σ 为回路的总电阻。电流从 E 的正极流出，流入 U_d 的正端，即 E 输出电能，经过晶闸管装置将电能送给电网。

下面以 $\beta=60°$ 为例对其工作过程作一分析。在 $\beta=60°$ 时，即 ωt_1 时刻触发脉冲 U_{g1} 触发晶闸管 VT1 导通。即使 u_U 相电压为零或为负值，但由于有电动势 E 的作用，VT1 仍可能承受正压而导通。由电动势 E 提供能量，有电流 I_d 流过晶闸管 VT1，输出电压波形 $u_d=u_U$。然后，与整流时一样，按电源相序每隔 $120°$ 依次轮流触发相应的晶闸管使之导通，同时关断前面导通的晶闸管，实现依次换相，每个晶闸管导通 $120°$。输出电压 U_d 的波形如图 5-3（b）中阴影部分所示，其直流平均电压 U_d 为负值，数值小于电动势 E。

图 5-3（c）画出了晶闸管 VT1 两端电压 u_{T1} 的波形，其画法与整流时的画法相同。在一个电源周期内，VT1 导通 $120°$ 角，导通期间其端电压为零，随后的 $120°$ 内是 VT2 导通，VT1 关断，VT1 承受线电压 u_{UV}，再后的 $120°$ 内是 VT3 导通，VT1 承受线电压 u_{UW}。由端电压波形可见，逆变时晶闸管两端电压波形的正面积总是大于负面积，而整流时则相

反，正面积总是小于负面积。只有 $\alpha = \beta$ 时，正负面积才相等。

下面以 VT1 换相到 VT2 为例，简单说明一下图 5-3 中晶闸管换相的过程。在 VT1 导通时，到 ωt_2 时刻触发 VT2，则 VT2 导通，与此同时使 VT1 承受 U、V 两相间的线电压 u_{UV}。由于 $u_{UV} < 0$，故 VT1 承受反向电压而被迫关断，完成了 VT1 向 VT2 的换相过程。其他管的换相可由此类推。可见，逆变电路与整流电路的换相是一样的，晶闸管也是靠阳极承受反压或电压过零来实现关断的。

二、三相全控桥有源逆变电路

图 5-4（a）所示为三相全控桥带电动机负载的电路，当 $\alpha < 90°$ 时，其工作在整流状态，当 $\alpha > 90°$ 时，其工作在逆变状态。两种状态除 α 角的范围不同外，晶闸管的控制过程是一样的，即都要求每隔 60° 依次轮流触发晶闸管使其导通 120°，触发脉冲都必须是宽脉冲或双窄脉冲。逆变时输出直流电压的计算式为

$$U_d = U_{20}\cos\alpha = 2.34U_2\cos\alpha = -2.34U_2\cos\beta \quad (\alpha > 90°) \tag{5-6}$$

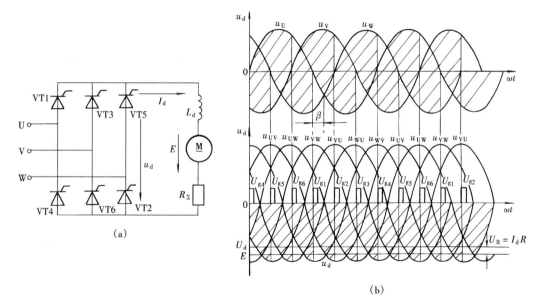

图 5-4 三相全控桥式逆变电路
(a) 电路；(b) 输出电压波形

图 5-4（b）为 $\beta = 30°$（$\alpha = 150°$）时三相全控桥直流输出电压 U_d 的波形。共阴极组晶闸管 VT1、VT3、VT5 分别在脉冲 U_{g1}、U_{g3}、U_{g5} 触发时换流，由阳极电位低的管子导通换到阳极电位高的管子导通，因此相电压波形在触发时上跳；共阳极组晶闸管 VT2、VT4、VT6 分别在脉冲 U_{g2}、U_{g4}、U_{g6} 触发时换流，由阴极电位高的管子导通换到阴极电位低的管子导通，因此在触发时相电压波形下跳。晶闸管两端电压波形与三相半波有源逆变电路相同，请读者自行画出。

下面再分析一下晶闸管的换流过程。设触发方式为双窄脉冲方式。在 VT5、VT6 导通期间，发 U_{g1}、U_{g6} 脉冲，则 VT6 继续导通，而 VT1 在被触发之前，由于 VT5 处于导通状态，已使其承受正向电压 u_{UW}，所以一旦触发，VT1 即可导通。若不考虑换相重叠角的影响，当 VT1 导通之后，VT5 就会因承受反向电压 u_{WU}（为负值）而关断，从而完成了从

VT5 到 VT1 的换流过程。其他各管的换流过程可由此类推。

应当指出，传统的有源逆变电路开关元件通常采用普通晶闸管，但近年来出现的可关断晶闸管既具有普通晶闸管的优点，又具有自关断能力，工作频率也高，因此在逆变电路中很有可能取代普通晶闸管。

第三节　逆变失败与逆变角的限制

一、逆变失败的原因

晶闸管变流装置工作在逆变状态时，如果出现输出电压 U_d 与直流电动势 E 顺向串联，则直流电动势 E 通过晶闸管电路形成短路，由于逆变电路总电阻很小，必然形成很大的短路电流，造成事故，这种情况称为逆变失败，或称为逆变颠覆。

现以三相半波逆变电路为例加以说明。在图 5-5 所示三相半波电路中，在 U 相晶闸管 VT1 导通期间，触发脉冲 U_{g2} 使 V 相晶闸管 VT2 导通，由 U 相正常换相到 V 相。但若出现 U_{g2} 丢失、或 VT2 损坏、V 相快熔熔断或 V 相供电缺相等情况，则 VT2 将无法导通，VT1 也不会承受反压，因而无法关断，从而沿 U 相电压波形继续导通到电源正半周，造成电源瞬时电压与反电动势 E 顺向串联，形成很大的短路电流，导致逆变失败。

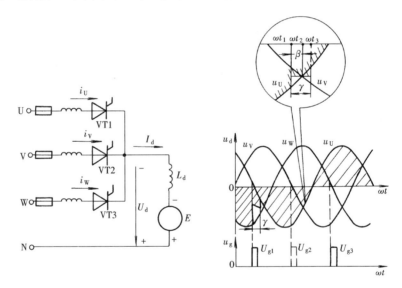

图 5-5　有源逆变换流失败

造成逆变失败的原因主要有以下几种情况：

(1) 触发电路故障。如触发电路出现脉冲丢失、脉冲延迟等不能适时、准确的向晶闸管分配脉冲的情况，均会导致晶闸管不能正常换相。

(2) 晶闸管故障。如晶闸管失去正常导通或阻断能力，该导通时不能导通，该阻断时不能阻断，均会导致逆变失败。

(3) 逆变状态时交流电源突然缺相或消失。由于此时变流器的交流侧失去了与直流电动势 E 极性相反的电压，致使直流电动势经过晶闸管形成短路。

(4) 逆变角 β 取值过小，造成换相失败。逆变角不可过小的主要原因之一是由于存在换相重叠角。在第三章已经讲到，由于交流电源都存在内阻抗，会使欲导通的晶闸管不能瞬间完全导通、欲关断的晶闸管也不能瞬间完全关断。因此就存在换相时两个管子同时导通的过程。换相时两个晶闸管同时导通所对应的电角度称为换相重叠角，以 γ 表示。

由于换相重叠角 γ 的存在，若逆变角 β 太小，$\beta < \gamma$，如图 5-5 中放大部分所示，ωt_1 时刻脉冲 U_{g2} 触发晶闸管 VT2，到 $\beta = 0°$ 点即 ωt_2 时刻换流还未结束，此后 U 相电压 u_U 已高于 V 相电压 u_V，这使得尚未完全关断的 VT1 又承受正向电压而继续导通，尚未完全导通的 VT2 则在短暂导通之后又受反压而关断，这相当于触发脉冲 U_{g2} 丢失，造成逆变失败。

为了防止逆变失败，应当合理选择晶闸管的参数，对其触发电路的可靠性、元件的质量以及过电流保护性能等都有比整流电路更高的要求。逆变角的最小值也应严格限制，不可过小。

二、最小逆变角 β_{min} 的限制

逆变时允许采用的最小逆变角 β_{min} 应符合下式

$$\beta_{min} \geqslant \gamma + \delta_{\sqrt{0}} + \theta_{\sqrt{a}}$$

其中，γ 为换相重叠角，其值与电路形式、工作电流大小有关，一般取 $15° \sim 25°$；$\delta_{\sqrt{0}}$ 为晶闸管关断时间所对应的电角度，一般为 $3.6° \sim 5.4°$；$\theta_{\sqrt{a}}$ 为安全裕量角，它是针对脉冲间隔不对称、电网波动、畸变及温度等可能产生的影响而留出的安全裕量，其值一般取 $10°$ 左右。这样，最小逆变角 β_{min} 的取值应符合

$$\beta_{min} \geqslant 30° \sim 35°$$

为防止 β 小于 β_{min}，有时要在触发电路中设置保护电路，使减小 β 时，不能进入 $\beta < \beta_{min}$ 区域。此外还可在电路中加上安全脉冲产生装置，安全脉冲位置就设在 β_{min} 处，一旦工作脉冲移入 β_{min} 区内，安全脉冲保证在 β_{min} 处触发晶闸管。

第四节　有源逆变电路的应用

有源逆变电路有较多的应用领域，常见的有直流电机可逆拖动、绕线式交流异步电动机串级调速以及高压直流输电等方面。本节对此加以介绍。

一、晶闸管直流电动机可逆拖动系统

晶闸管直流电动机可逆拖动系统是指用晶闸管变流装置控制直流电动机正反运转的控制系统。很多生产设备如起重提升设备、电梯、轧钢机轧辊等均要求电动机能够正反双向运转，这就是可逆拖动问题。对于直流它励电动机来说，改变电枢两端电压的极性或改变励磁绕组两端电压的极性均可改变其运转方向，这可根据应用场合和设备容量的不同要求加以选用。本节重点介绍采用两组晶闸管变流桥反并联组成的直流电动机可逆拖动系统。

另外，按照所用晶闸管变流装置组数的不同，一般又可通过两种方法实现电动机的正反转控制：一种是采用一组晶闸管变流器给电动机供电、用接触器控制电枢电压极性的电路；另一种是采用两组晶闸管变流器反极性连接组成的可逆电路。前者虽然线路简单，价格便宜，但仅适用于要求不高、容量不大的场合，后者则可用于容量大、要求过渡过程快、动作频繁的设备。本节重点介绍后者，即采用两组晶闸管变流器的可逆电路。

两组晶闸管变流器反极性连接，有两种供电方式：一种是两组变流器由一个交流电源或一个整流变压器供电，称为反并联连接；另一种是两个变流器分别由一个整流变压器的两个二次绕组供电，或由两个整流变压器供电，称为交叉连接。两种连接方式的原理相似。本节

只以反并联连接的可逆电路为例加以介绍。图 5-6 所示为几种常用的反并联可逆电路。

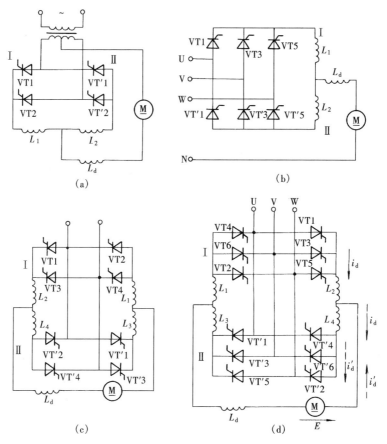

图 5-6　两组晶闸管反并联的可逆电路
(a) 单相全波；(b) 三相半波；(c) 单相桥式；(d) 三相桥式

　　为了分析直流电动机可逆系统的运转状态及其与变流器工作状态之间的关系，这里首先介绍一下电动机的四象限运行图。四象限运行图是根据直流电动机的转矩（或电流）与转速之间的关系，在平面四个象限上作出的表示电动机运行状态的图。图 5-7 所示即为反并联可逆系统的四象限运行图。从图中可以看出，第一和第三象限内电动机的转速与转矩同号，电动机在第一和第三象限分别运行在"正转电动"和"反转电动"状态，第二和第四象限内电动机的转速与转矩异号，电动机分别运行在"正转发电"和"反转发电"状态。电动机究竟能在几个象限上运行，这与其控制方式和电路结构有关。如果电动机在四个象限上都能运行，则说明电动机的控制系统功能较强。

　　根据对环流的处理方法不同，反并联可逆电路又可分为几种不同的工作方式：逻辑控制无环流、配合控制有环流以及错位控制无环流工作方式等。下面对前两种方式分别加以介绍。

　　（一）逻辑控制无环流可逆电路

　　在图 5-6 各反并联可逆电路中，在电动机励磁磁场方向不变的前提下，由 I 组桥整流供电电动机正转，由 II 组桥整流供电电动机反转。可见，采用反并联供电可使直流电动机如图 5-7 那样运行在四个象限内。

　　然而必须注意，在反并联供电时，如果两组整流桥同时工作在整流状态，就会在电路中

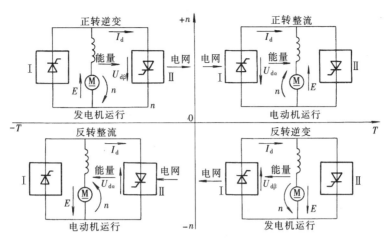

图 5-7 反并联可逆系统的四象限运行图

产生很大的环流。环流是只在整流变压器和两组晶闸管变流桥之间流动而不流经电动机的电流。环流一般不作有用功，环流产生的损耗可使电器元件发热，甚至还会造成短路事故，因此必须设法使变流装置不产生环流。

逻辑控制无环流可逆电路就是利用逻辑单元来控制变流器之间的切换过程，使电路在任何时间内只允许两组桥路中的一组桥路工作而另一组桥路处于阻断状态，这样在任何瞬间都不会出现两组变流桥同时导通的情况，也就不会产生环流。比如，当电动机正向运行时，Ⅰ组桥处于工作状态，将Ⅱ组桥的触发脉冲封锁，使其处于阻断状态。反之，反向运行时，则Ⅱ组桥工作，Ⅰ组桥被阻断。现对其工作过程作详细分析。

电动机正转：给Ⅰ组变流桥加触发脉冲，$\alpha_\mathrm{I}<90°$，为整流状态；Ⅱ组桥封锁阻断。电动机为"正转电动"运行，工作在图 5-7 中的第一象限。

电动机由正转过渡到反转：在此过程中，系统应能实现回馈制动，把电动机轴上的机械能变为电能回送到电网中去，此时电动机的电磁转矩变成制动转矩。在正转运行中的电动机需要反转时，应先使电动机迅速制动，因此就必须改变电枢电流的方向，但对Ⅰ组桥来说，电流不能反向流动，需要切换到Ⅱ组桥。但这种切换并不是把原来工作着的Ⅰ组桥触发脉冲封锁后，立即开通原来封锁着的Ⅱ组桥。因为已导通的晶闸管不可能在封锁的那一瞬间立即关断，而必须等到阳极电压降到零以后、主回路电流小于维持电流才能开始关断。因此，切换过程是这样进行的：开始切换时，将Ⅰ组桥的触发脉冲后移到 $\alpha_\mathrm{I}>90°(\beta_\mathrm{I}<90°)$。由于存在机械惯性，反电动势 E 暂时未变。这时，Ⅰ组桥的晶闸管在 E 的作用下本应关断，但由于 I_d 迅速减小，电抗器 L_d 中会产生下正上负的感应电动势，其值大于 E，因此电路进入有源逆变状态，电抗器 L_d 中的一部分储能经Ⅰ组桥逆变反送回电网。注意，此间电动机仍处于电动工作状态，消耗 L_d 的另一部分储能。由于逆变发生在原本工作着的变流桥中，故称为"本桥逆变"。当电流 I_d 下降到零后（I_d 通过系统中装设的零电流检测环节检测），将Ⅰ组桥封锁，并延时 3～10ms，待确保Ⅰ组桥恢复阻断后，再开放Ⅱ组桥的触发脉冲，使其进入有源逆变状态。此时电动机作"正转发电"运行，工作在第二象限，电磁转矩变成制动转矩，电动机轴上的机械能经Ⅱ组变流桥变为交流电能回馈至电网。此间为了保持电动机在制动过程中有足够的转矩，使电动机快速减速，还应随着电动机转速的下降，不断

地增加逆变角 β_{II}，使 II 组桥路输出电压 $U_{\text{d}\beta}$ 随电动势 E 的减小而同步减小，则流过电动机的制动电流 $I_\text{d} = (E - U_{\text{d}\beta})/R$ 在整个制动过程中维持在最大允许值。直至转速为零时，$\beta_{\text{II}} = 90°$。此后，继续增大 β_{II}，使 $\beta_{\text{II}} > 90°$，则 II 组桥进入整流状态，电动机开始反转，进入第三象限的"反转电动"运行状态。

以上就是电动机由正转过渡到反转的全过程，即由第一象限经第二象限进入第三象限的过程。同样，电动机从反转过渡到正转的过程是由第三象限经第四象限到第一象限的过程。

由于任何时刻两组变流器都不会同时工作，因此不存在环流，更没有环流损耗，因此，图 5-6 中用来限制环流的均衡电抗器（$L_1 \sim L_4$）也可取消。

逻辑无环流可逆电路在工业生产中有着广泛的应用。然而，逻辑无环流系统的控制比较复杂，动态性能较差。在中小容量可逆拖动中有时采用下述有环流反并联可逆系统。

（二）有环流反并联可逆系统

有环流反并联可逆系统是反并联的两组变流桥同时都有触发脉冲，在工作中两组桥都能保持连续导通状态，负载电流 I_d 的反向也是连续变化的过程，不必象逻辑无环流系统那样依据检测 I_d 的方向来确定变流桥的阻断与开通，因而动态性能较好。但由于两组桥都参与工作，因而需要防止在两组桥之间出现直流环流。这就要求当一组桥工作在整流状态时，另一组桥必须工作在逆变状态，并严格保持 $\alpha_\text{I} = \beta_{\text{II}}$ 或 $\alpha_{\text{II}} = \beta_\text{I}$，也就是 $\alpha_\text{I} + \alpha_{\text{II}} = 180°$。这样才能使两组桥的直流侧电压大小相等，极性逆串，不会产生直流环流。这种运行方式也称为 $\alpha = \beta$ 工作制的配合控制。

$\alpha = \beta$ 工作制触发脉冲的具体实施如下：用一个控制电压 U_c 控制 I、II 两组变流桥的控制角，使它们同步的向相反的方向变化。

（1）当 $U_\text{c} = 0$ 时，两组桥的控制角相等，均为 $90°$，则 $\alpha_\text{I} = \alpha_{\text{II}} (= \beta_{\text{II}}) = 90°$，电动机转速为零。

（2）当 U_c 增大时，I 组桥的触发脉冲左移，使 $\alpha_\text{I} < 90°$，进入整流状态，交流电源通过 I 组桥向电动机提供能量，电动机处于正转电动状态；II 组桥的触发脉冲右移相同角度，使 $\beta_{\text{II}} < 90°$（且 $\beta_{\text{II}} = \alpha_\text{I}$），此时 II 组桥虽有输出电压 U_d，但因不满足 $|E| > |U_\text{d}|$ 而没有逆变电流，称这种状态为待逆变状态。

（3）欲使电动机反转，只要使 U_c 减小，可使 α_I 与 β_{II} 同步增大，两组桥的直流输出电压值 $U_{\text{d}\text{I}}$、$U_{\text{d}\text{II}}$ 立即同步减小。但由于机械惯性的作用，E 并未变化，因而有 $E > U_{\text{d}\text{I}} = U_{\text{d}\text{II}}$，$E$ 给 II 组桥施以正向电压，使 II 组桥满足了有源逆变条件而导通，产生逆变电流，该桥从待逆变状态转为逆变状态，电动机电流反向，产生制动转矩，使电动机降速；I 组桥则受到 E 的反向电压作用，但不能满足 $U_\text{d} > E$，因而没有直流电流输出，称这种状态为待整流状态。继续增大 α_I 及 β_{II}，并保持 E 稍大于 U_d，则电动机在整个减速过程中能够始终产生制动转矩，从而实现快速制动。

（4）当 α_I 与 β_{II} 增至 $90°$ 时，两组变流桥的输出直流电压开始改变极性，此时电动机转速也减至零，$E = 0$，此后 I 组桥因 $\beta_\text{I} < 90°$ 进入待逆变状态，II 组桥因 $\alpha_{\text{II}} < 90°$ 进入整流状态，交流电源通过 II 组桥向电动机供电，电动机处于反转电动状态。

同样，也可分析由反转到正转的转变过程。可见，在 $\alpha = \beta$ 工作制中，改变两组变流装置的控制角可以实现电动机的四象限运行。

严格保持 $\alpha_\text{I} = \beta_{\text{II}}$，虽然可使两组桥的输出电压平均值相等，即 $U_{\text{d}\text{I}} = U_{\text{d}\text{II}}$，避免了两组

桥的直流环流，但是两组桥输出端的瞬时值 u_{dI} 与 u_{dII} 并不相等，因而会出现瞬时电压差 $\Delta u_d = u_{dI} - u_{dII}$，称为均衡电压或环流电压，因此在两组桥之间会引起不经过负载的脉动的环流 i_c。α 角不同，i_c 值也不同。在三相半波和三相桥的反并联电路中，$\alpha = \beta = 60°$ 时环流最大，图 5-8 给出了三相半波 $\alpha_I = \beta_{II} = 60°$ 时的波形情况。为了限制环流，必须串接均衡电抗器，如图 5-6 的 L1～L4。在可逆系统中通常将环流值限制在额定直流输出电流的 3%～10%。

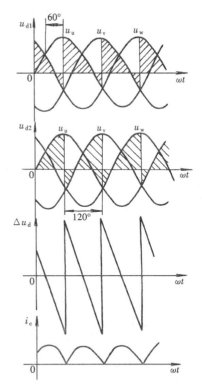

图 5-8 三相半波 $\alpha_I = \beta_{II} = 60°$ 时有环流可逆电路的波形

二、绕线转子异步电动机的晶闸管串级调速

（一）串级调速的原理

绕线转子异步电动机可采用改变串接于转子回路附加电阻的方法进行调速。这种调速方法简单、投资少，但其调速不平滑、附加电阻耗能大。串级调速是在转子回路中引入附加电动势来实现调速的。这种方法不仅可对异步电动机进行无级调速，而且具有节能、机械特性较硬等特点。

下面分析串级调速的原理。假定异步电动机在自然机械特性上（即转子电路无附加电动势）稳定运行，电源电压和负载转矩均不变。转子电动势为 sE_{20}，转子电流值为

$$I_2 = \frac{sE_{20}}{\sqrt{R_2^2 + (sx_{20})^2}}$$

式中：E_{20} 为 $s=1$ 时转子开路相电动势；x_{20} 为 $s=1$ 时每相转子绕组的漏抗；R_2 为转子绕组电阻。

当在转子中串入与转子感应电动势 sE_{20} 同频率、反相的附加电动势 E_f 时，转子合成电动势减小为 $sE_{20} - E_f$，转子电流减小为

$$I_2 = \frac{sE_{20} - E_f}{\sqrt{R_2^2 + (sx_{20})^2}}$$

由于电动机定子电压、气隙磁通恒定，故电动机的电磁转矩 T 将随转子电流 I_2 的减小而减小，使电动机的输出转矩小于负载转矩，迫使电动机降低转速，转差率 s 增加，从而又使转子电流 I_2 增加，转矩也随之回升，直至电磁转矩与负载转矩重新达到平衡，电动机便稳定运行在低于原值的某一转速上。调整 E_f 值就可调节电动机的转速。这是低于同步转速的串级调速。

当在转子中串入与 sE_{20} 同频率、同相的 E_f 时，转子合成电动势增大为 $sE_{20} + E_f$，转子电流增大为

$$I_2 = \frac{sE_{20} + E_f}{\sqrt{R_2^2 + (sx_{20})^2}}$$

电磁转矩也随之增加，电动机升速，s 减小。直至电磁转矩与负载转矩重新达到平

衡，电动机稳定运行在高于原值的某一转速上。若串入的 E_f 足够大，会使电动机稳定运行在高于同步转速的某一转速上。这是高于同步转速的串级调速。

本节主要介绍低于同步转速的串级调速——低同步晶闸管串级调速。

(二) 低同步晶闸管串级调速

由上述分析可知，绕线转子异步电动机的转子电动势的大小与频率都随电动机转速而变，在转子回路中串入与转子电动势频率一致、相位相反的交流附加电动势，就可改变电动机转速。附加电动势越大，电动机转速越低。可见，实现串级调速的核心环节是要有一套产生附加电动势的装置，其所产生的附加电动势既要大小可调，又要使其频率保持与转子频率一致。这在技术上是非常复杂的。目前广泛采用的办法是把转子电动势整流为直流，再通过晶闸管有源逆变电路引入直流附加反电动势。图 5-9 即为运用这种办法的晶闸管串级调速主电路原理图。

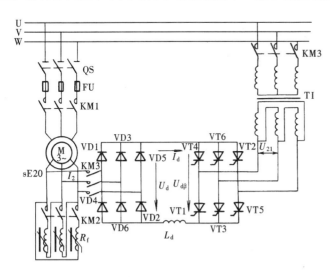

图 5-9　晶闸管串级调速主电路原理图

图中，转子回路经三相桥式整流后输出直流电压 U_d 为

$$U_d = 1.35 s E_{21} \tag{5-7}$$

式中：E_{21} 为转子开路线电动势的有效值（转速 $n=0$）；s 为电动机转差率。

串极调速系统运行时，由晶闸管组成的有源逆变器一直处于逆变工作状态，将转子能量反馈给电网，逆变电压 $U_{d\beta}$ 即为引入转子电路的反电动势。当电动机稳定运行、并忽略直流回路电阻时，整流电压 U_d 与逆变电压 $U_{d\beta}$ 大小相等、方向相反，即 $U_d = U_{d\beta}$。设逆变变压器 TI 的二次侧线电压为 U_{21}，则有

$$U_{d\beta} = 1.35 U_{21} \cos\beta = U_d = 1.35 s E_{21}$$

故有

$$s = \frac{U_{21}}{E_{21}} \cos\beta \tag{5-8}$$

由上式可以看出，改变逆变角 β 的数值即可改变电动机的转差率，从而达到调速的目的。逆变角的变化范围一般为 $30° \sim 90°$。

上述调速方法的核心是将逆变电压 $U_{d\beta}$ 引入转子电路，作为转子的反电动势。而逆变电压又受逆变角 β 的控制，改变 β 的大小便可改变反电动势的大小，从而改变反送交流电网的功率，同时改变了转子的转速。其具体调节过程为：首先起动电动机。对于水泵、风机类负载，接通 KM1、KM2 接触器，利用频敏变阻器起动，以限制起动电流；对于传输带、矿井提升等设备则可直接起动。电动机起动之后，断开 KM2，接通 KM3，电动机转入串级调速。当电动机稳定运行在某一转速时，有 $U_d = U_{d\beta}$。欲提高转速，可增大 β 角，则 $U_{d\beta}$ 减小，转子电流 I_2 增大，使电磁转矩增大，转速提高，转差率 s 减小，sE_{21} 减小，U_d 减小，

到 $U_d = U_{d\beta}$ 时电动机稳定运行在较原来高的转速上。反之，欲降低转速则减小 β 角。若要停车，可先断开 KM1，延时断开 KM3，电机即停车。

（三）斩波式逆变器串级调速

前面所述晶闸管串级调速系统的不足之处是功率因数低、产生高次谐波而影响供电质量。目前已开始应用的斩波式（关于斩波技术将在第八章中介绍）逆变器串级调速则较好的克服了上述不足，不仅功率因数高、高次谐波分量小，而且无功损耗低，线路也比较简单。

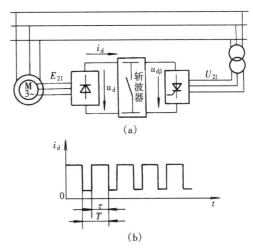

图 5-10 为斩波式逆变器串级调速原理框图。图中，电动机转子整流电路经斩波器与晶闸管逆变器相连。逆变器的控制角通常不需要调节，而是固定在最小逆变角处。整流输出直流电流 I_d 被斩波器斩成图 5-10（b）所示波形。在 τ 时间段内，斩波器开关闭合，整流桥被短路；在 $T-\tau$ 时间段内，斩波器开关断开。$U_{d\beta}$ 经斩波器输至整流桥输出端的电压为 $U_{d\beta}(T-\tau)/T$，它应与整流桥的输出电压平衡，即有

图 5-10　斩波式逆变器串级调速原理框图
(a) 原理图；(b) 波形图

$$U_d = \frac{T-\tau}{T}U_{d\beta}$$

又根据 $U_d = 1.35sE_{21}$，$U_{d\beta} = 1.35U_{21}\cos\beta_{min}$，所以

$$s = \left(1-\frac{\tau}{T}\right)\frac{U_{21}}{E_{21}}\cos\beta_{min} \qquad (5-9)$$

可见，不必调节逆变角 β，只要改变斩波器开关闭合的时间 τ 的大小，就可调节电动机的转速。作为两个特例，当 $\tau = T$ 时，斩波器开关持续闭合，电动机转子短接，电动机运行在自然特性状态；当 $\tau = 0$ 时，斩波器开关持续断开，电动机调到了最低转速状态。

（四）单片机控制的串级调速系统

图 5-11 是一种单片微型计算机控制的电动机串级调速系统。该系统由主电路、单片机及接口电路等组成，这里主要介绍一下单片机和接口电路的组成及工作原理，而主电路与前面所讲的串级调速系统主电路相同，故不再介绍。

单片机芯片用 MCS-51 系列中的 8031，扩展 I/O 口 8155 及程序存储器 2716。8031 的 P0 口及 P2 口用于片外扩展的 I/O 口及程序存储器的数据/地址总线。P1 口用来接收故障检测输入信号。P3.4 与 P3.5 分别连接升速、降速按钮 SB1、SB2。8031 内设转速计数器，在运行中查询 P3.4 与 P3.5，得到触发器移相控制电压，与软件配合实现升速、降速。

微机数字触发器的同步信号来自电源相电压 U_{CN}，经变压器 T1 降压、二极管整流、光电耦合之后，送至 8031 的外部中断源 $\overline{INT0}$，每周期产生一次外部中断，作为同步信号。8031 每周期发出 6 对触发脉冲，经 8155 的 P_A 口、驱动器 7406、光电耦合器 4N25、晶体管 V1、脉冲变压器 TI 等隔离放大后，去触发逆变桥的晶闸管。

本系统还可对晶闸管未导通、三相电源严重不对称及同步信号丢失这三种现象进行检

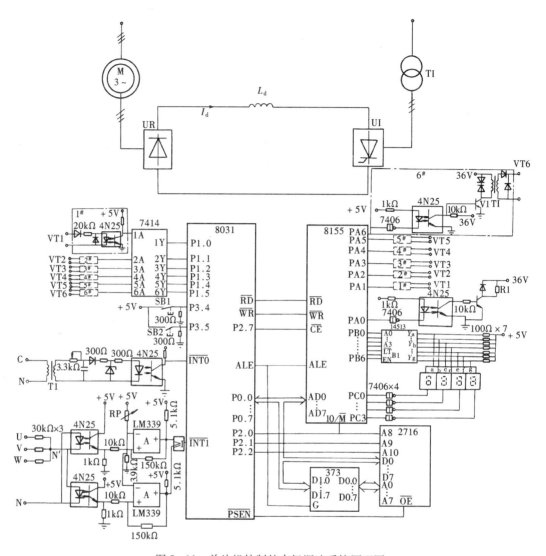

图 5-11　单片机控制的串级调速系统原理图

测,以防止出现晶闸管损坏等故障。

为了检测晶闸管在触发之后是否已正常导通,可在触发脉冲发出后,检测晶闸管阳、阴极之间的电压,此电压信号经光电耦合、施密特整形后送至 8031 的 P1 口。如果晶闸管导通,则管压降很小,施密特输出低电平;反之,若晶闸管未导通,则施密特输出高电平。

星形连接的三个数值相同的电阻,用来检测三相电源是否严重不对称。三相电源对称时,电压 $U_{NN'}=0$,两个电压比较器 LM339 均输出低电平,给外部中断源$\overline{INT1}$送高电平;若三相电压源严重不对称,则有 $U_{NN'}\neq0$,使光电耦合器有输出,电压比较器翻转,从而为$\overline{INT1}$送低电平。

为了检测同步信号是否丢失,可在 8031 内设置一个脉冲计数器。当接收到同步信号后,每发一个脉冲,计数器加一。因为一个同步信号周期内有 6 个脉冲,所以,若计数器的计数值超过 6,便说明有同步信号丢失。

一旦检测出晶闸管未导通,或三相电源严重不对称,或同步信号丢失的故障,立即由软

件将逆变角 β 推至最小逆变角 β_{min}，以限制主回路电流；同时，由 8155 的 P_A 口经 7406、4N25 等送出保护信号，使继电器动作，进而控制有关接触器的通断，使系统主电路从串级调速运行状态切换到异步电动机自然接线运行状态。

8155 的 P_B 口经译码驱动器 14513 驱动 LED，显示给定转速及故障情况。8155 的 P_C 口经由驱动器 7406 对四个 LED 进行位控制。

三、高压直流输电

高压直流输电在跨越江河、海峡的输电，大容量远距离输电，联系两个不同频率的交流电网，同频率两个相邻交流电网的非同步并联等方面，发挥着非常重要的作用。与其他输电方式相比，高压直流输电能减少输电线的能量损耗，增加电网稳定性，提高输电效益，因而得到了迅速的发展。图 5-12 为高压直流输电系统的原理图。图中，中间的直流环节未接负载，起传输功率的作用，通过分别控制两侧变流桥的工作状态就可控制电功率的流向。如左边变流桥工作于整流状态、右边变流桥工作于有源逆变状态，则系统由左边电网向右边电网输送电功率。变流桥均采用三相桥式全控电路，每个桥臂由许多只光控大功率晶闸管串联组成。由于光控晶闸管光脉冲只需 $0.1\mu s$，因此，用光脉冲可以同时触发桥臂中这些处于不同电位的多只串联晶闸管。

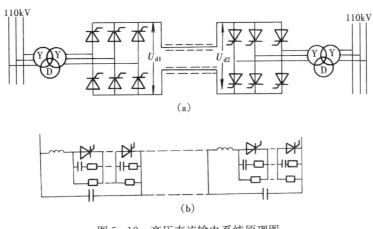

图 5-12 高压直流输电系统原理图
(a) 原理图；(b) 桥臂中晶闸管串联方式

小 结

将直流电变换为交流电的过程称为逆变。逆变分为有源逆变和无源逆变。有源逆变是将直流电能变为交流电后反送给电网；无源逆变是将直流电能或某种频率的交流电能变为特定频率的交流电能直接供给负载。

实现有源逆变的条件是在变流装置的直流侧要接有与晶闸管导通方向一致的直流电源，其值要大于变流器的直流输出电压 U_d；变流装置的逆变角应小于 $90°$，使 $U_d<0$，这样才能将直流功率逆变为交流功率返送电网。

常用的有源逆变电路有单相全控桥、三相半波及三相全控桥有源逆变电路。

工作中必须避免出现逆变失败。逆变失败的主要原因有触发脉冲丢失、逆变角过小、交流电源突然缺相等。

有源逆变主要用于直流电动机的可逆拖动、绕线式异步电动机的串级调速及高压直流输电等。

习 题 及 思 考 题

5-1 请说明以下概念:

(1) 有源逆变与无源逆变。

(2) 整流与待整流。

(3) 逆变与待逆变。

5-2 有源逆变的工作原理是什么?实现有源逆变的条件是什么?哪些电路可实现有源逆变?变流装置有源逆变工作时,其直流侧为什么能出现负的直流电压?

5-3 半控桥和负载侧并有续流二极管的电路能否实现有源逆变?为什么?

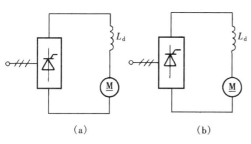

图 5-13 题 5-4 图

(a) 整流—电动机状态;(b) 逆变—发电机状态

5-4 在图 5-13 的两图中,一个工作在整流电动状态,另一个工作在逆变发电状态。试回答:

(1) 在图中标出 U_d、E_d 及 i_d 的方向。

(2) 说明 E 大小与 U_d 大小的关系。

(3) 当 α 与 β 的最小值均为 30° 时,控制角 α 的移相范围为多少?

5-5 试画出三相半波共阴极接法 $\beta = 30°$ 时的 u_d 及晶闸管 VT2 两端电压 u_{T2} 的波形。

5-6 晶闸管三相半波反并联可逆供电装置,变压器二次侧相电压有效值为 230V,电路总电阻 $R_\Sigma = 0.3\Omega$,欲使电动机从 220V、20A 的稳定电动运行状态下进行发电再生制动,要求制动初始电流为 40A。试求初始逆变角 β。(忽略晶闸管的换相管压降)

5-7 设晶闸管三相半波有源逆变电路的逆变角 $\beta = 30°$,试画出 VT2 管的触发脉冲丢失一只时,输出电压 u_d 的波形图。

5-8 简述桥式反并联可逆电路有环流系统四象限运行的工作过程。此电路为何要用四只均衡电抗器?

5-9 什么是环流?环流是怎样产生的?

5-10 说明绕线转子异步电动机串级调速的工作原理。

第六章　交流开关与交流调压电路

利用电力电子器件的导通与关断特性，可以实现交流开关与交流调压的功能。与常规电磁式开关相比，电力电子器件组成的交流开关及调压电路具有无机械触点、开关速度快、噪声低、寿命长等优点，因而应用十分广泛。

第一节　晶闸管交流开关

一、晶闸管交流开关的基本形式

晶闸管交流开关是以其门极中毫安级的触发电流，来控制其阳极中几安至几百安大电流通断的装置。在电源电压为正半周时，晶闸管承受正向电压并触发导通，在电源电压过零或为负时晶闸管承受反向电压，在电流过零时自然关断。由于晶闸管总是在电流过零时关断，因而在关断时不会因负载或线路中电感储能而造成暂态过电压。

图 6-1 所示为几种晶闸管交流开关的基本形式。图 6-1（a）是普通晶闸管反并联形式。当开关 Q 闭合时，两只晶闸管均以管子本身的阳极电压作为触发电压进行触发，这种触发属于强触发，对要求大触发电流的晶闸管也能可靠触发。随着交流电源的正负交变，两管轮流导通，在负载 R_L 上得到基本为正弦波的电压。图 6-1（b）为双向晶闸管交流开关，双向晶闸管工作于 I+、III- 触发方式，这种线路比较简单，但其工作频率低于反并联电路。图 6-1（c）为带整流桥的晶闸管交流开关。该电路只用一只普通晶闸管，且晶闸管不受反压。其缺点是串联元件多，压降损耗较大。

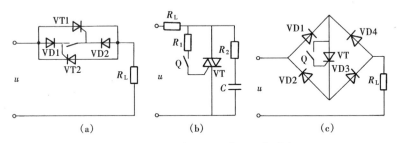

图 6-1　晶闸管交流开关的基本形式

(a) 普通晶闸管反并联形式；(b) 双向晶闸管交流开关；(c) 带整流桥的晶闸管交流开关

图 6-2 是一个三相自动控温电热炉电路，它采用双向晶闸管作为功率开关，与 KT 温控仪配合，实现三相电热炉的温度自动控制。控制开关 Q 有三个挡位：自动、手动、停止。当 Q 拨至"手动"位置时，KA 得电，主电路中三个本相强触发电路工作，VT1-VT3 导通，电路一直处于加热状态，须由人工控制 SB 按钮来调节温度。当 Q 拨至"自动"位置时，温控仪 KT 自动控制晶闸管的通断，使炉温自动保持在设定温度上。若炉温低于设定温度，温控仪 KT（调节式毫伏温度计）使常开触点 KT 闭合，晶闸管 VT4 被触发，KA 得电，使 VT1-VT3 导通，R_L 发热使炉温升高。炉温升至设定温度时，温控仪控制触点 KT

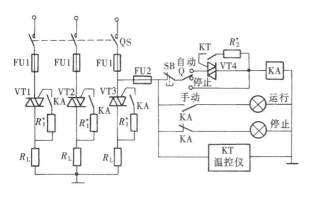

图 6-2　电热炉自动控温电路

断开，KA 失电，VT1－VT3 关断，停止加热。待炉温降至设定温度以下时，再次加热。如此反复，则炉温被控制在设定温度附近的小范围内。由于继电器线圈 KA 导通电流不大，故 VT4 采用小容量的双向晶闸管即可。各双向晶闸管的门极限流电阻（R_1^*、R_2^*）可由实验确定，其值以使双向晶闸管两端交流电压减到 $2 \sim 5V$ 为宜，通常为 $30\Omega \sim 3k\Omega$。

二、过零触发开关电路

前述各种晶闸管可控整流电路都是采用移相触发控制。这种触发方式的主要缺点是其所产生的缺角正弦波中包含较大的高次谐波，对电力系统形成干扰。过零触发（亦称零触发）方式则可克服这种缺点。晶闸管过零触发开关是在电路电压为零或接近零的瞬时给晶闸管以触发脉冲使之导通，利用管子电流小于维持电流使管子自行关断。这样，晶闸管的导通角是 2π 的整数倍，不再出现缺角正弦波，因而对外界的电磁干扰最小。

利用晶闸管的过零控制可以实现交流功率调节，这种装置称为调功器或周波控制器。其控制方式有全周波连续式和全周波断续式两种，如图 6-3 所示。如在设定周期 T_C 内，利用零电压开关，使晶闸管导通几

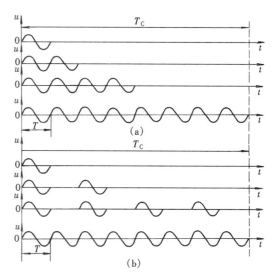

图 6-3　过零触发输出电压波形
(a) 全周波连续式；(b) 全周波断续式

个周波，每个周波的周期为 T（工频 50Hz，对应 $T=20ms$），则调功器的输出功率为

$$p = \frac{nT}{T_C}P_n \qquad (6\text{-}1)$$

输出电压有效值为

$$U = \sqrt{\frac{nT}{T_C}}U_n \qquad (6\text{-}2)$$

式中：P_n、U_n 为在设定时间 T_C 内晶闸管全导通时调功器输出的功率与电压有效值。显然，改变导通的周波数 n 就可改变输出电压 U 和功率 P。

图 6-4 所示为用单片机控制实现晶闸管过零控制的电路。其控制过程简述如下：将幅值为 40V 的工频电压 U_{sr} 加至缓冲放大器 U_1 的输入端，经缓冲后送至电压比较器 U_{2A}、U_{2B}、U_{2C}。U_{2A} 是施密特触发器，它将工频正弦波整形为矩形波，再经后一级单稳电路产生 50Hz、宽约 $7\mu s$ 的负脉冲信号，作为工频电压过零的同步信号，送给 8051 单片机的 $\overline{INT1}$ 中断输入端。U_{2B}、U_{2C} 为工频电压的正、负过零检测电路，经微分单稳电路后输出频率 100Hz、脉宽

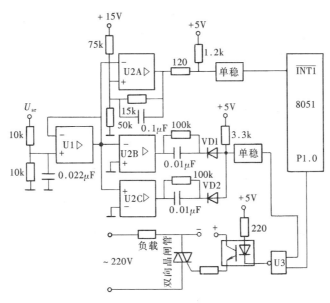

图 6-4　单片机控制过零触发电路图

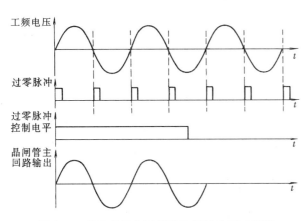

图 6-5　单片机控制过零触发信号关系示意图

$400\mu s$ 的正脉冲序列，再经门电路 U_3 及光耦合器实现双向晶闸管的过零触发。单片机的 P1.0 端输出控制电平，加至 U_3 输入端，以控制晶闸管过零触发的脉冲个数 n。各主要控制信号间关系如图 6-5 所示。

三、固态开关

固态开关是一种以双向晶闸管为基础构成的无触点开关组件，包括固态继电器和固态接触器。固态开关一般采用环氧树脂封装，体积小，工作频率高，在频繁通断及潮湿、腐蚀性、易燃的环境中亦可使用。

图 6-6 所示为三种固态开关电路。1、2 为控制信号输入端，3、4 为固态开关输出端。各种电路中均采用了光电耦合技术，既实现了控制端与负载端的电隔离，也便于计算机控制。

图 6-6 （a）为光电双向二极管耦合器非零电压开关。1、2 端输入信号时，耦合器 B 导通，输出端交流电源经 $3—R_2—B—R_3—4$ 形成回路，R_3 提供双向晶闸管 VT 的触发信号，以 Ⅰ+、Ⅲ- 方式触发。这种电路只要输入端 1、2 有输入信号，在交流电源的任意相位均可触发导通，称为非零电压开关。

图 6-6 （b）为光电晶闸管耦合器零电压开关。当 1、2 端有电压输入，且光控晶闸管门极不被短路时，B 导通，经 $3—VD4—B—VD1—R_4—4$ 或 $4—R_4—VD3—B—VD2—3$ 形成回路，借助 R_4 上的压降向双向晶闸管 VT 的控制极提供分流，使 VT 导通。由 R_3、R_2、V1 组成的电路可以看出，只有电源电压过零时 V1 才会截止，B 中光控晶闸管门极才不会短接。也就是说，只有当电源电压过零同时 1、2 端有控制信号时光控晶闸管才导通，才可

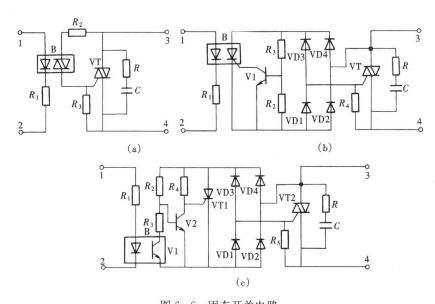

图 6-6　固态开关电路

(a) 光电双向二极管耦合器非零电压开关；(b) 光电晶闸管耦合器零电压开关；

(c) 光电晶体管耦合器零电压开关

触发 VT 导通。因此，这种开关是零电压开关。当 1、2 端无控制信号时，光控晶闸管不能导通，双向晶闸管 VT 零电流时关断。

图 6-6（c）为光电晶体管耦合器零电压开关。当 1、2 端无输入信号时，V1 截止，V2 导通，VT1 截止，R_5 两端无电压降，VT2 不被触发而处于截止状态。当 1、2 端加上控制信号后，V1 阻值减小，使 V2 截止，VT1 通过 R_4 被触发导通，交流电源经 3—VD4—VT1—VD1—R_5—4 或 4—R_5—VD3—VT1—VD2—3 形成回路，R_5 上的电压降提供 VT2 触发信号使之导通。在电路设计时已将 R_2、R_3 的阻值作适当选择，使得只有在交流电源电压处于零值附近时 V2 才能截止，因此，不论何时加上输入信号，开关也只能在电源电压过零附近使 VT1、VT2 导通。因此本开关亦为零电压开关。

第二节　单相交流调压

交流调压电路的应用领域很广，温度控制、灯光控制、感应电机调压调速、电焊、电解、电镀的交流侧调压、无触点开关、交流稳压电源等，均要求交流电源能平稳调压。由双向晶闸管组成的单相交流调压电路线路简单，成本低，适用于小功率调节，在民用电器控制中应用较多。

一、几种交流调压的触发电路

（一）RC 移相触发

图 6-7 所示为 RC 移相触发的调压电路。图（a）中当开关 Q 拨至"2"时，双向晶闸管 VT 只在 I$_+$触发，负载 R_L 上仅得到正半周电压；当 Q 拨至"3"时，VT 在正、负半周分别在 I$_+$、III$_-$ 触发，R_L 上得到正、负两个半周的电压，因而比置"2"时电压大。图（b）、（c）、（d）中均引入了具有对称击穿特性的触发二极管 VD，这种二极管两端电压达到

击穿电压数值（通常为 30V 左右，不分极性）时被击穿导通，双向晶闸管便也触发导通。调节电位器 RP 可改变控制角 α，实现调压。图（c）与图（b）的不同点在于（c）中增设了 R_1、R_2、C_2。在（b）图中，当工作于大 α 值时，因 RP 阻值较大，使 C_1 充电缓慢，到 α 角时电源电压已经过峰值并降得过低，则 C_1 上充电电压过小不足以击穿双向触发二极管 VD；而图（c）在大 α 时，C_2 上可获得滞后的电压 u_{C2}，给电容 c_1 增加一个充电电路，保证在大 α 时 VT 能可靠触发。

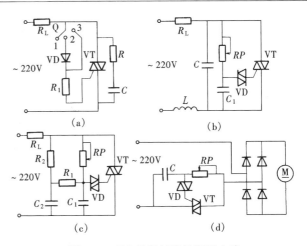

图 6-7　RC 移相触发的调压电路

（二）单结晶体管触发

图 6-8 所示为单结晶体管触发的交流调压电路，调节 RP 阻值可改变负载 R_L 上电压的大小。

（三）KC06 触发器组成的晶闸管移相交流调压电路

图 6-9 所示即为 KC06 组成的双向晶闸管移相交流调压电路。该电路主要适用于交流直接供电的双向晶闸管或反并联普通晶闸管的交流移相

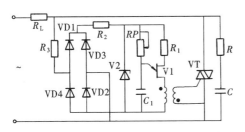

图 6-8　单结晶体管触发的交流调压电路

控制。RP_1 用于调节触发电路锯齿波斜率，R_4、C_3 用于调节脉冲宽度，RP_2 为移相控制电位器，用于调节输出电压的大小。

二、单相交流调压电路分析

（一）电阻负载

图 6-10（a）所示为一双向晶闸管与电阻负载 R_L 组成的交流调压主电路，图中双向晶闸管也可改用两只反并联的普通晶闸管，但需要两组独立的触发电路分别控制两只晶闸管。在电源正半周 $\omega t = \alpha$ 时触发 VT 导通，有正向电流流过 R_L，负载端电压 u_R 为正值，电流过零时 VT 自行关断；在电源负半周 $\omega t = \pi + \alpha$ 时，再触发 VT 导通，有反向电流流过 R_L，其端电压 u_R 为负值，到电流过零时 VT 再次自行关断。然后重复上述过程。改变 α 角即可调节负载两端的输出电压有效值，达到交流调压的目的。电阻负载上交流电压有效值为

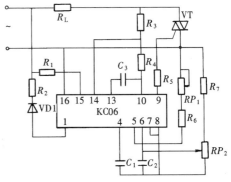

图 6-9　KC06 触发器组成的交流调压器

$$U_R = \sqrt{\frac{1}{\pi}\int_\alpha^\pi (\sqrt{2}U_2\sin\omega t)^2 \mathrm{d}(\omega t)}$$

$$= U_2\sqrt{\frac{1}{2\pi}\sin 2\alpha + \frac{\pi - \alpha}{\pi}} \qquad (6-3)$$

电流有效值

$$I = \frac{U_R}{R} = \frac{U_2}{R}\sqrt{\frac{1}{2\pi}\sin2\alpha + \frac{\pi-\alpha}{\pi}} \qquad (6-4)$$

电路功率因数

$$\cos\varphi = \frac{P}{S} = \frac{U_R I}{U_2 I} = \sqrt{\frac{1}{2\pi}\sin2\alpha + \frac{\pi-\alpha}{\pi}} \qquad (6-5)$$

电路的移相范围为 $0\sim\pi$ 。

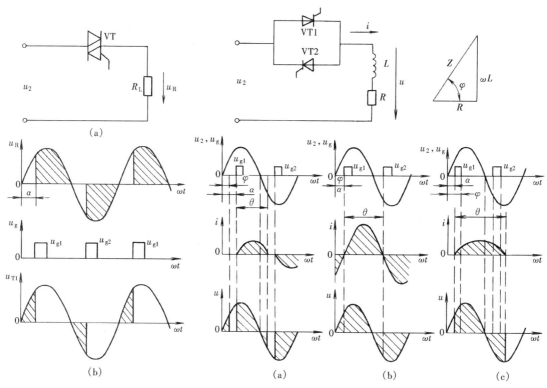

图 6-10 单相交流调压
电阻负载电路及波形
(a) 电路图;(b) 波形图

图 6-11 单相交流调压电感性负载的电路及波形
(a) $\alpha>\varphi$;(b) $\alpha=\varphi$;(c) $\alpha<\varphi$

(二) 电感性负载

图 6-11 所示为电感性负载的交流调压电路。由于电感的作用,在电源电压由正向负过零时,负载中电流要滞后一定角度 φ 才能到零,即管子要继续导通到电源电压的负半周才能关断。晶闸管的导通角 θ 不仅与控制角 α 有关,而且与负载的功率因数角 φ 有关。图6-12 给出了 θ、α 与 φ 之间的关系曲线。下面分三种情况加以讨论。

1.$\alpha>\varphi$

由图 6-12 可见,当 $\alpha>\varphi$ 时,$\theta<180°$,即正负半周电流断续,且 α 越大,θ 越小。可见,α 在 $\varphi\sim180°$ 范围内,交流电压连续可调。电流电压波形如图 6-11 (a) 所示。

2.$\alpha=\varphi$

由图 6-12 可知,$\alpha=\varphi$ 时,$\theta=180°$,即正负半周电流恰处于临界连续状态。此时相当于晶闸管失去控制,波形如图 6-11 (b) 所示。

3. $\alpha < \varphi$

假设触发脉冲为窄脉冲，并设 VT1 先被触发导通，此时有 $\theta > 180°$，当 VT2 的触发脉冲 U_{g2} 出现时，VT1 的电流尚未降为零，VT2 受反压不能被触发导通。待 VT1 电流降为零而关断时，窄脉冲 U_{g2} 已经消失，如图 6-11（c）所示。到下一个脉冲 U_{g1} 到来时，VT1 再次被触发。如此，造成了仅有一个管多次导通而另一个管不能导通的结果。负载上只有正（或负）半波电流，直流分量很大，电路不能正常工作，甚至会烧毁晶闸管。因此，这种有电感负载的单相交流调压电路，不能用窄脉冲触发，而应该用宽脉冲或脉冲列触发。

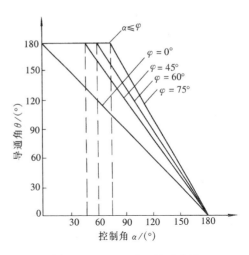

图 6-12　θ、α 及 φ 关系曲线

若用宽脉冲触发，当 $\alpha < \varphi$ 时，刚开始几个周期内两管电流尚不对称，而后负载电流便成为对称连续的正弦波，电流滞后电压 φ 角，θ 仍维持 180°，但电路已不起调压作用。因此，电感负载时，控制角不能小于负载的功率因数角，即 $\alpha_{min} = \varphi$。所以 α 的移相范围为 $\varphi \sim$ 180°，小于电阻负载的移相范围。

第三节　三　相　交　流　调　压

对于三相负载，如三相电热炉、大容量异步电动机的软起动装置、高频感应加热等需要调压的负载，可采用三相交流调压电路。三相交流调压电路可由三个互差 120° 的单相交流调压电路组合而成，负载可接成三角形或星形。下面对常用的四种接线方式分别加以介绍。

一、星形联结带中性线的三相交流调压电路

图 6-13 所示为星形联结带中性线的三相交流调压电路，它实际上相当于三个单相反并联交流调压电路的组合，因而其工作原理与波形分析与单相交流调压相同。另外，由于其有中性线，故不需要宽脉冲或双窄脉冲触发。图 6-13 的（b）图中用双向晶闸管代替了（a）图中的普通反并联晶闸管，其工作过程分析与（a）图一样，不过由于所用元件少，触发电路简单，因而装置的成本和体积都有减小。

这里需要说明中性线中的高次谐波电流问题。如果各相正弦波均为完整波形，与一般的三相交流电路一样，由于各相电流相位互差 120°，中

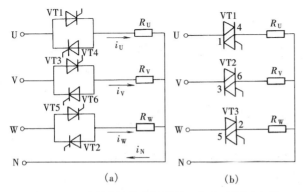

图 6-13　星形联结带中性线的三相交流调压电路
(a) 使用单向晶闸管反并联；(b) 使用双向晶闸管

性线上电流为零。但在交流调压电路中，各相电流的波形为缺角正弦波，这种波形包含有高次谐波，主要是三次谐波电流，而且各相的三次谐波电流之间并没有相位差，因此，它们在

中性线中叠加之后，在中性线中产生的电流是每相中三次谐波电流的三倍。特别是当 $\alpha=90°$ 时三次谐波电流最大，中线电流近似为额定相电流。当三相不平衡时，中线电流更大。因此，这种电路要求中线的截面较大。

还要说明，不论单相还是三相调压电路，都是从相电压由负变正的零点处开始计算 α 的，这一点与三相整流电路不同。

二、用三对反并联晶闸管联结成三相三线交流调压电路

这种电路是三对晶闸管反并联接于三相线中，负载联结成星形或三角形，如图6-14所

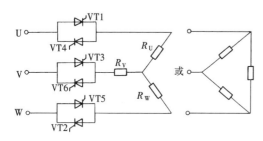

图 6-14　三相三线交流调压电路

示。下面以星形联结的电阻负载为例进行分析。由于没有零线，每相电流必须和另一相电流构成回路，因此，与三相全控桥整流电路一样，应采用宽脉冲或双窄脉冲触发。触发相位自 VT1 至 VT6 依次滞后 60°。

下面以 U 相为例，具体分析触发脉冲的相位与调压电路输出电压之间的关系。分析的基本思路是，相应于触发脉冲分配，确定各管的导通区间，再由导通区间判断负载所获得的电压，最后归纳出相应的导通特点。

1. $\alpha=0°$

$\alpha=0°$ 即 U 相电源电压过零变正时触发正向晶闸管 VT1 使之导通，至相电压过零变负时受反压自然关断，而反向晶闸管 VT4 则在 U 相电压过零变负时导通，变正时自然关断。由于 VT1 在整个正半周导通，VT4 在整个负半周导通，所以负载上获得的调压电压仍为完整的正弦波。V、W 两相情况与此相同。此时调压电路相当于一般的三相交流电路。

导通特点：①每管持续导通180°；②除换相点外，任何时刻都有三只管子同时导通。

2. $\alpha=30°$

如图 6-15 所示。VT1 在 U 相电源电压 u_U 过零变正 30°后被 U_{g1} 触发导通，过零变负时关断，VT4 在 u_U 过零变负 30°后被 U_{g4} 触发导通，过零变正时关断。负载电阻在正半周所获得的调压电压 u_{RU} 情况如下：

$\omega t=0°\sim30°$，VT5、VT6 导通，$u_{RU}=0$；

$\omega t=30°\sim60°$，VT1、VT5、VT6 导通，$u_{RU}=u_U$；

$\omega t=60°\sim90°$，VT1、VT6 导通，$u_{RU}=u_{UV}/2$；

$\omega t=90°\sim120°$，VT1、VT2、VT6 导通，$u_{RU}=u_U$；

$\omega t=120°\sim150°$，VT1、VT2 导通，$u_{RU}=u_{UW}/2$；

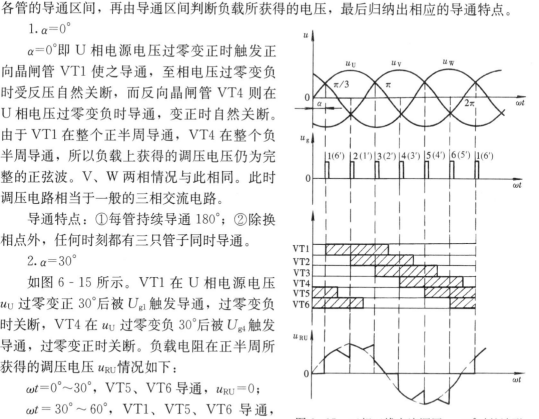

图 6-15　三相三线交流调压 $\alpha=30°$ 时的波形

$\omega t=150°\sim180°$，VT1、VT2、VT3 导通，$u_{RU}=u_U$。

负半周各时段输出电压与正半周反向对称。

导通特点：①每管持续导通 150°；②有的区间两个管子同时导通构成两相流通回路，有的区间三个管子同时导通构成三相流通回路。

3. $\alpha=60°$

如图 6-16 所示。具体分析过程与 $\alpha=30°$ 时相似。请读者自行分析。

导通特点：①每管持续导通 120°；②每个区间均有两个管子导通构成两相流通回路。

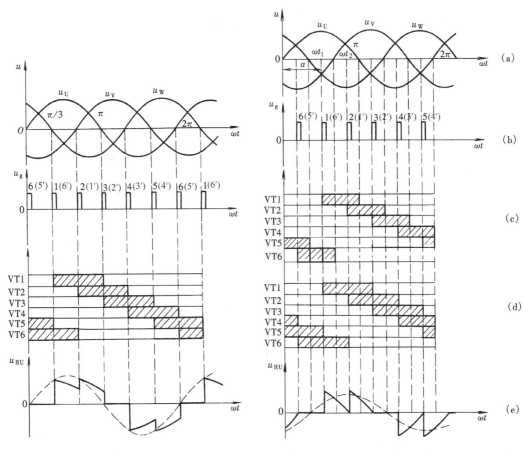

图 6-16　三相三线交流调压 $\alpha=60°$ 时的波形　　　图 6-17　三相三线交流调压 $\alpha=90°$ 时的波形

4. $\alpha=90°$

如图 6-17 所示。注意，如果认为正半周或负半周结束就意味着相应晶闸管的关断并得到图 6-17（c）所示导通区间图，那是错误的。因为这里出现了有的区间只有一个管子导通的情况，这是不可能的，因为一个管子不能构成回路。（d）图才是正确的导通区间图。下面进行分析。

设触发脉冲宽度大于 60°。在触发 VT1 时，VT6 还有触发脉冲，由于此时（ωt_1 时刻）$u_U>u_V$，因此，VT6 还可与 VT1 一起导通，构成 U、V 两相回路，电流途径是：VT1→U 相负载→V 相负载→VT6。只要 $u_U>u_V$，VT1、VT6 就能导通下去，直到开始 $u_U<u_V$ 时（ωt_2 时刻），VT1、VT6 才同时关断。同样，在 U_{g2} 到来时，U_{g1} 还存在，又因 $u_U>u_W$，所以使得 VT2 与 VT1 一起触发导通，构成 U、W 两相回路，……。如此可知，每个管子导

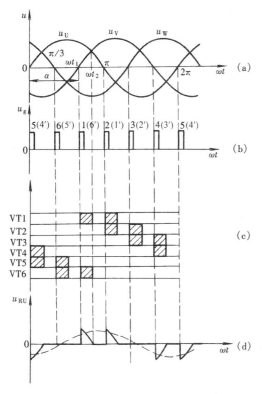

图 6-18　三相三线交流调压 $\alpha=120°$ 时的波形

通后，与前一个触发的管子一起构成回路，导通 $60°$ 后关断，然后又与新触发的下一个管子一起构成回路，再导通 $60°$ 后关断。

导通特点：①每管导通 $120°$；②每个区间有两个管子导通。

5. $\alpha=120°$

如图 6-18 所示。触发 VT1 时，VT6 还有触发脉冲，而此时（ωt_1 时刻）$u_U>u_V$，故 VT1 与 VT6 一起导通，构成 U、V 回路，到 ωt_2 时刻开始 $u_U<u_V$ 时，两管同时关断。触发 VT2 时，由于 VT1 的触发脉冲还存在，于是 VT2 与 VT1 一起导通，又构成 U、W 两相回路，到 $u_U<u_W$ 时两管又同时关断。……。如此可知，每个管子与前一个触发的管子一起导通 $30°$ 后关断，关断 $30°$ 后，下一个管子触发时再与之一起构成回路再导通 $30°$。

负载在正半周获得的电压 u_{RU} 为

$\omega t=0°\sim30°$，VT4、VT5 导通，$u_{RU}=u_{UW}/2$；

$\omega t=30°\sim60°$，VT1～VT6 均不通，$u_{RU}=0$；

$\omega t=60°\sim90°$，VT5、VT6 导通，$u_{RU}=0$；

$\omega t=90°\sim120°$，VT1～VT6 均不通，$u_{RU}=0$；

$\omega t=120°\sim150°$，VT1、VT6 导通，$u_{RU}=u_{UV}/2$；

$\omega t=150°\sim180°$，VT1～VT6 均不通，$u_{RU}=0$。

导通特点：①每管触发后导通 $30°$，关断 $30°$，再触发导通 $30°$；②各区间有的是两个管子导通，有的是没有管子导通。

6. $\alpha=150°$

当发出 U_{g1} 触发 VT1 时，尽管 VT6 的触发脉冲仍然存在，但相电压间已越过了 $u_U>u_V$ 区间，故 VT1、VT6 即使有触发脉冲也没有正向电压，不能导通，别的管子又没有触发脉冲，更不能导通。因此，在 $\alpha\geq150°$ 以后，从电源到负载构不成通路，没有交流电压输出。

由上述分析可知，$\alpha=0°$ 时，电路输出全电压；α 增大，输出电压减小；$\alpha=150°$ 时输出电压为零。可见其移相范围为 $0°\sim150°$。另外，随着 α 的增大，电流不连续程度增加，负载上的电压已不是正弦波，但正、负半周仍然对称。由于没有中性线，故不存在三次谐波通路，减少了对电源的影响。

三相交流调压在阻—感负载时的工作情况比较复杂，这里不予讨论。

三、晶闸管与负载接成内三角形的三相交流调压电路

电路如图 6-19 所示。这种电路实际上是由三个单相交流调压电路组合而成的。由于管

子串接在三角形内部，流过管子的电流是相电流，故在同样线电流情况下，管子的电流容量可以降低。

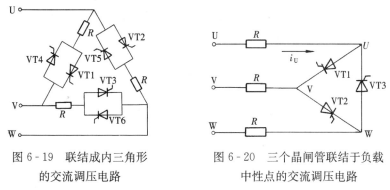

图 6-19　联结成内三角形
的交流调压电路

图 6-20　三个晶闸管联结于负载
中性点的交流调压电路

四、三个晶闸管联结于星形负载中性点的三相交流调压电路

电路如图 6-20 所示。这种电路的构成与控制较为简单，适用于三相负载星形联结且中性点能拆开的场合，移相范围为 0°～210°。因线间只有一个晶闸管，属于不对称控制，谐波分量较大，对电源影响也较大。

五、三相交流调压应用

1. 晶闸管电镀电源

图 6-21 是晶闸管电镀电源的主电路。图中整流变压器 TR 的一次侧接成星形三相四线制，每相用一只双向晶闸管与 TR 的一次绕组串联，实现交流调压。变压器二次侧采用带平衡电抗器 L 的双反星形整流电路，用 12 只整流二极管并联成六路输出。EL1～EL3 为三相晶闸管工作状态指示灯，三灯亮度一样时表示工作正常，若某相灯泡较暗或不亮，则该相电路工作不正常。TA 为电流互感器，对主电路的过电流采样，采样信号送到控制电路。

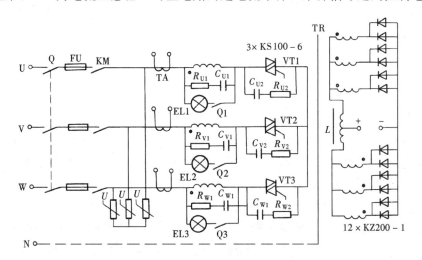

图 6-21　晶闸管电镀电源主电路

这个电路交流输入电压为 380V、50Hz，直流输出电压为 0～18V，直流输出电流为 0～1500A。

2. 晶闸管调压调速系统

图 6-22 是高温高压染色机的导布辊调压调速系统原理框图。这是一个由速度外环和电

压内环构成的双闭环调速系统。主电路是一个三相全控星形联结的调压电路,在此电路中没有中性线,工作时至少有两相构成通路,才可使负载中通有电流,即在三相电路中至少要有一相的正向晶闸管与另一相的反向晶闸管同时导通。电路采用双脉冲触发,通过控制双向晶闸管的导通角改变电动机的端电压,达到控制速度的目的。

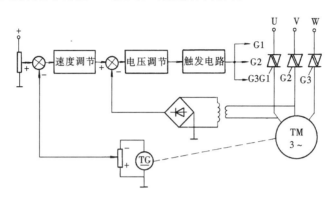

图 6-22　导布辊调压调速系统原理框图

3. 晶闸管节电器

当电动机在工作过程中轻载或空载运行时,这些电动机在额定电压下工作,效率和功率因数都很低,造成电能的浪费。晶闸管节电器是一种晶闸管三相交流调压装置,其主电路形式与图 6-22 调压调速系统一样,为三相全波星形联结的调压电路。它能自动的根据电动机的负载率变化来改变电动机的端电压,使电动机在空载、轻载(小于 30% 额定负载)时的工作电压低于额定值,从而降低电动机的损耗,提高功率因数,达到节电的目的。而当负载率大于 30% 时晶闸管全导通,电动机在额定电压下运行。

这种节电器还有软起动功能,可代替传统的电动机起动器,使电动机的起动电压缓慢地增加,从而既可降低起动功耗,又可减小起动电流对电网的冲击。

小　　结

晶闸管交流开关用很小的门极电流去控制很大的阳极电流。它完全没有电磁继电器、接触器等所存在的触点粘连、磨损、电弧等问题,并可显著提高开关频率。由于晶闸管总是在电流过零时关断,所以关断时,不会出现因电感负载储能而造成的感应过电压现象。晶闸管交流开关特别是双向晶闸管组成的交流开关,线路简单,可用于操作频繁、可逆运行的装置,并可用于易燃易爆危险场所。

电子交流调压电路的调节控制方式一般有两种:一种是周波数控制,即在电压零点附近触发晶闸管导通,在设定的周期内改变晶闸管导通的周波数,实现调节输出电压和负载功率的功能。另一种是移相控制,即改变反并联晶闸管或双向晶闸管的控制角 α,实现交流调压。交流调压的参量均以有效值计算。

当晶闸管交流调压电路接电感性负载时,最小控制角为负载功率因数角 φ,并应采用宽脉冲或脉冲列触发。

几种三相交流调压电路的性能比较如下表所示。

表6-1				四种三相交流调压电路的性能比较
电路	晶闸管工作电压（峰值）	晶闸管工作电流（峰值）	移相范围	线路性能特点
见图6-13	$\sqrt{\dfrac{2}{3}}U_1$	$0.45I_1$	$0°\sim180°$	适用于中小容量可接中性线的负载。相当于三个单相电路的组合；输出电压电流对称；中性线中有谐波电流
见图6-19	$\sqrt{2}U_1$	$0.26I_1$	$0°\sim150°$	较少应用。相当于三个单相电路的组合；输出电压电流对称；同样容量时，此电路可选电流小，耐压高的晶闸管
见图6-20	$\sqrt{2}U_1$	$0.68I_1$	$0°\sim210°$	适用于中性点能拆开的星形负载。线路简单；线间只有一个晶闸管，为不对称控制
见图6-14	$\sqrt{2}U_1$	$0.45I_1$	$0°\sim150°$	适用于各种负载。当负载对称且三相皆有电流时相当于三个单相电路的组合；采用双窄或单宽脉冲；没有三次谐波

习 题 及 思 考 题

6-1　交流调压的周波数控制与移相控制的优缺点各是什么？适用于什么负载？

6-2　一电阻性加热炉由单相交流调压电路供电，如 $\alpha=0$ 时为输出功率最大值 P_M，试求功率为 $0.8P_M$、$0.5P_M$ 时的控制角 α（可用图解法求）。

6-3　双向晶闸管组成的单相调功电路采用过零触发，电源电压 $U_2=220V$，负载电阻 $R=1\Omega$。在设定周期 T_C 内，使晶闸管导通 0.3s，断开 2s。计算：

1）输出电压的有效值。

2）负载上所得到的平均功率及假定晶闸管一直导通时所送出的功率。

6-4　图6-23为双向晶闸管组成的零电压开关，试说明 VT1 管触发信号随机断开时，负载能在电源电压波形过零点附近接通电源；VT1 管触发信号随机接通时，负载能在电流过零点断开电源。

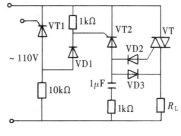

图6-23　题6-4图

6-5　一台 220V、10kW 的电炉采用单相晶闸管交流调压供电，现调节控制角 α，使负载实际消耗功率为 5kW，试求电路的控制角 α、工作电流及交流侧的功率因数。

6-6　图6-24为阻感负载单相交流调压电路，u_2 为 220V、50Hz 正弦交流电，$L=5.516mH$，$R=1\Omega$，求：

1）控制角移相范围。

2）负载电流最大有效值。

3）最大输出功率和功率因数。

4）画出 $\alpha=90°$ 时负载电压和电流的波形。

6-7　图6-25为采用两个晶闸管相对连接并增加两个二极管组成的交流调压电路，用于电力控制。此电路可取代晶闸管反并联电路。试分析其工作原理及电路的优缺点。

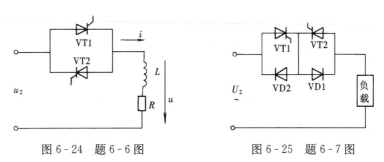

图 6-24　题 6-6 图　　　　　　　　图 6-25　题 6-7 图

6-8　不带中性线的三相三线星形连接交流调压电路，带电阻性负载。试分析控制角 $\alpha=$ 30°、45°、120°、135°四种情况下的晶闸管导通区间分布及电路输出电压波形。

第七章　逆变电路与变频电路

将直流电变换成交流电的相应电路称之为逆变电路。在逆变电路中，如果把交流侧接到交流电源上（电网或交流发电机），将直流电逆变成与交流电源同频率的交流电馈送到电网中去，称为"有源逆变"，相应的有源逆变电路已在第五章中介绍；如果交流侧不与交流电网连接，而直接与负载相连，将直流电逆变成某一频率或可调频率的交流电供给负载，则称为"无源逆变"，本章所介绍的逆变电路就是所谓的无源逆变电路。

若逆变电路中的直流电来自于整流电路的输出，即可构成交—直—交变频电路，它已被广泛应用在变频器、不间断电源（UPS）和感应加热中；若不通过中间直流环节，而把电网频率的交流电直接变换成不同频率的交流电就构成交—交变频电路，也称周波变流器（Cycloconverter），大功率交流电动机调速系统所用的变频器主要是交—交变频电路。

第一节　电力变流器换相方式

电力变流器可以看成由多个电力半导体器件组合而成，它把交流电源变成直流而输出，或把直流电源变成交流而输出等等，在输入和输出之间进行波形变换。

电力半导体器件可以用切断和接通电流的开关来表示。切换开关的动作有两种，如图7-1所示。图7-1（a）的动作是电路电流i没有向其他地方转移，而是消失了，称之为熄灭。图7-1（b）的动作是电路电流i从a转移到b，称之为换相或换流。

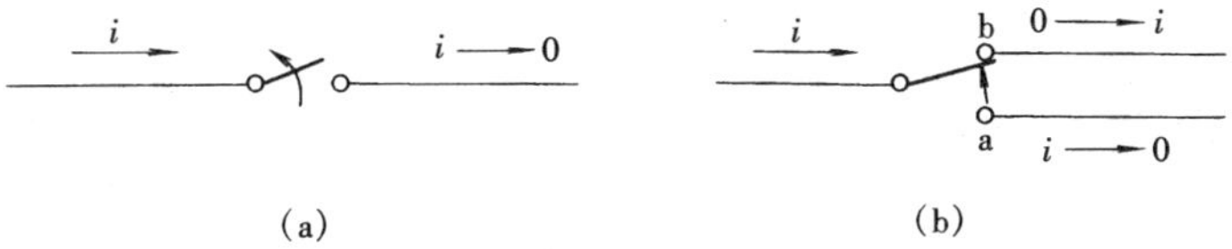

图7-1　熄灭和换相
(a) 熄灭；(b) 换相

在实际电路中，换相是电流在半导体器件构成的a、b两个桥臂之间的转移。为了把半导体器件a关断，使电流转移到器件b，有时使用电网电源或负载等外部手段来关断a，有时靠a本身就具有的关断能力来关断，有时必须设置换相电路所产生的脉冲来强迫关断a。下面介绍几种电力变流器的换相方式。

一、交流电网换相

这种换相方式应用于交流电网供电的电路中。由于电力半导体器件直接与交流电网相连，利用电网电压自动过零并变负的性能即可换相。如图7-2所示的可控整流电路中，当$u_v > u_u$以后，VT2即可使VT1承受反向电压而自动关断。显然，这种换相方式简单，无需附加换相电路，除用于整流电路和有源逆变电路外，还用于AC/AC变流器中。

二、负载谐振式换相

在由直流电源供电的晶闸管变流器中，由于晶闸管始终承受正向电压，导通后便无法关

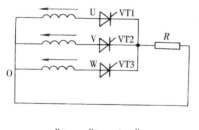

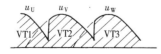

图7-2　交流电网换相原理图

自然换相。

断，不可能实行电网换相，必须采用负载换相或强迫换相。

负载谐振换相方式就是利用负载回路中电阻、电容和电感的振荡特性，使负载电流超前电压。这样，当退出换相的晶闸管电流已下降到零时，负载电压仍未反向，从而使该晶闸管承受一定时间的反向电压而可靠的关断。

本章将要介绍的单相无源逆变电路就是采用的负载谐振换相方式。负载换相和电网换相都是利用变流器的外部条件来进行的，不需专门的换相环节，也统称为自然换相。

三、脉冲换相

在直流电源供电的晶闸管变流器中，要使晶闸管强迫关断，必须使其正向电流下降到维持电流以下，然后再加上反向电压经过一定的时间（关断时间）后，使晶闸管再承受正向电压时也不会导通才行。这样的换相要用换相电路所产生的脉冲来实现，称之为脉冲换相。本章所要介绍的三相无源逆变电路都是采用的脉冲换相方式。

四、器件换相

在变流器中，若采用具有自关断性能的全控型半导体器件，如可关断晶闸管（GTO）、电力晶体管（GTR）、功率场效应晶体管（VMOS）、绝缘栅双极型晶体管（IGBT）等。这些半导体器件都可以在其门极或基极或栅极上加关断信号，使得导通的器件关断。像这样，不借助于外部力量，又不需要复杂的换相电路，而是依靠器件本身的自关断能力而进行换相的方式称之为器件换相。

随着全控型半导体器件的发展，器件换相被广泛地应用在直流电源供电的变流器，即实现DC/AC变换的无源逆变器和实现DC/DC变换的斩波电路中。器件换相和脉冲换相统称为强迫换相。

第二节　单相无源逆变电路

根据交流电的相数，无源逆变电路有单相和三相之分，单相适用于小、中功率负载，三相适用于中、大功率负载。无源逆变电路也简称逆变电路。

逆变电路的基本原理可由图7-3说明如下：当开关元件1、4和2、3轮流切换通断

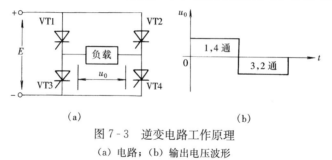

(a)　　　　　　　　　　　　　　(b)

图7-3　逆变电路工作原理

(a) 电路；(b) 输出电压波形

开关元件切换

源与负载

电路可以

流电源

正弦

能量

后的

如

方

图所示方向流过，刚换相后（VT1、VT4换相到 VT2、VT3）……流的方向，可以经过 VD2、VD3 将无功能量反馈回电源。

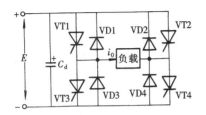

图 7-4 电压型逆变电路

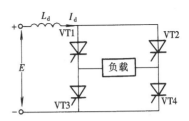

图 7-5 电流型逆变电路

电流型逆变电路在直流侧串以大电感 L_d 以吸收无功功率，如图 7-5 所示。故电源为具有高阻抗的电流源，输出交流电流接近矩形波，而输出交流电压接近于正弦被。在电流型逆变电路中，由于直流侧电流 I_d 的方向是不变的，而电压的极性可变，故不需要设反馈二极管。逆变电路各开关元件的换相过程只是实现电流的交替分配。

单相电压型和电流型逆变电路的种类很多，本节主要介绍在感应加热炉的中频电源上所采用的串联谐振式和并联谐振式逆变电路，它们都属于负载换相式逆变电路。

一、串联谐振式逆变电路

串联谐振式逆变电路如图 7-6 所示。其中 R、L 为负载的等效阻抗，C 为补偿电容，VD1～VD4 为反馈二极管。显然，它是一种电压型逆变电路。

在 RLC 串联电路中，当 $R < 2\sqrt{L/C}$ 时，电路产生振荡。由于中频感应炉中，L/C 值总是很大，则串联负载电路便形成振荡过程。当 VT1、VT4 触发导通后，一个振荡周期的电流通路和波形如图 7-7 所示。

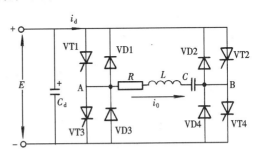

图 7-6 串联谐振逆变电路

开始时，由于电容电压 u_c 很小，E 迅速向电容充电，i_0 上升很快。随着 u_c 的增加，i_0 上升速度减慢，达到最大值后，其值开始减小，见图 7-7（c）中的 t_1 时刻。到 t_2 时刻 $u_c = E$，由于存在电感，电流不能立刻减至零。随着磁场能量的放出，电流逐渐衰减下来，电容继续被充电，使 $u_c > E$。到 t_3 时刻 $i_0 = 0$，晶闸管 VT1 和 VT4 关断。VT1 和 VT4 关断

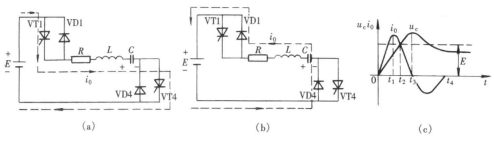

图 7 - 7　串联谐振一个周期的电流通路和波形

后，由于 $u_c > E$ 电容通过二极管 VD1 和 VD4 放电，电流反向，VT1 和 VT4 开始承受反向电压，见图 7 - 7（b）所示。直到 t_4 时刻，放电结束，i_0 才降到零。$t > t_4$ 后，虽然 $E > u_c$，但由于晶闸管 VT1、VT4 已关断，电路中不会再有电流，电容保持此时的电容电压。VT3、VT2 导通后的振荡过程与此相同，只是电流方向相反。

前已述及，要使晶闸管可靠关断，要求电流下降到零后，承受一段反压时间 t_F。这段时间就是图 7 - 7（c）中的 $t_3 \sim t_4$。在这段时间内电容经反馈二极管 VD1、VD4 放电，使晶闸管承受反压，其值等于二极管的管压降。根据晶闸管可靠关断的条件要求 $t_F = (t_4 - t_3) > t_q$。

根据逆变电路触发频率 ω_g 的不同，负载电流可以有断续、临界和连续三种情况。

1. $\omega_g < \omega_0$（$\omega_0 = 1/\sqrt{LC}$ 为无阻尼谐振角频率）

振荡过程电流断续，如图 7 - 8（a）所示。VT1、VT4 导通后，负载电流 i_0 从 A 流向 B，当达到 t_1 时 i_0 为零，VT1、VT4 自行关断。由于负载 RLC 串联电路的振荡作用，t_1 以后的负载电流 i_0 可以通过 VD1、VD4 反方向流通，从 B 流向 A，形成振荡电流。因为在电阻 R 上要消耗能量，故 i_0 的幅值要减小，波形是衰减的。到达 t_2 时刻，i_0 又为零，VD1、VD4 截止。t_2 时刻以后，因为 VT1、VT4 已经关断，故不能再出现振荡电流。$t_2 \sim t_3$ 期间，所有晶闸管和二极管均处于阻断状态，所以 i_0 一直为零。到了 t_3 时刻，VT2、VT3 被触发导通，负载电流 i_0 将由 B 流向 A，负载 RLC 又形成振荡。同时，在 t_4 时刻，VT2、VT3 自行关断，VD2、VD3 导通，i_0 又由 A 流向 B，待到 t_5 时刻 i_0 又为零。如此反复进行，得到负载电流 i_0 是断续的波形。因为忽略了晶闸管与二极管导通时的管压降，故在晶闸管或二极管导通期间，可以认为 u_{AB} 的值是直流电源 E，如图 7 - 8

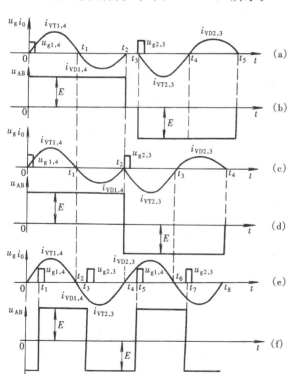

图 7 - 8　串联谐振式逆变电路在三种情况下的
输出电流和电压波形

（a）（b）$\omega_g < \omega_0$；（c）（d）$\omega_g = \omega_0$；（e）（f）$\omega_g > \omega_0$

（b）所示。在……

所有晶闸管和二极管都呈现……

变电路在一个周期内的功率是变化……

输出功率；在 $t_1 \sim t_2$ 期间，电压方向不变，

间，因为 i_0 波形的幅值减小且是衰减的，所以送回电……

为零，可以认为电源与负载间无能量交换。由此可见，电流断续的……

期内是很少的。

2. $\omega_g = \omega_0$

振荡电流处于断续和连续的临界处，如图 7-8（c）所示。此时，二极管电流刚好到零，触发导通另一对晶闸管，两周期振荡过程正好衔接，负载电流 i_0 是由断续到连续的临界情况。而负载两端电压 u_{AB} 是正、负幅值为 E 的矩形波，如图 7-8（d）所示。

3. $\omega_g > \omega_0$

振荡过程电流连续，如图 7-8（e）所示。二极管电流下降到零之前，触发导通另一对晶闸管，前一振荡周期尚未结束，后一振荡周期就已开始。从而使振荡电流不会出现断续现象。在此情况下，负载电流 i_0 波形更接近于正弦波，负载两端电压如图 7-8（f）所示。在一个周期内，由于负载的电压和电流反相的时间减少了，负载送回电源的能量也就减少了，故电源输出功率也就增加了。

由上述分析可以看出，随着触发频率 ω_g 的增大，逆变器的输出功率也将增加。因此，可以用改变逆变器触发脉冲频率的办法来调节输出功率。但需要强调指出，随着 ω_g 的增大。晶闸管获得反压的时间（$t_3 - t_2$）减小，为使晶闸管可靠关断，则

$$t_F = t_3 - t_2 = \frac{\gamma}{\omega} = \frac{1}{\omega}\mathrm{arctg}\left(\frac{\omega L - 1/\omega C}{R}\right) > t_q \qquad (7-1)$$

式中：$\gamma = \mathrm{arctg}\left(\dfrac{\omega L - 1/\omega C}{R}\right)$ 为电流超前电压的相位，即（$t_3 - t_2$）时间对应的电角度；ω 为逆变器输出频率，其值为 $\omega = \dfrac{1}{2}\omega_g$。因为串联复数阻抗 $Z = R + \mathrm{j}(\omega L - 1/\omega C)$，则 $\omega L - \dfrac{1}{\omega C} < 0$，即 $\omega < \omega_0 = 1/\sqrt{LC}$ 时，串联负载才呈容性，具备换相条件。因此，为保证电路可靠换相，触发脉冲频率 ω_g 的增大受到限制。故串联型逆变电路通常工作在 ω 接近 ω_0（即 ω_g 接近 $2\omega_0$）的谐振状态，构成串联谐振式逆变电路。

二、并联谐振式逆变电路

如果补偿电容与负载（等效为 R，L）并联，即可构成并联谐振式逆变电路，如图 7-9 所示。负载并联谐振时阻抗最大，如果用电压源供电，则在谐振附近电流较小。故采用电流源供电，即直流侧用大电感 L_d 滤波，吸收无功能量，是一种电流型逆变电路，不需要反馈二极管。

由于滤波电感 L_d 的作用，电流 I_d 近似为恒值。当晶闸管 VT1、VT4 导通时，$i_0 = I_d$，由 A 流向 B。

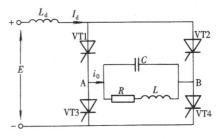

图 7-9 并联谐振逆变电路

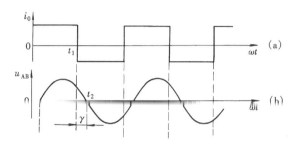

图 7 - 10　并联谐振逆变电路工作波形

当晶闸管 VT2、VT3 导通时，$i_0 = -I_d$，由 B 流向 A。故负载电流 i_0 为一矩形波，如图 7 - 10（a）所示。而由于逆变器工作在近于谐振状态，负载并联谐振回路对于负载电流中接近负载谐振频率的谐波分量呈现高阻抗，即这一谐波分量的电压较高，其余谐波分量电压都被衰减，所以负载两端电压 u_{AB} 接近正弦波，如图 7 - 10（b）所示。且负载品质因数（$Q = \omega L/R$）越高，这种选频特性越好，负载电压越接近正弦波。为使逆变电路可靠换相，要求负载电压 u_{AB} 滞后于负载电流 i_0，即 RLC 并联回路要呈容性。并联复数阻抗

$$Z = \frac{(R + j\omega L)\left(-j\dfrac{1}{\omega C}\right)}{R + j\omega L - j\dfrac{1}{\omega C}} = \frac{\dfrac{L}{C}\left(1 + \dfrac{R}{j\omega L}\right)}{R + j\left(\omega L - \dfrac{1}{\omega C}\right)} \tag{7 - 2}$$

一般 $R \ll \omega L$，则

$$Z \approx \frac{L}{C}\frac{1}{R + j\left(\omega L - \dfrac{1}{\omega C}\right)} = \frac{L}{C} \cdot \frac{R - j\left(\omega L - \dfrac{1}{\omega C}\right)}{R^2 + \left(\omega L - \dfrac{1}{\omega C}\right)^2} \tag{7 - 3}$$

要负载呈容性，必须 $\omega L > 1/\omega C$，即 $\omega > 1/\sqrt{LC} = \omega_0$，所以与串联谐振逆变电路相反，并联谐振逆变电路换相的必要条件是逆变电路频率必须高于负载谐振频率。

由图 7 - 10 可见，若负载电压 u_{AB} 滞后于电流 i_0 的电角度为 γ，为使晶闸管可靠关断，则：

$$t_F = t_2 - t_1 = \frac{\gamma}{\omega} = \frac{1}{\omega}\text{arctg}\left(\frac{\dfrac{1}{\omega C} - \omega L}{R}\right) > t_q \tag{7 - 4}$$

第三节　三 相 无 源 逆 变 电 路

在中、大功率的三相负载（如交流电动机）中均采用三相逆变电路。三相逆变电路的种类也非常多，在采用晶闸管作为可控元件的三相逆变电路中，对于像交流电动机一类的感性负载，不具备负载换相条件，必须采用强迫换相方式，即在电路中另设附加换相环节。在电压型三相逆变电路中，我们主要介绍辅助晶闸管换相逆变电路。在电流型三相逆变电路中主要介绍串联二极管式逆变电路。

一、电压型三相逆变电路

从换相角度，电压型三相逆变电路的形式很多，图 7 - 11 为辅助晶闸管换相逆变电路，也称麦克墨莱（Mcmurray）电路。其中：VT1～VT6 是主晶闸管；VT1′～VT6′ 是辅助换相晶闸管，主晶闸管的关断是靠触发辅助晶闸管来实现的；C 为换相电容器；L 为换相电感；VD1～VD6 是反馈二极管。

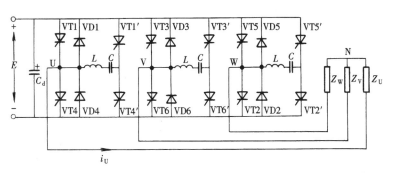

图 7-11 三相辅助晶闸管换相逆变电路

（一）换相过程

该逆变电路的换相是在同一桥臂，即同一相中进行的。三相的换相电路及换相过程是完全一样的，现就 U 相从 VT1 导通换相到 VT4 导通的过程分析如下。

U 相等效电路如图 7-12 所示，N 为直流侧电源假想中点。换相过程的波形如图 7-13 所示。

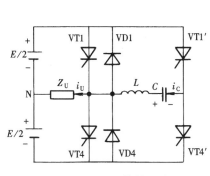

图 7-12　U 相等效电路

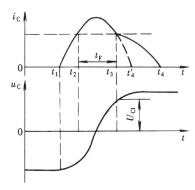

图 7-13　换相过程波形

1. 晶闸管 VT1 电流减小阶段

设在 VT1 导通时，电容 C 已被充上了如图 7-12 所示极性的电压 U_{C1}。在 t_1 时刻触发辅助晶闸管 VT1′，电容 C 经过 L、VT1 和 VT1′放电，产生谐振电流 i_C。设负载电流 i_U 在换相期间不变，即 $i_U = I_U$，则 VT1 电流为 $i_{VT1} = I_U - i_C$。随着 i_C 的不断增大，i_{VT1} 不断减小。到 t_2 时刻，$i_C = I_U$，$i_{VT1} = 0$，VT1 关断，此阶段结束。

这一阶段的电流路径如图 7-14 (a) 所示，负载电流 I_U 由 i_C 和 i_{VT1} 共同提供。

2. VD1 导通，VT1 反压阶段

从 t_2 时刻起 i_C 超过 I_U，其超过部分经 VD1 流向直流电源正端。VD1 上的管压降使晶闸管 VT1 承受反向电压。当 C 继续放电至 $u_C = 0$ 时，谐振电流 i_C 达到峰值。此后 i_C 开始减小，L 中储藏的能量向 C 反向充电。到 t_3 时刻，i_C 降至 I_U，VD1 关断，本阶段结束。如图 7-13 所示，本阶段所对应的时间 $t_F = t_3 - t_2$，它对应主晶闸管 VT1 承受反压的时间，只要 $t_F > t_q$，晶闸管 VT1 即能可靠关断。

这一阶段的电流路径如图 7-14 (b) 所示，负载电流 I_U 由 i_C 和 i_{VD1} 共同决定。

3. VD4 导通，C 继续反向充电阶段

t_3 时刻 VD1 关断，C 被反向充上的电压达到 U_{C1}。如 $U_{C1} > \dfrac{1}{2}E$，二极管 VD4 导通，

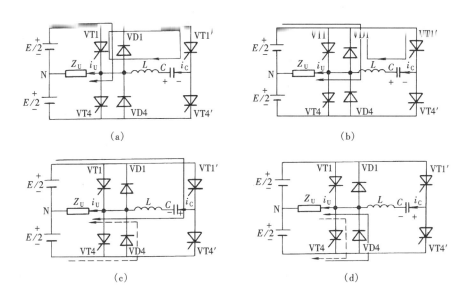

图 7 - 14　各换相阶段电流路径

$i_C = I_U - i_{VD4}$，使 LC 振荡电路的电流变小，即 i_C 减小的速度变慢，如图 7 - 13 所示。到 t_4 时刻，L 中能量释放完毕，i_C 降至零，C 反向充电电压达到最大值，同时辅助晶闸管 VT1′ 关断，本阶段结束。

这一阶段的电流路径如图 7 - 14（c）所示，负载电流 I_U 由 i_C 和 i_{VD4} 提供。

如果 t_3 时刻 $U_{C1} < \frac{1}{2}E$，则 VD4 不会立即导通，感性负载电流的作用使得 $i_C = I_U$ 持续一段时间，出现电容 C 恒流充电，u_C 线性上升的阶段。当 $U_{C1} > \frac{1}{2}E$ 后，VD4 才开始导通，其后的情况与上面的分析相同。

4．C 充电结束，VD4、VT4 导通阶段

t_4 时刻 C 的反向充电已结束，由 i_{VD4} 单独提供负载电流 i_U，负载电感中能量向直流电源反馈，负载电流逐渐减小，当其过零后，由于 VT4 已有触发脉冲，于是 VT4 导通，负载电流反向。通常 VT4 的触发脉冲在图 7 - 13 中 t_4' 时就给出，但只有在 VD4 电流过零后 VT4 才能导通。$t_4' - t_1 = \pi\sqrt{LC}$，为 LC 振荡周期的一半。本阶段电流路径如图 7 - 14（d）所示。

在从 VT1 导通转换到 VT4 导通的换相过程中，C 被充上反向电压，这给从 VT4 导通换相到 VT1 导通作好了准备。

麦克墨莱电路换相电压随负载电流的增大而自动增高，提高了大负载下的换相能力。在换相过程中能量损耗少，效率高。但当换相电容电压过高时，要求晶闸管耐压高。另外，这种电路动态性能不够理想，负载突然加大时，会因电容电压事先充电不足而可能导致换相失败。

（二）工作原理及波形

图 7 - 11 所示电路的三相桥臂均按上述换相过程换相。一个周期有六个工作状态，每隔 60°依次给 VT1～VT6 六只主晶闸管发触发脉冲，同一相上的两只晶闸管 VT1 与 VT4、VT3 与 VT6、VT5 与 VT2 在辅助晶闸管 VT1′～VT6′ 的协助下互相自动换相。根据对换相

过程的分析，辅助晶闸管 VT1′～VT6′仅在换相阶段导通很短一段时间，如果忽略换相过程，每只主晶闸管在一个周期内导电 180°，故称为 180°导电型逆变电路。这样，任何瞬间都有三只主晶闸管同时导通。如果将六只主晶闸管分成共阳极组和共阴极组，则任一瞬时有三只主晶闸管同时导通不外乎两种情况：两只共阳极组和另一只共阴极组或两只共阴极组和另一只共阳极组主晶闸管同时导通。设三相负载是平衡的，即 $Z_U=Z_V=Z_W=Z$，则 0°～60°区间和 60°～120°区间两种情况的等效电路如图 7 - 15 所示。

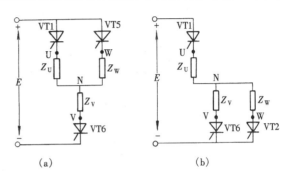

图 7 - 15 180°导电型逆变电路两种情况的等效电路
(a) 0°～60°区间；(b) 60°～120°区间

晶闸管导通时忽略其管压降，不难求出各相的相电压如下：

对于图 7 - 15 (a)，U 点和 W 点等电位，则 0°～60°区间相电压为

$$u_{UN}=u_{WN}=\frac{Z/2}{Z+Z/2}E=\frac{1}{3}E \tag{7-5}$$

$$u_{VN}=-u_{NV}=-\frac{Z}{Z+Z/2}E=-\frac{2}{3}E \tag{7-6}$$

同理，对图 7 - 15 (b)，可求得 60°～120°区间相电压为

$$u_{UN}=\frac{2}{3}E \tag{7-7}$$

$$u_{VN}=u_{WN}=-u_{NV}=-\frac{1}{3}E \tag{7-8}$$

其他四个区间的相电压也可同样求得。其输出线电压可根据晶闸管的通断情况，由 U、V、W 三点极性直接求得。也可根据相电压由下式求得

$$\begin{cases}u_{UV}=u_{UN}+u_{NV}=u_{UN}-u_{VN}\\u_{VW}=u_{VN}-u_{WN}\\u_{WU}=u_{WN}-u_{UN}\end{cases} \tag{7-9}$$

图 7 - 16 列出了一个周期内各晶闸管的导通次序和 U、V、W 三点的电压极性以及输出的相电压、线电压和 U 相负载电流 i_U 的波形。由图可以看出，三相输出相电压和线电压分别是阶梯波和 120°宽的方波，且三相是对称的，每相互差 120°。而输出电流波形为近似正弦波，其相位决定于负载的功率因数。

随着全控型半导体器件的发展，利用器件换相构成的逆变电路已得到广泛应用。图 7 - 17给出了由电力晶体管 GTR 构成的三相电压型逆变电路。V1～V6 为 GTR，它们在基极控制下即可方便地通或断，而不需要附加换相电路，属器件换相。VD1～VD6 为反馈二极管。

此逆变电路的换相可以很方便的在同一桥臂中进行，使各相的半桥交替导通 180°，即每只 GTR 一个周期内导电 180°，构成 180°导电型逆变电路，其电压和电流波形与图 7 - 16 相同。

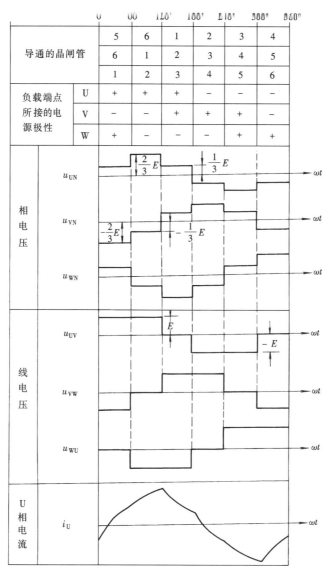

		0	60°	120°	180°	240°	300°	360°
导通的晶闸管		5	6	1	2	3	4	
		6	1	2	3	4	5	
		1	2	3	4	5	6	
负载端点所接的电源极性	U	+	+	+	−	−	−	
	V	−	−	+	+	+	−	
	W	+	−	−	−	+	+	

图 7 - 16　180°导电型逆变电路的电压及电流波形

二、电流型三相逆变电路

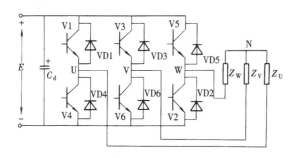

图 7 - 17　电压型 GTR 三相逆变电路

在采用晶闸管作为功率元件的电流型逆变电路中，串联二极管式得到广泛应用，其三相电路如图 7 - 18 所示。这种方式把晶闸管和二极管串联，在两者连接处和各相之间接有换相电容。其换相是由该换相电容所积累的电荷使晶闸管反向偏置来实现的，属脉冲换相方式。串联二极管 VD1～VD6 使负载与电容隔离，以防止换相电容上的电荷通过负载放电，从而有效地发挥电容的换相能力。

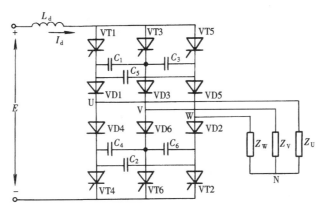

图 7 - 18　三相串联二极管逆变电路

（一）换相过程

该逆变电路的换相是在两相之间的共阳极组或共阴极组中进行的。换相按 VT1→VT3 →VT5→VT1 和 VT2→VT4→VT6→VT2 的顺序交替进行。设逆变电路已进入稳定工作状态，换相电容器已充上电压。换相电容器上所充电压的规律是：在共阳极晶闸管侧，电容器中与导通的晶闸管相联接的一端极性为正，另一端为负，电压为 U_{c0}，不与导通晶闸管相联接的另一个电容器电压为零；共阴极晶闸管一侧与共阳极侧情况相似，只是电容器电压极性相反。在分析换相过程时，常用等效换相电容的概念。例如在分析从晶闸管 VT1 向 VT3 换相时，换相电容 C_{13} 就是 C_3 与 C_5 串联后再与 C_1 并联的等效电容。设 $C_1 \sim C_6$ 的电容量均为 C，则 $C_{13}=3C/2$。现以共阳极组 U 相 VT1 换相给 V 相 VT3 为例说明其换相过程。

1. 恒流放电阶段

在 VT1 换相给 VT3 之前，VT1 和 VT2 是导通的，其电流路径如图 7 - 19（a）所示。这时，电容 C_{13} 上已被充电至一个稳定初始值 U_{c0}，极性为左正右负，负载 U 相和 W 相流有电流 I_d。如图 7 - 20 所示，在 t_1 时刻给 VT3 以触发脉冲，则 VT3 导通，换相电容 C_{13} 上的电压 U_{c0} 将全部加在 VT1 上使其承受反向电压而关断。电流 I_d 从 VT1 换到 VT3 上，C_{13} 通过 VD1、U 相负载、W 相负载、VD2、VT2、直流电源和 VT3 放电，电流路径如图 7 - 19（b）所示。因

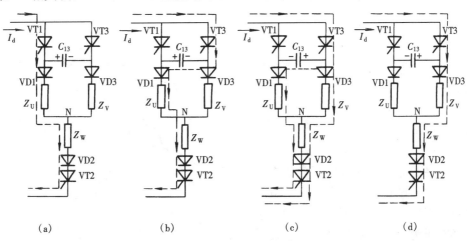

　（a）　　　　　　　（b）　　　　　　　（c）　　　　　　　（d）

图 7 - 19　共阳极组 VT1 换相给 VT3 时各阶段的电流路径

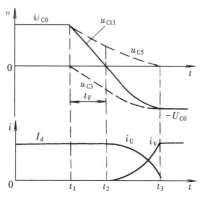

图 7-20　换相过程波形

放电电流恒为 I_d，故称恒流放电阶段。在 C_{13} 电压 u_{c13} 下降到零以前，VT1 一直承受反向电压，其反压时间 $t_F = t_2 - t_1$。只要 $t_F > t_q$，晶闸管就能可靠关断。

2. 二极管换相阶段

如图 7-20，t_2 时刻 u_{c13} 降到零之后，在 U 相电感负载作用下，开始对 C_{13} 反向充电。设负载为电感性负载，并忽略其中的电阻，则在 t_2 时刻 $u_{c13} = 0$ 后，二极管 VD3 受到正向偏置而导通，开始流过电流 i_V，而 VD1 流过的充电电流为 $i_U = I_d - i_V$，两个二极管同时导通，如图 7-19（c）所示，随着 C_{13} 充电电压不断增高，充电电流逐渐减小，i_V 逐渐增大。到 t_3 时刻，充电电流 i_U 减到零，$i_V = I_d$，VD1 承受反压而关断，二极管换相阶段结束。t_3 以后，进入 VT2、VT3 稳定导通阶段，电流路径如图 7-19（d）所示。

如果负载为交流电动机，则在 t_2 时刻 u_{c13} 降到零时，由于这时反电动势 $e_{VU} > 0$，使得 VD3 仍承受反向电压。直到 u_{c13} 升高到与 e_{VU} 相等后，VD3 才开始承受正向电压而导通，进入 VD3 和 VD1 同时导通的二极管换相阶段。此后的过程与前面的分析完全相同。

在图 7-20 给出的电感负载换相波形中，u_{C1}、u_{C3}、u_{C5} 分别为各换相电容 C_1、C_3、C_5 上的电压波形。u_{C1} 的波形和 u_{c13} 完全相同，在二极管换相阶段，u_{C1} 从 U_{C0} 变到 $-U_{C0}$。C_3 和 C_5 是串联后再和 C_1 并联的，因它们的充放电电流均为 C_1 的一半，所以换相过程中电压的变化幅度也是 C_1 的一半。换相过程中，u_{C3} 从零变到 $-U_{C0}$，u_{C5} 从 U_{C0} 变到零。这些电压恰好符合相隔 $120°$ 以后从 VT3 到 VT5 换相时的要求，为下次换相准备了条件。

（二）工作原理及波形

图 7-18 所示逆变电路每隔 $60°$ 依次触发 VT1~VT6，共阳极组和共阴极组晶闸管按上述换相过程交替换相。每一时刻有两个晶闸管同时导通，并按 1，2—2，3—3，4—4，5—5，6—6，1 的顺序导通。所以每只晶闸管一个周期内导电 $120°$，称 $120°$ 导电型逆变电路。一个周期内各相负载电流和晶闸管的导通次序以及负载线电压 u_{UV} 的波形如图 7-21 所示。由图可以看出，三相输出电流为 $120°$ 宽的方波，这是由于电流型逆变电路的输入端直流电流总是保持 I_d 不变，利用各桥臂上晶闸管的通断来控制电路的导通路径以实现各相电流的分配。而输出电压为近似正弦波，其相位随负载功率因数的不同而改变。正弦波上的尖峰电压为电动机负载时，正弦波感应电动势上叠加的换相浪涌电压，为抑制

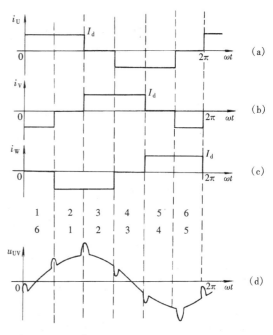

图 7-21　$120°$ 导电型逆变电路的电压及电流波形

尖峰电压的峰值，实际中应设置
吸收电路。

图 7-22 是使用可关断晶闸
管 GTO 构成的三相电流型逆变
电路。只要控制 VT1～VT6 的
栅极，即可很方便地使 GTO 通
断，从而使共阳极组和共阴极组
交替换相，构成 120°导电型逆变
电路。其电压和电流波形与图
7-21 相同。为了抑制波形中的
尖峰电压，电路中设置了 C_U，C_V 和 C_W。

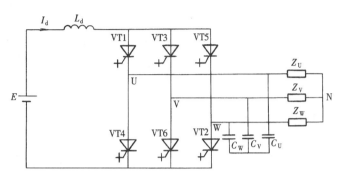

图 7-22　电流型 GTO 三相逆变电路

三、电压型和电流型逆变电路的比较

对电压型和电流型逆变电路以输出波形、回路构成以及特性三个方面列表比较如下：

表 7-1　　　　　　　　**电压型和电流型逆变器的比较**

	电压型逆变器	电流型逆变器
输出波形的特点	电压波形为矩形波 电流波形近似正弦波	电流波形为矩形波 电压波形近似正弦波
回路构成 上的特点	有反馈二极管 直流电源并联大容量 电容（低阻抗电压源） 电动机四象限运转需要再生用变流器	无反馈二极管 直流电源串联大电感 （高阻抗电流源） 电动机四象限运转容易
特性上的特点	负载短路时产生过电流 开环电动机也可能稳定运转	负载短路时能抑制过电流 电动机运转不稳定需要反馈控制

第四节　脉宽调制（PWM）型逆变电路

脉宽调制（Pulse Width Modulation）技术就是通过控制半导体开关器件的通断时间，在输出端获得幅度相等而宽度可调的输出波（称 PWM 波形），从而实现控制输出电压的大小和频率来改善输出波形的一种技术。由于它可以有效地进行谐波抑制而且动态响应好，在频率、效率诸方面有着明显的优势，因而在自关断器件出现并成熟后，PWM 控制技术就得到了很快的发展，在实现 DC/AC 变换的逆变电路和 DC/DC 变换的斩波电路中都得到广泛应用，其技术也日臻完善。

脉宽调制的方法很多，分类方法也没有统一，较常见的分类有：①矩形波脉宽调制和正弦波脉宽调制（Sinusoidal PWM，即 SPWM）；②单极性调制和双极性调制；③同步调制和异步调制。

矩形波脉宽调制所输出的脉冲列是等宽的，只能抑制一定次数的谐波。SPWM 所输出的脉冲列是不等宽的，其宽度按正弦规律变化，从而能有效地减少谐波。本节将介绍最常用的 SPWM 型逆变电路。

一、SPWM 的基本原理

如图 7-23（a）所示正弦波，将其每半周划分为 N 等份（图中 N=6），每一等份的正

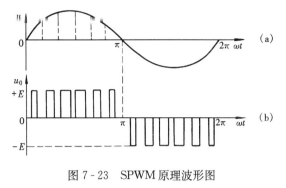

图 7 - 23　SPWM 原理波形图

弦电压与横轴所包围的面积都用一个与此面积相等的等高矩形脉冲来代替，且使矩形脉冲的中点与相应正弦等份的中点重合，则各脉冲的宽度将是按正弦规律变化的。按照采样控制理论中冲量相等而形状不同的窄脉冲加在惯性环节上，其效果基本相同的结论，如图 7 - 23（b）所示，由 N 个等幅而不等宽的矩形脉冲所组成的波形便与正弦波等效。

在用模拟电路产生等幅不等宽的 SPWM 波形的方法中，通常采用所需的正弦信号波 u_r（称为调制波）与三角波 u_c（称为载波）相交的办法来确定各分段矩形脉冲的宽度。因为等腰三角波上下宽度与高度成线性关系且左右对称，当它与一个光滑的曲线相交时，即可得到一组脉冲宽度正比于该曲线函数值的矩形脉冲。

如图 7 - 24 所示，用正弦波和三角波相交点（图 7 - 24（b））得到一组等幅矩形脉冲（图 7 - 24（a）），其宽度按正弦规律变化。再用这组矩形脉冲作为逆变器各半导体开关器件的控制信号，则在逆变器输出端就可以获得一组类似图 7 - 24（a）的矩形脉冲，其幅值取决于逆变器直流侧电压，而脉冲宽度是它在周期中所处相位角的正弦函数。该矩形脉冲可用其基波（图 7 - 24（a）中虚线）来等效。

不难看出：①逆变器输出频率与正弦调制波频率相同，当逆变器输出端需要变频时，只要改变调制波的频率即可，如图 7 - 24（c）、（e）所示；②三角波与正弦调制波的交点即确定了逆变器输出脉冲的宽度和相位。通常采用等幅的三角波，而用改变调制波幅值的方法，以得到逆变器输出波的不同宽度，从而得到不同的逆变器输出电压，如图 7 - 24（c）、（d）所示。

像这样，由正弦信号波对三角波调制而获得脉冲宽度按正弦规律变化又和正弦波等效的脉宽调制即为正弦脉宽调制，所得到的波形即为 SPWM 波形。

一般将正弦调制波的幅值 U_m 与三角载波的峰值 U_{cm} 之比定义为调制度 M〔亦称调制比或调制系数（Modulation Index）〕，即

$$M = \frac{U_m}{U_{cm}} \tag{7-10}$$

而将三角载波频率 f_c 与正弦调制信号频率 f_r 之比定义为载波比 N，即

$$N = \frac{f_c}{f_r} \tag{7-11}$$

二、单相 SPWM 逆变电路

电压型单相桥式 PWM 逆变电路如图 7 - 25 所示。E 为恒值直流电压，V1～V4 为电力晶体管 GTR，VD1～VD4 为电压型逆变电路所需的反馈二极管。

（一）单极性脉宽调制

图 7 - 26 给出了单极性脉宽调制控制波形。图中 u_c 为载波三角波，u_r 为正弦调制信号，由 u_r 和 u_c 波形的交点形成控制脉冲。u_{g1}～u_{g4} 分别为功率开关器件 V1～V4 的驱动信号，高电平使之接通，低电平使之断开。若 u_{g1} 和 u_{g3} 根据倒相信号分别在正半周和负半周进

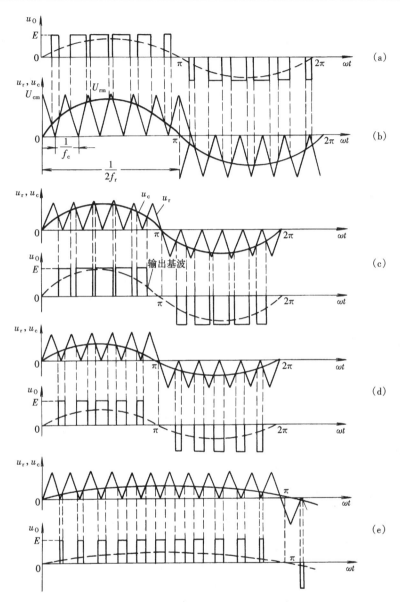

图 7 - 24　改变 SPWM 输出电压和频率时的波形

行脉冲调制，而 u_{g2} 和 u_{g4} 根据输出电流过零时刻作如图 7 - 26（c）所示安排，则可得如图 7 - 26（d）所示的输出电压 u_0 和电流 i_0 波形。负载为感性，在方波脉冲列作用下，电流为相位滞后于电压的齿状准正弦波。电压和电流除基波外还包含一系列高次谐波。

其基本工作原理是：在 $\omega t = 0$ 时，感性负载下电流 i_0 为负，即从 B 点流向 A 点。而此时只有开关 V2 接通，则电流由二极管 VD4 和开关 V2 续流，负载两端电压 $u_0 = 0$；α_1 后 V2 关断，V1 和

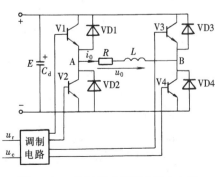

图 7 - 25　单相桥式 PWM 逆变电路

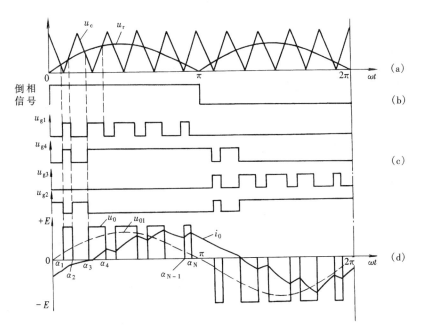

图 7 - 26　单极性脉宽调制波形

V4 同时加接通信号，但由于感性负载的作用，V1 和 V4 不能马上导通，电流 i_0 经 VD4、VD1 续流。负载两端加上正向电压 $u_0 = E$，i_0 反电压方向流通而快速衰减；α_2 后又只有 V2 接通，重复第一种状态的过程。当电流 i_0 变为正向流通时（α_3 以后），V4 始终接通，V1 接通时 $u_0 = E$，正向电流快速增大，V1 关断时由 VD2、V4 续流，$u_0 = 0$，正向电流衰减。负半周的工作情况与正半周类似，一个周期的波形如图 7 - 26 所示。显然，在正弦调制信号 u_r 的半个周期内，三角载波 u_c 只在一个方向变化，所得到的 SPWM 波形 u_0 也只在一个方向变化，这种控制方式就称为单极性脉宽调制。

　　逆变电路输出的脉冲调制电压波形对称且脉宽成正弦分布，这样可以减小电压谐波含量。通过改变调制脉冲电压的调制周期，可以改变输出电压的频率，而改变电压的脉冲宽度可以改变输出基波电压的大小。也就是说，载波三角波峰值一定，改变参考信号 u_r 的频率和幅值，就可以控制逆变器输出基波电压频率的高低和电压的大小。

　　（二）双极性脉宽调制

　　图 7 - 27 给出了感性负载时双极性脉宽调制控制波形。

　　其工作原理是：与单极性脉宽调制相同，仍然在调制信号 u_r 和载波信号 u_c 的交点时刻控制各开关器件的通与断。当 $u_r > u_c$ 时，给晶体管 V1 和 V4 以导通信号，给 V2 和 V3 以关断信号，输出电压 $u_0 = E$。当 $u_r < u_c$ 时，给 V2 和 V3 以导通信号，给 V1 和 V4 以关断信号，输出电压 $u_0 = -E$。可以看出，同一桥臂上下两个晶体管的驱动信号极性相反，处于互补工作方式。在电感性负载的情况下，当基波电压过零进入正半周（$\omega t = 0$）时，电流 i_0 仍为负值，即从图 7 - 25 中的 B 点流向 A 点。而此时若给 V1 和 V4 以导通信号，给 V2 和 V3 以关断信号（图 7 - 27α_1 处），则 V2 和 V3 立即关断，因感性负载电流不能突变，V1 和 V4 并不能立即导通，二极管 VD1 和 VD4 导通续流。当感性负载电流较大时，直到下一次 V2 和 V3 重新导通前（图 7 - 27α_3 以前），负载电流方向始终未变，VD1 和 VD4 持续导通，而

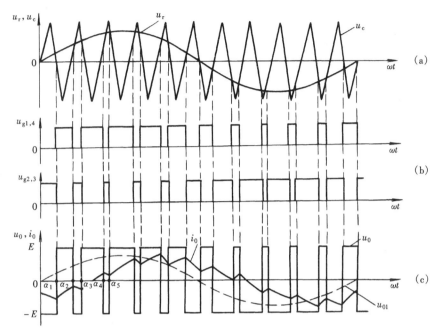

图 7 - 27　双极性脉宽调制波形

V1 和 V4 始终未导通。在图 7 - 27α_3 以后，负载电流过零之前，VD1 和 VD4 续流。负载电流过零之后，V1 和 V4 导通，且负载电流反向，即从图 7 - 25 中的 A 点流向 B 点。不论 VD1 和 VD4 导通，还是 V1 和 V4 导通，负载电压都是 E。在基波电压的负半周，从 V1 和 V4 导通向 V2 和 V3 导通切换时，VD2 和 VD3 的续流情况和上述情况类似。

　　由此可见，在双极性控制方式中 u_r 的半个周期内，三角载波是在正负两个方向变化的，所得到的 SPWM 波形 u_0 也是在两个方向变化的。在 u_r 的一个周期内，输出的 SPWM 波形有 $\pm E$ 两种电平。在 u_r 的正负半周，对各开关器件的控制规律相同。

三、三相 SPWM 逆变电路

　　在 PWM 型逆变电路中，使用最多的是图 7 - 28 所示的三相桥式逆变电路，已被广泛地应用在异步电动机变频调速中。它由六只电力晶体管 V1～V6（也可以采用其他快速功率开关器件）和六只快速续流二极管 VD1～VD6 组成。其控制方式多采用双极性脉宽调制，U、V、W 三相的 PWM 控制通常

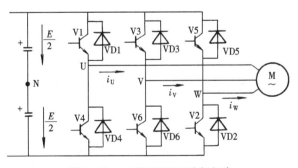

图 7 - 28　三相 SPWM 逆变电路

共用一个峰值一定的三角波载波 u_c，三相调制信号 u_{ru}、u_{rv}、u_{rw} 的相位依次相差 $120°$。若以直流电源电压中间电位作参考，则输出的三相 SPWM 电压波形如图 7 - 29 所示。

　　U、V 和 W 各相功率开关器件的控制规律相同，现以 U 相为例来说明。当 $u_{ru} > u_c$ 时，给上桥臂晶体管 V1 以导通信号，给下桥臂晶体管 V4 以关断信号，则 U 相相对于直流电源假想中点 N 的输出电压 $u_u = E/2$。当 $u_{ru} < u_c$ 时，给 V4 以导通信号，给 V1 以关断信号，则 $u_u = -E/2$。V1 和 V4 的驱动信号始终是互补的。当 V1（V4）加导通信号时，可能

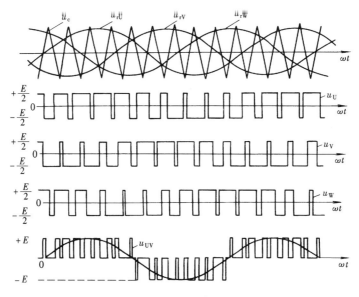

图 7 - 29　三相双极性脉宽调制波形

是 V1（V4）导通，也可能是二极管 VD1（VD4）续流导通，这要由感性负载中原来电流的方向和大小来决定，和单相桥式逆变电路双极性 PWM 控制时的情况相同。V 相和 W 相的控制方式和 U 相相同。

可以看出，在双极性控制方式中，同一相上下两个臂的驱动信号都是互补的。但实际上为了防止上下两个臂直通而造成短路，在给一个臂施加关断信号后，再延迟一小段时间，才给另一个臂施加导通信号。延迟时间的长短主要由功率开关器件的关断时间决定。

三相桥式 PWM 逆变器也是靠同时改变三相参考信号 u_{rU}、u_{rV} 和 u_{rW} 的调制周期来改变输出电压频率，靠改变三相参考信号的幅度即改变脉宽来改变输出电压的大小。PWM 逆变器用于异步电动机变频调速时，为了维持电机气隙磁通恒定，输出频率和电压大小必须进行协调控制，即改变三相参考信号调制周期的同时必须相应地改变其幅值。

四、PWM 逆变电路的控制方式

（一）同步调制

载波比 N 等于常数，并在变频时使载波信号和调制信号保持同步的调制方式称为同步调制。在基本同步调制方式中，调制信号频率变化时载波比 N 不变。调制信号半个周期内输出的脉冲数是固定的，脉冲相位也是固定的，如图 7 - 30（a）所示。在三相 PWM 逆变电路中，通常公用一个三角波载波信号，且取载波比 N 为 3 的整数倍，以使三相输出波形严格对称，而为了使一相的波形正负半周镜对称，N 应取为奇数。

当逆变电路输出频率很低时，因为在半个周期内输出脉冲的数目是固定的，所以由 PWM 调制而产生的 f_c 附近的谐波频率也相应降低。这种频率较低的谐波通常不易滤除，如果负载为电动机，就会产生较大的转矩脉动和噪声，给电动机的正常工作带来不利影响。

（二）异步调制

载波信号和调制信号不保持同步关系的调制方式称为异步方式。在异步调制方式中，调制信号频率 f_r 变化时，通常保持载波频率 f_c 固定不变，因而载波比 N 是变化

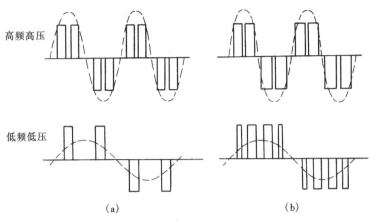

图 7 - 30　同步调制和异步调制
(a) 同步调制；(b) 异步调制

的，如图 7 - 30（b）所示。这样，在调制信号的半个周期内，输出脉冲的个数不固定，脉冲相位也不固定，正负半个周期的脉冲不对称。同时，半个周期内前后 1/4 周期的脉冲也不对称。

当调制信号频率较低时，载波比 N 较大，半个周期内的脉冲数较多，正负半个周期脉冲不对称和半个周期内前后 1/4 周期脉冲不对称的影响都较小，输出波形接近正弦波。当调制信号频率增高时，载波比 N 就减小，半个周期内的脉冲数减少，输出脉冲的不对称性影响就变大，还会出现脉冲的跳动。同时，输出波形和正弦波之间的差异也变大，电路输出特性变坏。对于三相 PWM 型逆变电路来说，三相输出的对称性也变差。因此，在采用异步调制方式时，希望尽量提高载波频率，以使在调制信号频率较高时仍能保持较大的载波比，来改善输出特性。

（三）其他控制方式

为了克服上述缺点，通常都采用分段同步调制的方法，即把逆变电路的输出频率范围划分成若干个频段，每个频段内都保持载波比 N 为恒定，不同频段的载波比不同。在输出频率的高频段采用较低的载波比，以使载波频率不致过高，在功率开关器件所允许的频率范围内。在输出频率的低频段采用较高的载波比，以使载波频率不致过低而对负载产生不利影响。各频段的载波比应该都取 3 的整数倍且尽量为奇数。

图 7 - 31 给出了分段同步调制的一个例子，各频率段的载波比标在图中。为了防止频率在切换点附近时载波比来回跳动，在各频率切换点采用了滞后切换的方法。图中切换点处的实线表示输出频率增高时的切换频率，虚线表示输出频率降低时的切换频率，前者略高于后者而形成滞后切换。在不同的频率段内，载波频率的变化范围基本一致，f_c 大约在 1.4 ~ 2kHz 之间。提高载波频率可以使输出波形更接近正弦波，但载波频率的提高受到功率开关器件允许最高频率的限制。另外，在采用微机进行控制时，载波频率还受到微机计算速度和控制算法计算量的限制。

同步调制方式比异步调制方式复杂一些，但使用微机控制时还是容易实现的。也有的电路在低频输出时采用异步调制方式，而在高频输出时切换到同步调制方式，如图 7 - 32 所示。这种方式可把两者的优点结合起来，和分段同步调制方式的效果接近。

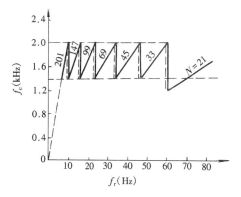

图 7 - 31　分段同步调制

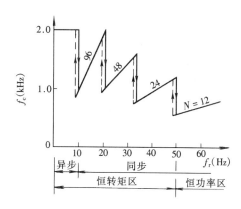

图 7 - 32　异步和分段同步调制

五、PWM 波形的生成技术

随着电力半导体器件和微机控制技术的飞速发展，PWM 控制信号的产生和工作模式样式也越来越多。在诸多脉宽调制方法中，有的侧重于提高输出波形质量，消除或抑制更多的低次谐波；有的侧重于减少逆变器的开关损耗或提高系统的综合效率；有的则侧重于系统简化，工作可靠或便于用微型机在线计算开关点进行实时控制，等等。下面对一些常用的 PWM 波形的生成技术作一简单介绍。

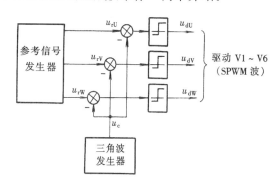

图 7 - 33　SPWM 模拟控制电路原理框图

（一）SPWM 的模拟控制

按照前面讲述的 SPWM 逆变电路的基本原理和控制方法，可以用模拟电路构成三角波载波和正弦调制波发生电路，用比较器来确定它们的交点，在交点时刻对功率开关器件的通断进行控制，就可以生成 SPWM 波形，其原理框图如图 7 - 33 所示。三相对称的参考正弦电压调制信号 u_{ru}、u_{rv}、u_{rw} 由参考信号发生器提供，其频率和幅值都是可调的。三角载波信号 u_c 由三角波发生器提供，各相共用。它分别与每相调制信号在比较器上进行比较，给出"正"或零的饱和输出，产生 SPWM 脉冲序列波 u_{du}、u_{dv}、u_{dw}，作为逆变器功率开关器件的驱动信号。

这种模拟电路结构复杂，难以实现精确的控制，现在已经很少应用。但它的载波调制控制原理往往是其他控制方法的基础，仍需充分了解。

（二）SPWM 的数字控制

数字控制是 SPWM 目前常用的控制方法。可以采用微机存储预先计算好的 SPWM 数据表格，控制时根据指令调出；或者通过软件实时生成 SPWM 波形；也可以采用大规模集成电路专用芯片产生 SPWM 信号。下面介绍几种常用的方法。

1. 等效面积法

前已指出，正弦脉宽调制的基本原理就是按面积相等的原则构成与正弦波等效的一系列等幅不等宽的矩形脉冲波形。图 7 - 34 绘出了单极性 SPWM 波形，其等效正弦波为 $U_m\sin\omega t$（图中虚线所示）。

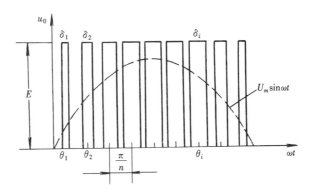

图 7 - 34 单极性 SPWM 电压波形

设 SPWM 脉冲序列波的幅值为 E；半个周期内的脉冲数为 n，则各脉冲的中心间距为 π/n；第 i 个矩形脉冲的宽度为 δ_i；各脉冲的中心点相位角为 θ_i。根据面积相等的等效原则，可写成：

$$\delta_i \cdot E = U_m \int_{\theta_i - \frac{\pi}{2n}}^{\theta_i + \frac{\pi}{2n}} \sin\omega t \, \mathrm{d}(\omega t) = U_m \left[\cos\left(\theta_i - \frac{\pi}{2n}\right) - \cos\left(\theta_i + \frac{\pi}{2n}\right) \right]$$

$$= 2U_m \sin\frac{\pi}{2n}\sin\theta_i \tag{7-12}$$

当 n 的数值较大时，$\sin\pi/(2n) \approx \pi/(2n)$，于是得

$$\delta_i \approx \frac{\pi U_m}{nE}\sin\theta_i \tag{7-13}$$

根据式（7-13）导出的脉冲宽度的计算公式，由已知数据和正弦数值即可依次算出每个脉冲的宽度，用于查表或实时控制。这是一种最简单的算法。

2. 自然采样法

移殖模拟控制的载波调制原理，计算正弦调制波与三角载波的交点，从而求出相应的脉宽和脉冲间歇时间，生成 SPWM 波形，叫做自然采样法（Natural Sampling），如图 7-35 所示。在图中截取了任意一段正弦调制波与三角载波的相交情况。交点 A 是发出脉冲的时刻，B 点是结束脉冲的时刻。T_C 为三角载波的周期；t_1 为在 T_C 时间内，在脉冲发生以前（即 A 点以前）的间歇时间；t_2 为 AB 之间的脉宽时间；t_3 为在 T_C 以内 B 点以后的间歇时间。显然 $T_C = t_1 + t_2 + t_3$。

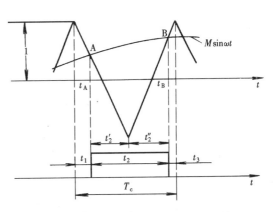

图 7-35 生成 SPWM 波形的自然采样法

若以单位量 1 代表三角载波的幅值 U_{cm}，则正弦调制波的幅值 U_m 就是调制度 M，正弦调制波可写作：

$$u_r = M\sin\omega t$$

式中：ω 是调制波频率，也就是逆变器的输出频率。

由于 A、B 两点对三角载波的中心线并不对称，须把脉宽时间 t_2 分成 t_2' 和 t_2'' 两部分（见图 7 - 35）。按相似直角三角形的几何关系，可知：

$$\frac{2}{T_C/2}=\frac{1+M\sin\omega t_A}{t_2'}$$

$$\frac{2}{T_C/2}=\frac{1+M\sin\omega t_B}{t_2''}$$

经整理得

$$t_2=t_2'+t_2''=\frac{T_C}{2}\Big[1+\frac{M}{2}(\sin\omega t_A+\sin\omega t_B)\Big] \qquad (7-14)$$

这是一个超越方程，其中 t_A、t_B 与载波比 N 和调制度 M 都有关系，求解困难，而且 $t_1\neq t_3$，分别计算更增加了困难。因此，自然采样法虽能确切反映正弦脉宽调制的原始方法，却不适于微机实时控制。

3. 规则采样法

自然采样法的主要问题是：SPWM 波形每一个脉冲的起始和终了时刻 t_A 和 t_B 对三角波的中心线不对称，因而求解困难。工程上实用的方法要求算法简单，只要误差不太大，允许作出一些近似处理，这样就提出了各种规则采样法（Regular Sampling）。

图 7 - 36（a）所示为一种规则采样法，姑且称之为规则采样 I 法。它是在三角载波每一周期的正峰值时找到正弦调制波上的对应点，即图中 D 点，求得电压值 u_{rd}。用此电压值对三角波进行采样，得 A、B 两点，就认为它们是 SPWM 波形中脉冲的生成时刻，A、B 区间就是脉宽时间 t_2。规则采样 I 法的计算显然比自然采样法简单，但从图中可以看出，所得的脉冲宽度将明显地偏小，从而造成控制误差。这是由于采样电压水平线与三角载波的交点都处于正弦调制波的同一侧造成的。

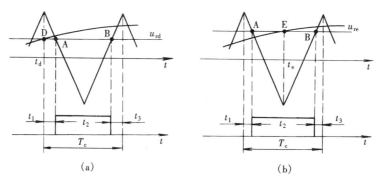

图 7 - 36   生成 SPWM 波形的规则采样法
(a) 规则采样 I 法；(b) 规则采样 II 法

为了减小误差，可对采样时刻作另外的选择，这就是图 7 - 36（b）所示的规则采样 II 法。图中仍在三角载波的固定时刻找到正弦调制波上的采样电压值，但所取的不是三角载波的正峰值，而是其负峰值，得图中 E 点，采样电压为 u_{re}。在三角载波上由 u_{re} 水平线截得 A、B 两点，从而确定了脉宽时间 t_2。这时，由于 A、B 两点座落在正弦调制波的两侧，因此，减少了脉宽生成误差，所得的 SPWM 波形也就更准确了。

由图 7 - 36 可以看出，规则采样法的实质是用阶梯波来代替正弦波，从而简化了算法。只要载波比足够大，不同的阶梯波都很逼近正弦波，所造成的误差就可以忽略不计了。

在规则采样法中，三角载波每个周期的采样时刻都是确定的，都在正峰值或负峰值处，不必作图就可计算出相应时刻的正弦波值。例如，在规则采样 II 法中，采样值依次为 $M\sin\omega t_e$，$M\sin(\omega t_e + T_C)$，$M\sin(\omega t_e + 2T_C)$ ……。因而脉宽时间和间歇时间都可以很容易计算出来。由图 7 - 36（b）可得规则采样 II 法的计算公式：

脉宽时间
$$t_2 = \frac{T_C}{2}(1 + M\sin\omega t_e) \qquad (7 - 15)$$

间歇时间
$$t_1 = t_3 = \frac{1}{2}(T_C - t_2) \qquad (7 - 16)$$

应用于变频器中的 SPWM 型逆变器多是三相的，因此还应形成三相的 SPWM 波形。三相正弦调制波在时间上互差 $120°$，而三角载波是共用的，这样就可在同一个三角载波周期内获得图 7 - 37 所示的三相 SPWM 脉冲波形。

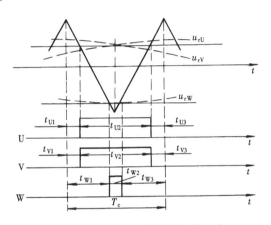

图 7 - 37　三相 SPWM 波形的生成

在图 7 - 37 中，每相的脉宽时间 t_{u2}、t_{v2}和 t_{w2} 都可用式（7 - 15）计算，求三相脉宽时间的总和时，等式右边第一项相同，加起来是其三倍，第二项之和则为零，因此

$$t_{u2} + t_{v2} + t_{w2} = \frac{3}{2}T_C \qquad (7 - 17)$$

每相间歇时间 t_{u1}、t_{v1}、t_{w1} 和 t_{u3}、t_{v3}、t_{w3} 都可用式（7 - 16）计算。脉冲两侧间歇时间总和为：

$$t_{u1} + t_{v1} + t_{w1} = t_{u3} + t_{v3} + t_{w3} = \frac{1}{2}\left[3T_C - (t_{u2} + t_{v2} + t_{w2})\right] = \frac{3}{4}T_C \qquad (7 - 18)$$

式中：下角标 u、v、w 分别表示 U、V、W 三相。

在数字控制中用计算机实时产生 SPWM 波形正是基于上述的采样原理和计算公式。一般可以离线先在通用计算机上算出相应的脉宽 t_2 或 $\frac{T_C}{2}M\sin\omega t_e$ 后写入 EPROM，然后通过查表和加减运算求出各相脉宽时间和间歇时间，这就是查表法。也可以在内存中存储正弦函数和 $T_C/2$ 值，控制时先取出正弦值与所需的调制度 M 作乘法运算，再根据给定的载波频率取出对应的 $T_C/2$ 值，与 $M\sin\omega t_e$ 作乘法运算，然后运用加、减、移位即可算出脉宽时间 t_2 和间歇时间 t_1、t_3，此即实时计算法。按查表法或实时计算法所得的脉冲数据都送入定时器，利用定时中断向接口电路送出相应的高、低电平，以实时产生 SPWM 波形的一系列脉冲。对于开环控制的调速系统，在某一给定转速下其调制度 M 与频率 ω 都有确定值，所以宜采用查表法。对于闭环控制的调速系统，在系统运行中调制度 M 值须随时被调节（因为有反馈控制的调节作用），所以用实时计算法更为适宜。

4. SPWM 专用集成电路芯片

应用微机产生 SPWM 波形，其效果受到指令功能、运算速度、存储容量和兼顾其他算法功能的限制，有时难以有很好的实时性。特别是在高频电力电子器件被广泛应用后，完全依靠软件生成 SPWM 波的方法实际上很难适应高开关频率的要求。

随着微电子技术的发展，专门用来产生 SPWM 波形的大规模集成电路芯片得到了较多的应用。已投入市场的专用 SPWM 芯片有 Mullard 公司的 HEF4752V，Philips 公司的 MKⅡ，Siemens 公司的 SLE4520，Sanken 公司的 MB63H110，以及我国研制成的 ZPS-101、THP-4752 等等。这些芯片的使用简化了硬件电路和软件设计，降低了成本，提高了可靠性。下面给出 HEF4752V 芯片的管脚排列及功能说明。

HEF4752V 专用芯片是一种用局部氧化的互补金属氧化物半导体技术制成的 28 脚双列直插式芯片，其管脚排列如图 7-38 所示。

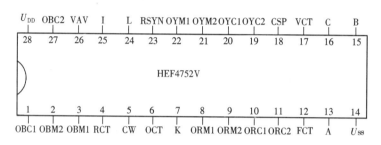

图 7-38　HEF4752V 管脚排列

HEF4752V 可以产生两种 SPWM 信号，用于辅助晶闸管换相型逆变器和三相晶体管逆变器。用于前者，ORM1 和 ORM2、OYM1 和 OYM2、OBM1 和 OBM2 分别为主晶闸管 U、V、W 三相触发信号输出端子，ORC1 和 ORC2、OYC1 和 OYC2、OBC1 和 OBC2 分别是辅助晶闸管 U、V、W 三相换相触发信号输出端子；用于后者，ORM1 和 ORM2、OYM1 和 OYM2、OBM1 和 OBM2 则输出晶体管逆变器六个晶体管的基极驱动信号。其功能由 I、L、CW 三个端子的逻辑电平选定。

$$I = \begin{cases} H：晶闸管方式 \\ L：晶体管方式 \end{cases}$$

$$L = \begin{cases} H：启动，即输出 SPWM 信号 \\ L：停止，即封锁 SPWM 信号 \end{cases}$$

$$CW = \begin{cases} H：正相序运行，即 U—V—W 相序 \\ L：逆相序运行，即 U—W—V 相序 \end{cases}$$

每相主控脉冲间插入连续可调的死区间隔，以防止逆变器上下桥臂开关管共态导通，其延迟时间 t_d 由 OCT 端和 K 端共同决定。OCT 为延迟时钟控制端，设其频率为 f_{OCT}；K 为控制端，则：

$$K = \begin{cases} H：延迟时间 t_d = 16/f_{OCT} \\ L：延迟时间 t_d = 8/f_{OCT} \end{cases}$$

HEF4752V 采用 8 级载波比自动切换的分段同步调制方式，由频率控制时钟 FCT 端和给定时钟 RCT 端决定。设 FCT 端输入频率为 f_{FCT}，则经 3360 分频得输出基波频率 $f_1 = f_{FCT}/3360$，经 224、160、112、80、56、40、28、20 八级分频得载波频率 f_C，从而得 8 级载波比 $N = 15, 21, 30, 42, 60, 84, 120, 168$；设 RCT 端输入频率为 f_{RCT}，则经 280 分频得最高载波频率 $f_{Cmax} = f_{RCT}/280$，而最低载波频率常取 $f_{Cmin} = 0.6 f_{Cmax}$。这样，当取 $f_{Cmax} = 1kHz$ 时，$f_{Cmin} = 600Hz$，$f_{RCT} = 280 f_{Cmax} = 280kHz$，其相应的分段同步调制关系如图 7-39 所示。其中

$$f_{1A} = \frac{f_{Cmin}}{N} = \frac{600}{168} = 3.57 \text{Hz}$$

$$f_{1B} = \frac{f_{Cmax}}{N} = \frac{1000}{168} = 5.95 \text{Hz}$$

$$f_{1C} = \frac{f_{Cmin}}{N} = \frac{600}{120} = 5 \text{Hz}$$

$$f_{1D} = \frac{f_{Cmax}}{N} = \frac{1000}{120} = 8.33 \text{Hz}$$

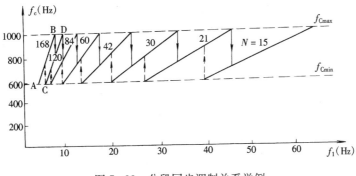

图 7 - 39　分段同步调制关系举例

　　显然，当 f_c 随着 f_1 增高至 f_{Cmax} 时，载波比将自动减小一档；当 f_c 减小至 f_{Cmin} 时，则自动转向高一档的载波比。从而实现了多载波比自动切换的分段同步调制方式，且能防止切换点附近载波比的来回跳动。

　　逆变器输出 SPWM 波形的基波电压大小由电压控制时钟 VCT 端控制，设 VCT 端的输入频率为 f_{VCT}，当 f_{VCT} 一定时，逆变器输出电压 U_1 与输出频率 f_1 间有一确定的线性关系，如图 7 - 40 所示。并且，f_{VCT} 增大时，调制度减小（如图中 f_{VCT1}），从而降低了同一输出频率下的输出电压。

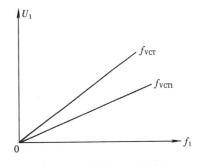

图 7 - 40　不同 f_{VCT} 时输出
电压与输出频率的关系

　　RSYN、VAV、CSP 为控制输出端，其中 RSYN 端为示波器同步信号端，它使输出频率 f_1 的脉冲输出和脉冲宽度与 VCT 脉冲取得一致，为示波器提供一稳定的外触发电压。VAV 端为输出电压模拟脉冲端，来模拟逆变器输出线电压的平均值，作为 f_{VCT} 的闭环控制，以改善逆变器输出电压与频率的线性度。CSP 端为逆变器的开关输出端，它是一个两倍于逆变器开关频率的脉冲列，可指示理论上的逆变器开关频率。A、B、C 是芯片生产时作实验用的控制输入端，在正常运行时不使用，但这三端必须与 U_{SS}（零电平）端连接。

（三）谐波消除法

　　脉宽调制（PWM）的目的是使逆变器输出波形尽量接近正弦波而减少谐波，以满足实际需要。上述应用正弦波调制三角载波的 SPWM 法是一种经典的方法，但并不是唯一的方法。

　　所谓谐波消除法，就是适当安排开关角，在满足输出基波电压的条件下，消除不希望有

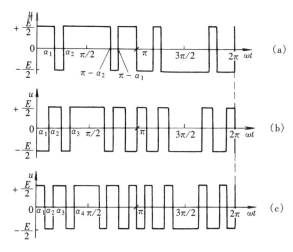

图 7 - 41　谐波消除法电压波形

(a) 可消除 5 次谐波；(b) 可消除 5、7 次谐波；

(c) 可消除 5、7、11 次谐波

的谐波分量，能够消除的谐波次数越多，结果也就越接近于正弦波。在逆变器应用于交流电机变频调速时，由于逆变器输出电压波形中的低次谐波对交流电机的附加损耗和转矩脉动影响最大，所以首先希望消除低次谐波。故常称低次谐波消除法。

图 7 - 41 给出了三种在方波上对称地开出一些槽口的波形。显然，开的槽口数越多可以消除的谐波数越多。并且，为了减少谐波并使分析简单它们都属于四分之一周期对称波形，即同时满足 $u(\omega t) = -u(\omega t + \pi)$（使正负两半周波形镜对称，可消除偶次谐波）和 $u(\omega t) = u(\pi - \omega t)$（使波形奇对称，可消除谐波中的余弦项）。这种波形可用傅氏级数表示为：

$$u(\omega t) = \sum_{k=1}^{\infty} U_{km} \sin k\omega t \tag{7-19}$$

式中：U_{km} 为基波及 k 次谐波电压幅值，其表达式为

$$U_{km} = \frac{2E}{k\pi}\left[1 + 2\sum_{i}^{n}(-1)^i \cos k\alpha_1\right] \tag{7-20}$$

在输出电压波形的四分之一周期内，其脉冲开关时刻都为待定，总共有 n 个 α 值，即 n 个待定参数，它们代表了可以用于消除低次谐波次数的自由度。其中除了必须满足的给定基波幅值 U_{1m} 外，尚有 $(n-1)$ 个可选的参数。例如，取 $n=5$，可消除 4 个谐波；若取 $n=11$，则可消除 10 个谐波。现以图 7 - 41 (c) 为例说明各开关点的确定方法和谐波消除原理。

在图 7 - 41 (c) 所示 PWM 电压波形中：共有 α_1、α_2、α_3、α_4 四个待定参数，即 $n=4$，则可消除 3 个谐波。由于四分之一周期对称波形的特点，已能保证不含偶次谐波和 3 的倍数次谐波，从而可以消除 5、7、11 次低次谐波。因此，只要根据式 (7 - 20)，取 $n=4$，并令基波幅值为要求值，5、7、11 次谐波幅值为零，将可得一组三角方程

$$\left.\begin{aligned}
U_{1m} &= \frac{2E}{\pi}(1 - 2\cos\alpha_1 + 2\cos\alpha_2 - 2\cos\alpha_3 + 2\cos\alpha_4) = \text{要求值} \\
U_{5m} &= \frac{2E}{5\pi}(1 - 2\cos5\alpha_1 + 2\cos5\alpha_2 - 2\cos5\alpha_3 + 2\cos5\alpha_4) = 0 \\
U_{7m} &= \frac{2E}{7\pi}(1 - 2\cos7\alpha_1 + 2\cos7\alpha_2 - 2\cos7\alpha_3 + 2\cos7\alpha_4) = 0 \\
U_{11m} &= \frac{2E}{11\pi}(1 - 2\cos11\alpha_1 + 2\cos11\alpha_2 - 2\cos11\alpha_3 + 2\cos11\alpha_4) = 0
\end{aligned}\right\} \tag{7-21}$$

求解上述联立方程组可得出一组对应的脉冲开关时刻 α_1、α_2、α_3、α_4，再利用四分之一周期对称性，就可求出一个周期内剩下的几个脉冲开关时刻。显然，对这组超越方程的求解并不简单。利用这种 PWM 控制对一系列脉冲开关时刻的计算在理论上是能够消除所指定的

谐波，但对所指定次数以外的谐波却不一定能减少，甚至反而增大。考虑到它们已属高次谐波，对电机的工作影响已不大，这种控制模式应用于交流电机变频调速时效果还是不错的。

消除谐波法用模拟电路控制很难做到，并且由于方程求解的复杂性以及不同基波频率输出时各个脉冲的开关时刻也不同，所以也难以用于实时控制。但它可以方便地用数字式查表法实现。不过在低频输出情况下，要消除多个谐波分量，α 角度的数量将增多，而且在变频控制中每改变一次输出基波电压值，就需要一套 α 角。这样 α 角表格会异乎寻常的庞大。因此，混合式 PWM 控制方案就显得有其可取性。其中低频、低压区域可采用 SPWM 法，而高频、高压区采用消除谐波法。

（四）跟踪控制技术

跟踪控制技术是把希望输出的电流或电压波形作为指令信号，把实际的电流或电压波形作为反馈信号，通过两者的瞬时值比较来决定逆变电路各功率开关器件的通断，使实际输出跟踪指令信号。显然这也不是传统的用载波对信号波进行调制来产生 PWM 波形的方法。

跟踪型 PWM 逆变电路中，电流跟踪控制应用最多。它由通常的 PWM 电压型逆变器和电流控制环组成，使逆变器输出可控的正弦波电流，如图 7-42 所示。其基本控制方法是，给定三相正弦电流信号 i_u^*、i_v^*、i_w^*，并分别与由电流传感器实测的逆变器三相输出电流信号 i_u、i_v、i_w 相比较，以其差值通过电流控制器 ACR 控制 PWM 逆变器相应的功率开关器件。若实际电流值大于给定值，则通过逆变器开关器件的动作使之减小；反之，则使之增加。这样，实际输出电流将基本按照给定的正弦波电流变化。与此同时，变频器输出的电压仍为 PWM 波形。当开关器件具有足够高的开关频率时，可以使电动机的电流得到高品质的动态响应。

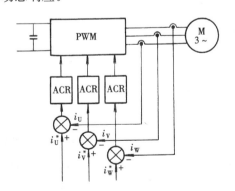

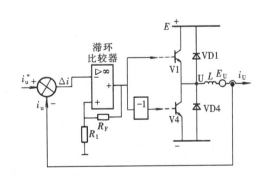

图 7-42 电流跟踪控制框图 　　　　　图 7-43 电流滞环跟踪控制的一相原理图

电流跟踪控制 PWM 逆变器有多种控制方式，其中最常用的是电流滞环跟踪控制。具有电流滞环跟踪控制的 PWM 变频器的一相控制原理电路如图 7-43 所示。在这里，电流控制器是带滞环的比较器。将给定电流 i_u^* 与输出电流 i_u 进行比较，电流偏差 Δi 经滞环比较后控制逆变器有关相桥臂上、下的功率器件。设比较器的环宽为 $2h$，到 t_0 时刻（见图 7-44），$i_u^* - i_u \geqslant h$，滞环比较器输出正电平信号，驱动上桥臂功率开关器件 V1 导通，使 i_u 增大。当 i_u 增大到与 i_u^* 相等时，虽然 $\Delta i = 0$，但滞环比较器仍保持正电平输出，V1 保持导通，i_u 继续增大。直到 t_1 时刻，$i_u = i_u^* + h$，滞环比较器翻转，输出负电平信号，关断

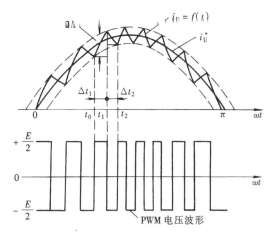

图 7 - 44　电流滞环跟踪控制时的波形

V1，并且保护延时后驱动下桥臂器件 V4。但此时 V4 未必导通，因为电流 i_u 并未反向，而是通过续流二极管 VD4 维持原方向流通，其数值逐渐减小。直到 t_2 时刻，i_u 降到滞环偏差的下限值，又重复使 V1 导通。V1 与 VD4（或 V4）的交替工作使逆变器输出电流给定值的偏差保持在 $\pm h$ 范围之内，在给定电流上下作锯齿状变化。当给定电流是正弦波时，输出电流也十分接近正弦波。

图 7 - 44 绘出了在给定正弦波电流半个周期内电流滞环跟踪控制的输出电流波形 $i_u = f(t)$ 和相应的 PWM 电压波形。不论在 i_u 的上升段还是下降段，它都是指数曲线中的一小段，其变化率与电路参数和电机的反电动势有关。当 i_u 上升时，输出电压是 $+\dfrac{E}{2}$；i_u 下降时，输出电压是 $-\dfrac{E}{2}$。因此，输出电压仍是 PWM 波形，但与正弦波的关系就比较复杂了。

　　电流控制的精度与滞环比较器的环宽有关，同时还受到功率开关器件允许开关频率的制约。环宽选得较大时，可降低开关频率，但电流波形失真较多，谐波成份较大；如果环宽太小，电流波形虽然较好，却会使开关频率增大，有时还可能引起电流超调，反而会增大跟踪误差，所以环宽的正确选择是很重要的。滞环比较器的环宽控制非常简单，只要改变图 7 - 43 中滞环比较器的正反馈电阻 R_F 即可方便地调节环宽 $2h$，进而调节脉宽调制的开关频率。值得提出的是，采用电流跟踪控制，逆变器输出电流检测是关键的一环，即必须准确快速地检测出输出电流的瞬时值。

第五节　交—直—交变频电路

　　交—直—交变频电路是先将恒压恒频（CVCF：Constant Voltage Constant Frequency）的交流电通过整流器变成直流电，再经过逆变器将直流电变换成可控交流电的间接型变频电路，它已被广泛地应用在交流电动机的变频调速中。

　　在交流电动机的变频调速控制中，为了保持额定磁通基本不变，在调节定子频率的同时必须同时改变定子的电压。因此，必须配备变压变频（VVVF：Variable Voltage Variable Frequency）装置。最早的 VVVF 装置是旋转变频机组，现在已经几乎无例外地让位给静止式电力电子变压变频装置了。这种静止式的变压变频装置统称为变频器，它的核心部分就是变频电路。本节先来介绍交—直—交变频器的主电路，其结构框图如图 7 - 45 所示。

　　按照不同的控制方式，交—直—交变频器可分成图 7 - 46 所示的（a）、（b）、（c）三种。

　　图 7 - 46（a）中采用的是可控整流器调压、逆变器调频的控制方式。显然，在这种装置中，调压和调频在两个环节上分别进行，两者要在控制电路上协调配合，其结构简单，控

图 7-45 交—直—交变频器结构框图

制方便。但是，由于输入环节采用晶闸管可控整流器，当电压调得较低时，电网端功率因数较低。而输出环节多用由晶闸管组成的三相六拍逆变器，每周换相六次，输出的谐波较大。这些都是这类装置的主要缺点。

图 7-46（b）采用的是不控整流器整流、斩波器调压、再用逆变器调频的控制方式。在这类装置中，整流环节采用二极管不控整流器，只整流不调压，再单独设置斩波器，用脉宽调压。这样虽然多了一个环节，但调压时输入功率因数不变，克服了图 7-46（a）装置的第一个缺点。输出逆变环节未变，仍有谐波较大的问题。

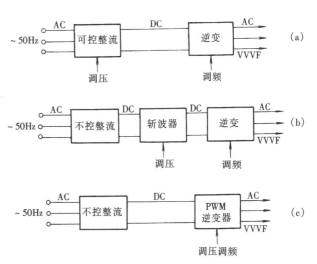

图 7-46 交—直—交变频电路的不同控制方式
（a）可控整流器调压、逆变器调频控制方式；（b）不控整流器整流、斩波器调压、再用逆变器调频控制方式；（c）不控整流器整流、脉宽调制（PWM）逆变器同时调压调频控制方式

图 7-46（c）采用的是不控整流器整流、脉宽调制（PWM）逆变器同时调压调频的控制方式。在这类装置中，用不控整流，则输入功率因数不变；用 PWM 逆变，则输出谐波可以减小。这样，图 7-46（a）装置的两个缺点都消除了。

PWM 逆变器需要全控型电力半导体器件，其输出谐波减少的程度取决于 PWM 的开关频率，而开关频率则受器件开关时间的限制。采用绝缘栅双极型晶体管 IGBT 时，开关频率可达 10kHz 以上，输出波形已经非常逼近正弦波，因而又称之为 SPWM 逆变器，成为当前最有发展前途的一种装置形式。

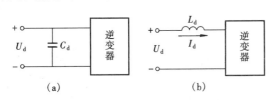

图 7-47 电压型和电流型变频器框图
（a）电压型变频器；（b）电流型变频器

根据中间直流环节采用滤波器的不同，变频器又分为电压型和电流型，如图 7-47 所示。其中，U_d 为整流器的输出电压平均值。

在交—直—交变频器中，当中间直流环节采用大电容滤波时，直流电压波形比较平直，在理想情况下是一个内阻抗为零的恒压源，输出交流电压是矩形波或阶梯波，这类变频器叫做电压型变频器［见图 7-47（a）］。当交—直—交变频器的中间直流环节采用大电感滤波时，直流电流波形比较平直，因而电源内阻抗很大，对负载来说基本上是一个电流源，输出交流电流是矩形波或阶梯波，这类变频器叫做电流型变频器〔见图 7-17（b）〕。可见，变频器的这种分类方式和逆变器是一致的。所不同的是：在交—直—交变频器中，逆变器的供电电源 E，现在是整流器的输出 U_d。

下面给出几种典型的交—直—交变频器主电路，即交—直—交变频电路。

一、交—直—交电压型变频电路

图 7-48 是一种常用的交—直—交电压型 PWM 变频电路。它采用二极管构成整流器，完成交流到直流的变换，其输出直流电压 U_d 是不可控的；中间直流环节用大电容 C_d 滤波；电力晶体管 V1～V6 构成 PWM 逆变器，完成直流到交流的变换，并能实现输出频率和电压的同时调节，VD1～VD6 是电压型逆变器所需的反馈二极管。

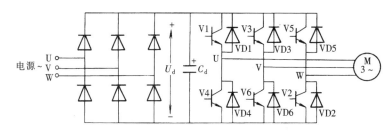

图 7-48　交—直—交电压型 PWM 变频电路

从图中可以看出，由于整流电路输出的电压和电流极性都不能改变，因此该电路只能从交流电源向中间直流电路传输功率，进而再向交流电动机传输功率，而不能从直流中间电路向交流电源反馈能量。当负载电动机由电动状态转入制动运行时，电动机变为发电状态，其能量通过逆变电路中的反馈二极管流入直流中间电路，使直流电压升高而产生过电压，这种过电压称为泵升电压。为了限制泵升电压，如图 7-49 所示，可给直流侧电容并联一个由电力晶体管 V0 和能耗电阻 R_0 组成的泵升电压限制电路。当泵升电压超过一定数值时，使 V0 导通，把电动机反馈的能量消耗在 R_0 上。这种电路可运用于对制动时间有一定要求的调速系统中。

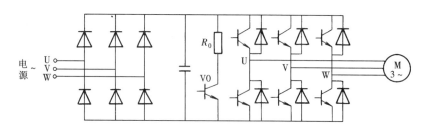

图 7-49　带有泵升电压限制电路的变频电路

在要求电动机频繁快速加减速的场合，上述带有泵升电压限制电路的变频电路耗能较多，能耗电阻 R_0 也需较大的功率。因此，希望在制动时把电动机的动能反馈回电网。这时，需要增加一套有源逆变电路，以实现再生制动。如图 7-50 所示。

二、交—直—交电流型变频电路

图 7-51 给出了一种常用的交—直—交电流型变频电路。其中，整流器采用晶闸管构成的可控整流电路，完成交流到直流的变换，输出可控的直流电压 U_d，实现调压功能；中间直流环节用大电感 L_d 滤波；逆变器采用晶闸管构成的串联二极管式电流型逆变电路，完成

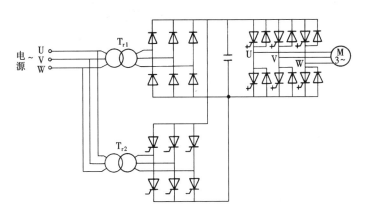

图 7 - 50　可以再生制动的变频电路

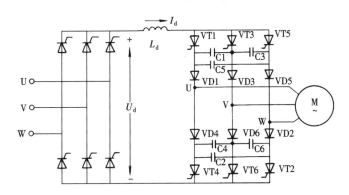

图 7 - 51　交—直—交电流型变频电路

直流到交流的变换，并实现输出频率的调节。

　　由图可以看出，电力电子器件的单向导电性，使得电流 I_d 不能反向，而中间直流环节采用的大电感滤波，保证了 I_d 的不变，但可控整流器的输出电压 U_d 是可以迅速反向的。因此，电流型变频电路很容易实现能量回馈。图 7 - 52 给出了电流型变频调速系统的电动运行和回馈制动两种运行状态。其中，UR 为晶闸管可控整流器，UI 为电流型逆变器。当可控整流器 UR 工作在整流状态（$\alpha < 90°$）、逆变器工作在逆变状态时，电机在电动状态下运行，如图 7 - 52（a）所示。这时，直流回路电压 U_d 的极性为上正下负，电流由 U_d 的正端流入逆变器，电能由交流电网经变频器传送给电机，变频器的输出频率 $\omega_1 > \omega$，电机处于电动

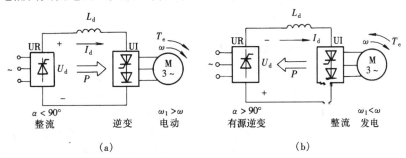

图 7 - 52　电流型变频调速系统的两种运行状态

（a）运行状态一；（b）运行状态二

状态。此时如果降低变频器的输出频率，或从机械上抬高电机转速 ω，使 $\omega_1 < \omega$，同时使可控整流器的控制角 $\alpha > 90°$，则异步电机进入发电状态，且直流回路电压 U_d 立即反向，而电流 I_d 方向不变［见图 7-52（b）］。于是，逆变器 UI 变成整流器，而可控整流器 UR 转入有源逆变状态，电能由电机回馈给交流电网。

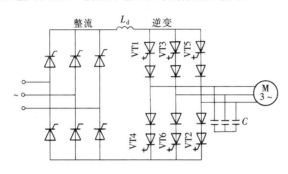

图 7-53　交—直—交电流型 PWM 变频电路

图 7-53 给出了一种交—直—交电流型 PWM 变频电路，负载为三相异步电动机。逆变器为采用 GTO 作为功率开关器件的电流型 PWM 逆变电路，图中的 GTO 用的是反向导电型器件，因此，给每个 GTO 串联了二极管以承受反向电压。逆变电路输出端的电容 C 是为吸收 GTO 关断时所产生的过电压而设置的，它也可以对输出的 PWM 电流波形起滤波作用。整流电路采用晶闸管而不是二极管，这样在负载电动机需要制动时，可以使整流部分工作在有源逆变状态，把电动机的机械能反馈给交流电网，从而实现快速制动。

三、交—直—交电压型变频器与电流型变频器的性能比较

从主电路上看，电压型变频器和电流型变频器的区别仅在于中间直流环节滤波器的形式不同，但是这样一来，却造成两类变频器在性能上相当大的差异，主要表现如下：

（一）无功能量的缓冲

对于变频调速系统来说，变频器的负载是异步电机，属感性负载，在中间直流环节与电机之间，除了有功功率的传送外，还存在无功功率的交换。逆变器中的电力电子开关器件无法储能，无功能量只能靠直流环节中作为滤波器的储能元件来缓冲，使它不致影响到交流电网。因此也可以说，两类变频器的主要区别在于用什么储能元件（电容器或电抗器）来缓冲无功能量。

（二）回馈制动

根据对交—直—交电压型与电流型变频电路的分析可知，用电流型变频器给异步电机供电的变频调速系统，其显著特点是容易实现回馈制动（见图 7-52），从而便于四象限运行，适用于需要制动和经常正、反转的机械。与此相反，采用电压型变频器的变频调速系统要实现回馈制动和四象限运行却比较困难，因为其中间直流环节有大电容钳制着电压，使之不能迅速反向，而电流也不能反向，所以在原装置上无法实现回馈制动。必须制动时，只好采用在直流环节中并联电阻的能耗制动（见图 7-49）或者与整流器反并联设置另一组反向可控整流器，工作在有源逆变状态，以通过反向的制动电流，而维持电压极性不变，实现回馈制动（见图 7-50）。这样做，设备就要复杂多了。

（三）适用范围

电压型变频器属于恒压源，电压控制响应慢，所以适用于作为多台电机同步运行时的供电电源但不要求快速加减速的场合。电流型变频器则相反，由于滤波电感的作用，系统对负载变化的反应迟缓，不适用于多电机传动，而更适合于一台变频器给一台电机供电的单电机传动，但可以满足快速起制动和可逆运行的要求。

第六节 交 — 交 变 频 电 路

交—交变频电路是不通过中间直流环节而把电网频率的交流电直接交换成不同频率的交流电的变流电路。交—交变频电路也叫周波变流器，如图 7-54 所示。因为没有中间直流环节，仅用一次变换就实现了变频，所以效率较高。大功率交流电动机调速系统所用的变频器主要是交—交变频器。

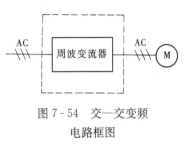

图 7-54 交—交变频
电路框图

交—交变频器按输出的相数，分为单相、两相和三相交交变频器；按输出波形可分为正弦波和方波变频器，我们主要介绍广泛采用的单相和三相正弦波交—交变频电路。

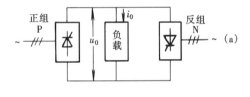

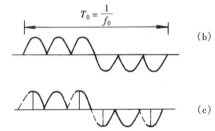

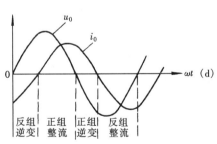

图 7-55 原理电路及波形

一、单相交—交变频电路

（一）原理电路

单相交—交变频电路的原理电路如图 7-55（a）所示，它由正、反两组反并联的晶闸管整流电路组成。只要适当对正反组进行控制，在负载上就能获得交变的输出电压 u_0。u_0 的幅值决定于整流电路的控制角 α，u_0 的频率取决于两组整流电路的切换频率。变频和调压均由变频器本身完成。

图 7-55（b）为整半周工作方式的输出波形。设正反两组整流器为单相全波输出，则在输出的前半周期内（$T_0/2$），让正组变流器工作三个电源电压整半周，此期间反组变流器被封锁；然后在输出的后半周期内，让反组变流器工作三个电源电压整半周，此期间正组变流器停止工作。其输出交流电压频率为电源频率的 1/3，波形趋向方波。以此类推，当每个输出电压半周内包含电源电压整半周个数为 n 时，则输出交流电压频率为电源频率的 1/n。

按整半周工作方式工作，其输出电压中包含有丰富的谐波。若每个电源电压半周内的控制角 α 不同，而且输出按理想的正弦波进行调制，则能获得如图 7-55（c）所示的波形。其输出交流电压的频率仍为电源频率的 1/3，其输出波形近似正弦波。这种工作方式称 α 调制工作方式，是实际正弦波交—交变频电路所采用的一种工作方式。

在正弦波交—交变频电路中，若负载为电阻性，则输出电流与电压同相，正反两组变流电路均工作在整流状态。若负载为电感性，则输出电流滞后于电压一个角度，波形如图 7-55（d）所示。两组变流电路，在 u_0、i_0 的极性相同时，工作在整流状态，变流器向负载送出电能，在 u_0、i_0 的极性相反时，工作在逆变状态，变流器吸收负载电能，回送到交流电网。

　　交—交变频器中如果正反两组同时导通，将经过晶闸管形成环流。为了避免这一情况，可以在两组之间接入限制环流的电抗器，或者合理安排触发电路，当一组有电流时，另一组不发触发脉冲，使两组间歇工作。这类似于直流可逆系统中的有环流和无环流控制。

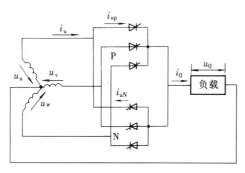

图 7-56　单相交—交变频器主电路

（二）单相正弦波交—交变频电路

　　交—交变频器多由三相电网供电，图 7-56 是由两组三相半波可控整流电路接成反并联的形式供给单相负载的无环流单相交—交变频电路，它形式上与三相零式可逆整流电路完全一样。当分别以不同 α，即半周期内 α 由大变小，再由小变大，例如，由 $90°$ 变到接近 $0°$，再由 $0°$ 变到 $90°$ 去控制正反组的晶闸管时，只要电网频率相对输出频率高出许多倍，便可得到由低到高，再由高到低接近正弦规律变化的交流输出。图 7-57（a）是电感性负载有最大输出电压时的波形，其周期为电网周期的五倍，电流滞后电压，正反组均出现逆变状态。可以看出，输出电压波形是在每一电网周期，控制相应

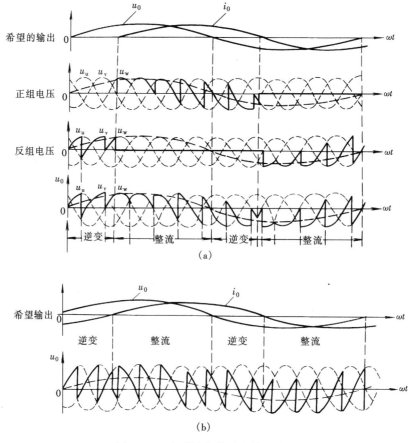

图 7-57　电感性负载时的输出波形

晶闸管开关在适当时刻导通和阻断，以便从输入波形区段上建造起低频输出波形。或者通俗地说，输出电压是由交流电网电压若干线段"拼凑"起来的。而且，输出频率相对输入频率比愈低和相数愈多，则输出波形谐波含量就愈少。当改变控制角时，即可改变输出幅值，降低输出时的电压波形如图 7-57（b）所示。

二、三相交—交变频电路

三相交—交变频电路由三套输出电压彼此互差 120° 的单相输出交—交变频器组成，它实际上包括三套可逆电路。图 7-58 和图 7-59、图 7-60 分别为由三套三相零式和三相桥式可逆电路组成的三相交—交变频主电路，每相由正反两组晶闸管反并联三相零式和三相桥式电路组成。它们分别需要 18 只和 36 只晶闸管元件。

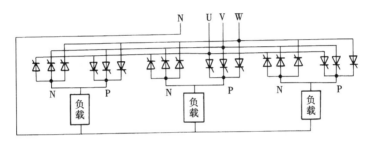

图 7-58　三相零式交—交变频主电路

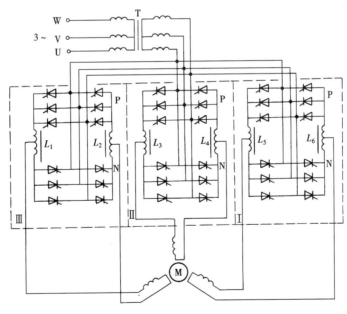

图 7-59　三相桥式交—交变频主电路（公共交流母线进线）

三相桥式交—交变频器主电路有公共交流母线进线和输出星形联结两种方式，分别用于中、大容量，如图 7-59 和图 7-60 所示。前者三套单相输出交—交变频器的电源进线接在公共母线上（图 7-59 设有公共变压器 T），三个输出端必须互相隔离，电动机的三个绕组需拆开，引出六根线。后者三套单相输出交—交变频电路的输出端星形联结，电动机的三个绕组也是星形联结，电动机绕组的中点不与变频器中点接在一起，电动机只引出三根线即可。因为三套单相变频器连在一起，其电源进线就必须互相隔离，所以三套单相变频器分别

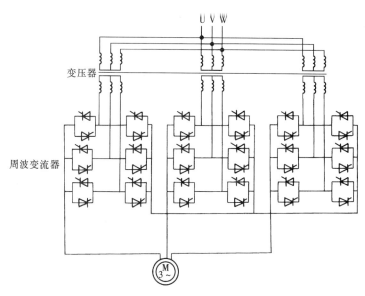

图 7-60　三相桥式交—交变频主电路（输出星形联结）

用三个变压器供电。三相桥式交—交变频电路电感性负载时的 u 相输出波形如图 7-61 所示。

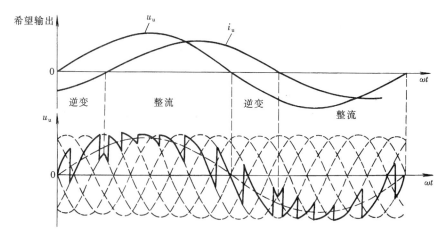

图 7-61　三相桥式交—交变频电路电感性负载 u 相输出波形

三、输出正弦波电压的调制方法

使交—交变频电路的输出电压波形为正弦波的调制方法有多种，现介绍一种最基本的、广泛采用的余弦交点法。

晶闸管变流电路的输出电压为

$$u_0 = U_{do} \cos\alpha \tag{7-22}$$

式中：U_{do} 为 $\alpha = 0$ 时的理想空载整流电压。

对交—交变频电路来说，每次控制时 α 角都是不同的，式（7-22）中的 u_0 表示每次控制间隔内输出电压的平均值。

设要得到的正弦输出电压为

$$u_0 = U_{om} \sin\omega_0 t \tag{7-23}$$

则比较式（7-22）和式（7-23）可得

$$\cos\alpha=\frac{U_{om}}{U_{do}}\sin\omega_0 t=\gamma\sin\omega_0 t \tag{7-24}$$

式中：γ 称为输出电压比，$\gamma=U_{om}/U_{do}(0\leqslant\gamma\leqslant1)$。

因此

$$\alpha_P=\cos^{-1}(\gamma\sin\omega_0 t) \tag{7-25}$$

$$\alpha_N=\cos^{-1}(-\gamma\sin\omega_0 t) \tag{7-26}$$

以上两式就是用余弦交点法求变流电路 α 角的基本公式。利用计算机在线计算或用正弦波移相的触发装置即可实现 α_P、α_N 的控制要求。

图 7-62 是在感性负载下利用余弦交点法得到的三相桥式交—交变频电路的 u 相输出波形。其中，三相余弦同步信号 $u_{T1}\sim u_{T6}$ 比其相应的线电压超前 30°。也就是说，$u_{T1}\sim u_{T6}$ 的最大值正好和相应线电压 $\alpha=0$ 的时刻对应，如以 $\alpha=0$ 为零时刻，则正好为余弦信号。如图7-62（b）所示，正组控制角 α_P 是由基准正弦波 u_r 与各余弦同步波的下降段交点 a、b、c、d、e 决定的。而反组控制角 α_N 是由基准正弦波 u_r 与各余弦同步波的上升段交点 f、g、h、i、j 决定的。图 7-62（a）中的 T_0 表示采用无环流控制方式下必不可少的控制死区。

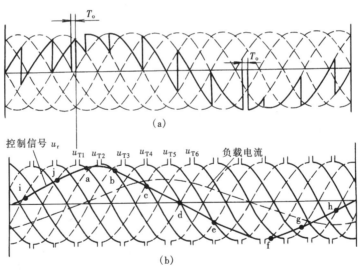

图 7-62 余弦交点法输出波形

可以看出，当改变给定基准正弦波 u_r 的幅值和频率时，它与余弦同步信号的交点也改变，从而改变正、反组电源周期各相中的 α，达到调压和变频的目的。由于交—交变频器的输入为电网电压，晶闸管的换流为交流电网换流方式。电网换流不能在任意时刻进行，并且电压反向时最快也只能沿着电源电压的正弦波形变化，所以交—交变频电路的最高输出频率一般不超过电源频率的 1/3～1/2，即不宜超过 25Hz。否则，输出波形畸变太大，对电网干扰大，不能用于实际。

图 7-63 示出一种使正、反两组按间歇方式工作的控制框图。由期望输出正弦波与余弦同步信号的交点建立时基信号送到正反组触发电路。电流检测作禁止信号，即一组电流尚在流过时，另一组不得导通。

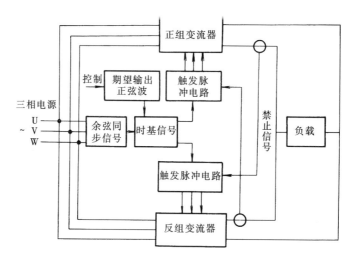

图 7 - 63　余弦交点法的控制框图

四、交—交变频器的特点

和交—直—交变频器相比，交—交变频器有以下优点：

1）只用一次变流，且使用电网换相，提高了变流效率。

2）和交—直—交电压型逆变器相比，可以方便地实现四象限工作。

3）低频时输出波形接近正弦波。

其主要缺点如下：

1）接线复杂，使用的晶闸管较多。由三相桥式变流电路组成的三相交—交变频器至少需要 36 只晶闸管。

2）受电网频率和变流电路脉波数的限制，输出频率较低。

3）采用相控方式，功率因数较低。

由于以上优缺点，交—交变频器主要用于 500kW 或 1000kW 以上，转速在 600r/min 以下的大功率、低转速的交流调速装置中。目前已在矿石破碎机、水泥球磨机、卷扬机、鼓风机及轧机主传动装置中获得了较多的应用。它既可用于异步电动机传动，也可用于同步电动机传动。

应当指出的是，交—交变频器也分为电压源型和电流源型两种，以上介绍的是异步电机调速系统中常用的电压型交—交变频器，且采用的是电网换相方式。当使用负载谐振换相（感应加热电源用交—交变频电路）或器件换相（全控型器件构成的交—交变频电路）时，可以使输出频率高于输入电网频率。

小　　　结

变频电路基础是逆变器。逆变器是将直流电能转换成电压和频率都符合要求的交流电能的一种变流装置。在大多数逆变器的应用中，要求输出电压和频率都是可调的。

逆变器从供电直流电源的滤波方式可分为电压型逆变器和电流型逆变器。电压型采用较大容量的电容器进行滤波，输出呈低阻抗，电压波形比较平直，逆变器中电力半导体器件的通、断作用实质上是将直流电压以一定的方向和次序分配给负载，例如使异步电动机的各个绕组得到矩形波（或阶梯波）交流电压。电流型采用较大电感的电抗器进行滤波，输出呈高阻抗，电流波形比较平直，逆变器中电力半导体器件的通、断作用实质上是将直流电流以一定的方向和次序分配给负载，例如电动机的各个绕组形成矩形波（或阶梯波）交流电流。对于异步电动机这样的电感性负载，不论其处于电动运行状态还是发电运行状态，其功率因数不可能等于 1，故在直流电源与负载电动机之间存在着无功能量的来回流动。此无功能量由储能元件（对于电压型为电容器，对于电流型为电抗器）来缓冲，因此也可以说，电压型逆变器和电流型逆变器的主要区别归结于无功能量的处理问题，由此形成了各自的特点，如表7-1 所示。

在逆变器中，若起开关作用的电力半导体器件采用半控型的晶闸管时，由于器件本身没有自关断能力，又不能靠供电的直流电源来关断，故需采用负载换相或脉冲换相方式。在中频电源中常用的并联谐振式和串联谐振式逆变器都属于负载换相方式，而三相辅助晶闸管换相逆变电路和三相串联二极管逆变电路属于脉冲换相方式。

随着全控型电力半导体器件的出现并成熟后，PWM 控制技术在逆变器中得到了很快的应用和发展。PWM 型逆变器有效地抑制谐波，改善输出波形，调频的同时可调压且动态响应好，成为逆变器的主流和方向。PWM 的控制分矩形波调制和正弦波调制、单极性调制和双极性调制、同步调制和异步调制。在变频器的逆变电路中多采用双极性的正弦波调制、分段同步控制方式。PWM 波形的生成技术从早期的模拟控制载波调制到广泛使用的数字控制再到谐波消除、跟踪控制等新的方式方法的不断涌现，使 PWM 型逆变器的性能不断改善和提高。

变频器分为交—交变频器和交—直—交变频器两种，前者为一次换能，一般采用电源电压换相，变频后的输出电压是由电源电压若干线段组合起来的。而后者则通过两次换能，即利用整流器和逆变器，逆变器一般采用强迫换相或负载换相。根据其对负载无功能量的处理方式不同，都可分为电压型和电流型两大类。所谓电压型和电流型，对交—直—交变频来说，其确切的含义是指变频器的直流中间回路属于何种强制滤波方式。对于交—交变频器，也具有同样的性质，所不同的是它没有明显的直流中间回路。交—交电流型同样采用电抗器将其输出电流强制为矩形波（或阶梯波）并缓冲负载电动机的无功能量。与交—直—交电压型不同，交—交电压型不设滤波电容器，供电电源的低阻抗使其具有电压源的性质，因此，负载电动机的无功能量直接由供电电源缓冲。对于异步电动机的变频调速系统来说，交—交电流型用得较少，故交—交变频大多是指交—交电压型，而电流型和电压型的主要特点一般是指交—直—交变频系统。

习 题 及 思 考 题

7-1 电力变流器有几种换相方式？哪些属于自然换相，哪些属于强迫换相？逆变器都采用哪些换相方式？

7-2 试从电路构成、输出波形、输出频率与谐振频率的关系上列表比较串联谐振和并联谐振逆变电路。

7-3 在图 7-11 所示三相辅助晶闸管换相逆变电路中：①说明二极管 VD1～VD6 的作用；②考虑换相过程时，主晶闸管 VT1～VT6 的导通角应略小于 $180°$，还是略大于 $180°$？为什么？

7-4　在图 7-18 所示三相串联二极管逆变电路中，①说明二极管 VD1~VD6 的作用，②晶闸管 VT1~VT6 的导通角为多少度？

7-5　举例说明单相 SPWM 逆变器怎样实现单极性调制和双极性调制？在三相桥式SPWM逆变器中，采用单极性调制还是双极性调制？为什么？

7-6　什么叫同步调制？什么叫异步调制？两者各有什么特点？分段同步调制的优点是什么？

7-7　设半周期的脉冲数为 7，脉冲的幅值为相应的正弦波幅值的两倍，试用等效面积法计算各脉冲的宽度。

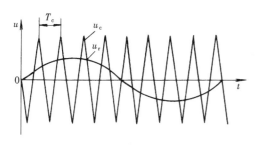

图 7-64　习题 7-8 图

7-8　载波和信号波的相对位置如图 7-64 所示，载波比为 9，调制度 $M=0.5$。试分别按自然采样法和规则采样 Ⅱ 法计算图中所示的周期 T_c 内电力半导体器件的两个开关时刻的角度 α_1 和 α_2。

7-9　在谐波消除法中，设脉冲幅值 E 为相应基波幅值的 2 倍，若要消去 5 次谐波，试计算图 7-41（a）所示波形中的 α_1 和 α_2。

7-10　电压型交—直—交变频器为什么不能工作在再生制动状态？需要实现再生制动时，主电路应采取什么措施？

7-11　试从电路构成、输出波形、再生制动、过流及短路保护、动态特性、适用范围上列表比较电流型交—直—交变频器和电压型交—直—交变频器。

7-12　单相交—交变频电路与直流电动机传动用的反并联可控整流电路有什么异同？

7-13　三相交—交变频电路有哪两种接线方式？它们有什么区别？

7-14　交—交变频器如何改变其输出电压和频率？最高输出频率受什么限制？

7-15　试从换能形式、换相方式、装置器件数量、调频范围、电网功率因数、适用场合上列表比较交—交变频器和交—直—交变频器。

第八章 直流斩波电路

将不可调的直流电变换成所需电平的可控直流电的对应电路称为直流斩波电路。它利用电力电子器件来实现通断控制，将输入恒定直流电压切割成断续脉冲加到负载上，通过通、断的时间变化来改变负载电压平均值，又称直流—直流变换电路。它具有效率高、体积小、重量轻、成本低等优点，已广泛应用于可调直流电源与直流电动机传动中。

第一节 概　　述

直流斩波器的系统框图如图8-1所示。其斩波器的直流输入电源是内阻抗很小的直流电压源，它可以是一组电池；然而，在大多数情况下是由交流电网电压经二极管整流后的直流输入。因为电网电压的幅值是变化的，所以直流输入电压是波动的。因而，在直流输入端加上容量很大的滤波电容以构成一个内阻抗小、纹波低的直流电压源。

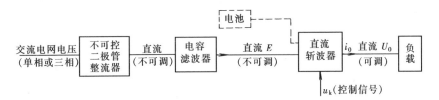

图8-1　直流斩波器的系统框图

直流斩波器的负载可以分为两类，一类是以等效电阻来代表的阻性负载；另一类是用一个直流电压源与电动机绕组的电阻及电感的串联电路来代表的直流电动机负载。

直流斩波电路的结构类型很多，有降压型、升压型、降压—升压型、桥式等。图8-2（a）是直流斩波器的原理电路。当开关K闭合时，负载两端的电压$u_0 = E$；断开时，$u_0 = 0$。开关K按一定规律时通时断，负载上就得到一系列脉冲，如图8-2（b）所示。

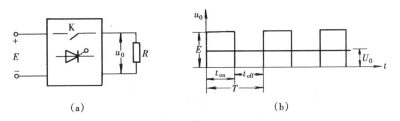

（a）　　　　　　　　　　　　（b）

图8-2　直流斩波器的工作原理
（a）直流斩波器的原理电路；（b）工作波形

负载电压的平均值为

$$U_0 = \frac{1}{T}\int_0^{t_{on}} E \cdot dt = \frac{t_{on}}{T}E \tag{8-1}$$

式中：t_{on}为斩波器的导通时间，T为通断周期，E为输入直流电压。

显然，当输入直流电压 定时，其负载上的输出平均电压是通过控制开关的通断时间来实现的。可以采用以下三种不同的方法来改变输出电压的大小：

（1）改变 t_{on} 而保持通断周期 T 不变，称为脉冲宽度调制（PWM）。

（2）保持 t_{on} 不变而改变通断周期 T，称为脉冲频率调制（PFM）。

（3）对脉冲频率与宽度综合调制，即同时改变 t_{on} 和 T，称为混合调制。

构成斩波器的开关器件可以是具有自关断能力的全控型电力半导体器件，也可以是晶闸管这样的半控型电力半导体器件，下面分别进行介绍。

第二节　电力晶体管斩波电路

由电力晶体管构成的斩波电路，因器件本身具有自关断能力，所以不需要设置换流关断电路。故电路简单，调制频率高，主要的应用领域是开关电源，如通信电源、笔记本电脑、移动电话、远程控制器等。而在这一领域中大都将这种斩波技术称为直流变换技术。

一、降压（Buck）型变换电路

Buck 型变换器是最简单和最基本的高频变换器结构，其电路如图 8-3（a）所示。V 为电力晶体管（GTR），作开关使用；电感 L 和电容 C 为输出端滤波电路，将脉冲波变成纹波较小的直流波；VD 为续流二极管。

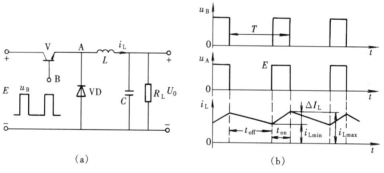

图 8-3　降压型变换电路

(a) 电路图；(b) 工作波形

电力晶体管 V 由重复频率为 $f=1/T$ 的控制脉冲 u_B 驱动。在脉冲周期的 t_{on} 期间，u_B 为高电平，V 导通，输入能量通过电感 L 向负载输送功率并对电容 C 充电，电感 L 中的电流线性增加，在 L 中储存能量。此时，忽略 V 的饱和管压降，$u_A=E$，二极管 VD 承受反向电压而截止。在脉冲周期的 t_{off} 期间，u_B 为低电平，V 截止，电感 L 的两端产生右正左负的感应电势，使二极管 VD 承受正压而导通，电感 L 在 t_{on} 期间储存的能量经续流二极管 VD 传送给负载。此时，$u_A=0$，电感 L 中的电流线性下降。其工作波形如图 8-3（b）所示。

通常电路工作频率较高，若电感和电容量足够大，使 $f_o(f_o=1/2\pi\sqrt{LC})\ll f$，在电路进入稳态后，输出电压近似为恒定值 U_0。则电感 L 两端的电压为

$$u_L=\begin{cases} E-U_0 & 0\leqslant t\leqslant t_{on} \\ -U_0 & t_{on}<t\leqslant T \end{cases} \tag{8-2}$$

图 8-3（b）所示电感 L 的电流 i_L，在稳态运行时，一个周期内的增量和减量相等，即

$$\int_0^{t_{on}} \frac{u_L}{L} dt + \int_{t_{on}}^T \frac{u_L}{L} dt = 0 \qquad (8-3)$$

由式（8-2）和式（8-3）得输出直流电压为

$$U_0 = \frac{t_{on}}{T} \cdot E = d \cdot E \qquad (8-4)$$

式中：$d = t_{on}/T$ 称为占空比。显然，改变 d 即可调节输出电压 U_0，且由于 $0<d<1$，则 $U_0<E$，属降压输出。

输出电流平均值为

$$I_0 = \frac{U_0}{R_L} \qquad (8-5)$$

二、升压（Boost）型变换电路

Boost 型变换电路如图 8-4（a）所示，它由电力晶体管 V，储能电感 L，升压二极管 VD 和滤波电容 C 组成。

在脉冲周期的 t_{on} 期间，电力晶体管 V 导通，忽略 V 的饱和管压降，$u_A=0$。输入电压 E 直接加在电感 L 两端，i_L 线性增长，L 中储存能量。二极管 VD 截止，由储能滤波电容 C 向负载 R_L 提供能量，并保持输出电压 U_0 基本不变。在 t_{off}

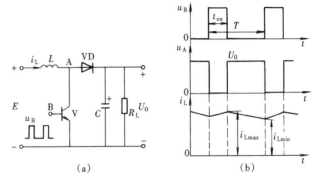

图 8-4 升压型变换电路
(a) 电路图；(b) 工作波形

期间，V 截止，L 两端感应电势左负右正，使二极管 VD 导通，并与输入电压 E 一起经二极管向负载供电，电感 L 释放能量，电感电流 i_L 线性下降。设电容 C 足够大，则 U_0 基本不变，在此期间 $u_A=U_0$。其工作波形如图 8-4（b）所示。

电感两端电压为

$$u_L = \begin{cases} E & 0 \leqslant t \leqslant t_{on} \\ E - U_0 & t_{on} < t \leqslant T \end{cases} \qquad (8-6)$$

同式（8-3）一样，在一个周期内 i_L 的增量和减量相等。将式（8-6）代入式（8-3）中得输出电压为

$$U_0 = \frac{T}{T - t_{on}} \cdot E = \frac{1}{1-d} \cdot E \qquad (8-7)$$

显然，由于 $0<d<1$，则 $U_0>E$，是一种升压输出。改变 d 即可调节输出电压大小。输出电流仍为 $I_0=U_0/R_L$。

三、降压/升压（Buck−Boost）型变换电路

Buck−Boost 型变换器也称反极性变换器，它的 U_0 与 E 极性相反，输出电压既可低于、也可以高于输入电压。其基本电路如图 8-5（a）所示。

在 u_B 为高电平，即脉冲周期的 t_{on} 期间，V 导通，忽略其饱和管压降，则 $u_A=u_L=E$。此时，E 向电感 L 充电，L 中储存能量，i_L 线性增长。二极管 VD 因反偏而截止，由输出滤波电容 C 向负载 R_L 提供电流。在 u_B 为低电平，即 t_{off} 期间，V 截止，电感 L 产生上负下正

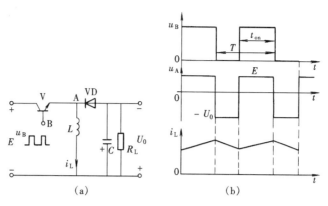

图 8-5 降压/升压型变换电路

(a) 电路图；(b) 工作波形

的感应电势，使二极管 VD 导通，电感释放能量，向负载 R_L 供电，并向电容 C 充电，电感电流 i_L 线性下降。同样，在电容 C 足够大，U_0 基本稳定不变情况下，$u_A = u_L = -U_0$。其工作波形如图 8-5（b）所示。

电感两端电压为

$$u_L = \begin{cases} E & 0 \leqslant t \leqslant t_{on} \\ -U_0 & t_{on} < t \leqslant T \end{cases} \qquad (8-8)$$

根据一个周期内电感电流 i_L 的增量和减量相等，将式（8-8）代入式（8-3）中得输出电压为

$$U_0 = \frac{t_{on}}{T - t_{on}} \cdot E = \frac{d}{1-d} \cdot E \qquad (8-9)$$

调节占空比 d，即可调节输出电压大小，并且 $d < 0.5$ 时，$U_0 < E$，为降压输出；$d = 0.5$ 时，$U_0 = E$，为等压输出；$d > 0.5$ 时，$U_0 > E$，为升压输出。负载上得到的输出电流仍为 $I_0 = U_0 / R_L$。

第三节 晶闸管斩波电路

目前在大功率直流斩波领域，由晶闸管和逆导晶闸管构成的直流斩波器被广泛应用于电车、地铁、矿山、搬运车等电气机车上所用直流电动机的牵引传动中。

一、降压斩波电路

降压型斩波电路如图 8-6（a）所示。E 为供电直流电源，CH 为带有换流关断电路的主开关晶闸管，VD 为续流二极管，E_m 为直流电动机反电势，L 为电枢电感，R 为电枢电阻。下面按负载电流连续和断续两种工作状态进行分析。

（一）电流连续工作状态

当电感值较大时，负载电流是连续的，稳态时的波形如图 8-6（b）所示。在 t_{on} 期间，触发 CH 导通，$u_0 = E$，负载电流按指数规律上升。在 t_{off} 期间，通过换流电路的作用，使 CH 关断，负载电流通过二极管 VD 续流，$u_0 = 0$，负载电流按指数规律下降。一个周期内电流的初值与终值相等。此时负载端直流输出电压的平均值为

$$U_0 = \frac{t_{on}}{T} \cdot E = d \cdot E \qquad (8\text{-}10)$$

负载电流的平均值为

$$I_0 = \frac{U_0 - E_m}{R} = \frac{dE - E_m}{R} \qquad (8\text{-}11)$$

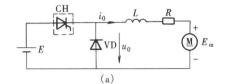

(a)

由此可见，降压斩波器可等效为把电源电压从 E 降为 dE 后向负载供电。只要调节 d 的大小，就可平滑改变直流电机电枢电压，从而达到调速目的。

下面推导一下图 8-6（b）中负载电流的最小值 I_{0min} 和最大值 I_{0max}。

CH 导通时，设负载电流为 i_1，得下列方程式

$$L\frac{di_1}{dt} + Ri_1 + E_m = E \qquad (8\text{-}12)$$

解得　$i_1 = I_{0min}e^{-\frac{t}{\tau}} + \frac{E - E_m}{R}(1 - e^{-\frac{t}{\tau}}) \qquad (8\text{-}13)$

其中　　　　　　$\tau = L/R$

CH 关断时，设负载电流为 i_2，得下列方程式

$$L\frac{di_2}{dt} + Ri_2 + E_m = 0 \qquad (8\text{-}14)$$

解得　$i_2 = I_{0max}e^{-\frac{t}{\tau}} - \frac{E_m}{R}(1 - e^{-\frac{t}{\tau}}) \qquad (8\text{-}15)$

将 $t = t_{on}$ 时 $i_1 = I_{0max}$ 代入式（8-13）；$t = t_{off}$ 时 $i_2 = I_{0min}$ 代入式（8-15）即可求得

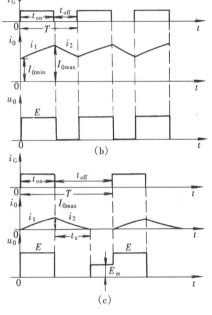

图 8-6　降压斩波电路及波形
（a）电路图；（b）电流连续时的波形；
（c）电流断续时的波形

$$I_{0min} = \left(\frac{e^{-\frac{t_{off}}{\tau}} - e^{-\frac{T}{\tau}}}{1 - e^{-\frac{T}{\tau}}}\right)\frac{E}{R} - \frac{E_m}{R} \qquad (8\text{-}16)$$

$$I_{0max} = \left(\frac{1 - e^{-\frac{t_{on}}{\tau}}}{1 - e^{-\frac{T}{\tau}}}\right)\frac{E}{R} - \frac{E_m}{R} \qquad (8\text{-}17)$$

式中：$T = t_{on} + t_{off}$，$\tau = L/R$。

当 L 非常大，或者斩波开关频率很高，即周期 T 十分小的情况下，则有 $e^{-\frac{t_{off}}{\tau}} \approx 1 - \frac{t_{off}}{\tau}$，$e^{-\frac{t_{on}}{\tau}} \approx 1 - \frac{t_{on}}{\tau}$，$e^{-\frac{T}{\tau}} \approx 1 - \frac{T}{\tau}$。将它们代入式（8-16）和式（8-17）得

$$I_{0min} \approx \left(\frac{1 - \frac{t_{off}}{\tau} - \left(1 - \frac{T}{\tau}\right)}{1 - \left(1 - \frac{T}{\tau}\right)}\right)\frac{E}{R} - \frac{E_m}{R} = \frac{t_{on}}{T} \cdot \frac{E}{R} - \frac{E_m}{R} = \frac{dE - E_m}{R} = I_0 \qquad (8\text{-}18)$$

$$I_{0max} \approx \left(\frac{1 - \left(1 - \frac{t_{on}}{\tau}\right)}{1 - \left(1 - \frac{T}{\tau}\right)}\right)\frac{E}{R} - \frac{E_m}{R} = \frac{t_{on}}{T} \cdot \frac{E}{R} - \frac{E_m}{R} = \frac{dE - E_m}{R} = I_0 \qquad (8\text{-}19)$$

显而易见，电流波形已平直。因此提高开关频率可使 L 小型化。

（一）电流断续工作状态

如果 L 值较小或开关周期 T 较大，当负载电流按指数规律下降到 t_x 时，负载电流已衰减到零，如图 8-6（c）所示。$t_{on} < t < t_x$ 期间，VD 导通，负载电压为零。$t_x < t < T$ 期间，负载电流为零，VD 也截止，此时的负载电压等于负载反电动势 E_m。$t = T$ 时完成一个通断周期并开始下一个工作周期。

将 $I_{0min} = 0$；$t = t_{on}$ 时 $i_1 = I_{0max}$ 代入式（8-13）以及 $t = t_x$ 时 $i_2 = I_{0min} = 0$ 代入式（8-15）即可求得 i_2 的持续时间为

$$t_x = \tau \ln \left[\frac{1 - (1 - E_m/E) e^{-\frac{t_{on}}{\tau}}}{E_m/E} \right] \tag{8-20}$$

显然，当 $t_x < t_{off}$ 时，负载电流断续，否则，负载电流连续。

在负载电流断续状态下，负载电流一降到零，二极管即断流，负载两端的电压为 E_m。因此，输出电压的平均值为

$$U_0 = \frac{t_{on} \cdot E + (T - t_{on} - t_x) E_m}{T} \tag{8-21}$$

负载平均电流为

$$I_0 = \frac{U_0 - E_m}{R} = \frac{d \cdot E - \left(d + \frac{t_x}{T} \right) E_m}{R} \tag{8-22}$$

二、升压斩波电路

升压斩波电路多用于直流电动机再生制动时把电能反送到直流电源的电路中，如图 8-7（a）所示。和降压斩波电路一样，升压斩波电路也有电动机电枢电流连续和断续两种状态，现在分别加以分析。

（一）电流连续工作状态

当电感 L 值较大时，负载电流是连续的，稳态时的波形如图 8-7（b）所示。在 t_{on} 期间，触发 CH 导通，$u_0 = 0$，电动机释放动能，电感 L 积储能量，负载电流按指数规律上升。在 t_{off} 期间，通过换流电路的作用，使 CH 关断，由于 L 所积储的能量和 E_m 的作用使二极管 VD 导通续流，向电源 E 反送能量，$u_0 = E$，负载电流按指数规律下降。一个周期内电流的初值与终值相等。此时负载端直流输出电压的平均值为

$$U_0 = \frac{t_{off}}{T} \cdot E = (1 - d) E \tag{8-23}$$

负载电流的平均值为

$$I_0 = \frac{E_m - U_0}{R} = \frac{E_m - (1 - d) E}{R} \tag{8-24}$$

由此可见，以直流电动机一侧为基准看，升压斩波器可等效为把电源电压 E 降低为 $(1-d)E$。直流电动机将能量反送给电压值相当于 $(1-d)E$ 的直流电源，实现直流电动机的再生制动。

下面推导一下图 8-7（b）中负载电流的最小值 I_{0min} 和最大值 I_{0max}。

CH 导通时，设负载电流为 i_1，得下列方程

$$L \frac{di_1}{dt} + R \cdot i_1 = E_m \tag{8-25}$$

解得 $i_1 = I_{omin}e^{-\frac{t}{\tau}} + \frac{E_m}{R}(1-e^{-\frac{t}{\tau}})$ (8-26)

式中：$\tau = L/R$。

CH 关断时，设负载电流为 i_2，得下列方程式

$$L\frac{di_2}{dt} + R \cdot i_2 = E_m - E \quad (8-27)$$

解得 $i_2 = I_{0max}e^{-\frac{t}{\tau}} - \frac{E-E_m}{R}(1-e^{-\frac{t}{\tau}})$ (8-28)

将 $t=t_{on}$ 时 $i_1=I_{0max}$ 代入式（8-26），$t=t_{off}$ 时 $i_2=I_{0min}$ 代入式（8-28）即可求得

$$I_{0min} = \frac{E_m}{R} - \left(\frac{1-e^{-\frac{t_{off}}{\tau}}}{1-e^{-\frac{T}{\tau}}}\right)\frac{E}{R} \quad (8-29)$$

$$I_{0max} = \frac{E_m}{R} - \left(\frac{e^{-\frac{t_{on}}{\tau}}-e^{-\frac{T}{\tau}}}{1-e^{-\frac{T}{\tau}}}\right)\frac{E}{R} \quad (8-30)$$

式中 $T=t_{on}+t_{off}$，$\tau=L/R$。

与降压斩波器相同，当 L 非常大，或者斩波开关频率很高，即周期 T 十分小的情况下，则有 $I_{0min}=I_{0max}\approx I_0$。

（二）电流断续工作状态

如果 L 值较小或开关周期 T 较大，当负载电流按指数规律下降到 t_x 时，负载电流已衰减到零，如图 8-7（c）所示。$t_{on}<t<t_x$ 期间，VD 导通，负载电压为电源电压 E。$t_x<t<T$ 期间，负载

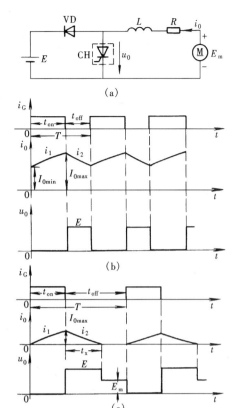

图 8-7 升压斩波电路及波形
（a）电路图；（b）电流连续时的波形；
（c）电流断续时的波形

电流为零，VD 也截止，此时的负载电压等于电机反电动势 E_m。$t=T$ 时完成一个通断周期并开始下一个工作周期。

将 $I_{0min}=0$；$t=t_{on}$ 时 $i_1=I_{0max}$ 代入式（8-26）以及 $t=t_x$ 时 $i_2=I_{0min}=0$ 代入式（8-28）即可求得 i_2 的持续时间为

$$t_x = \tau\ln\frac{1-\frac{E}{E}e^{\frac{t_{on}}{\tau}}}{1-\frac{E_m}{E}} \quad (8-31)$$

显然，当 $t_x<t_{off}$ 时，负载电流断续，否则，负载电流连续。

在负载电流断续状态下，负载电流一降到零，二极管即断流，负载两端的电压为 E_m。因此，输出电压的平均值为

$$U_0 = \frac{t_x \cdot E + (T-t_{on}-t_x)E_m}{T} \quad (8-32)$$

负载平均电流为

$$I_0 = \frac{E_m - U_0}{R} = \frac{\left(d+\frac{t_x}{T}\right)E_m - \frac{t_x}{T}E}{R} \quad (8-33)$$

二、复合斩波电路

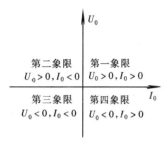

第二象限
$U_0 > 0, I_0 < 0$

第一象限
$U_0 > 0, I_0 > 0$

第三象限
$U_0 < 0, I_0 < 0$

第四象限
$U_0 < 0, I_0 > 0$

图 8-8　工作象限

在直流电动机的斩波控制中，常常需要使电动机正转和反转，电动运行和再生运行。此时若把电枢电压和电流的正负用图 8-8 的四象限来表示，可以说降压型斩波电路工作在第一象限，负载平均电压 U_0 和电流 I_0 都是正的，功率流向是从电源到负载。这种电路结构用于直流电动机负载的电动运行。而升压型斩波电路工作在第二象限，负载平均电压 U_0 为正，但电流 I_0 为负，故功率流向是从负载到电源。这种电路结构用于直流电动机的再生制动。以上两种斩波电路的电压和电流都是单方向的，只能在单象限内工作，又称为 A 型斩波器。复合斩波电路就是把基本的降压和升压斩波电路组合起来，组成两象限工作的电流可逆斩波器（又称 B 型斩波器），或能够四象限工作的桥式可逆斩波器（又称 C 型斩波器）。

（一）电流可逆斩波电路

把降压式和升压式两种斩波电路合并起来，便构成第一、第二两象限斩波器。其电路结构如图 8-9（a）所示。可见，若 CH1 或 VD2 导通，则 $U_0 = E$；若 CH2 或 VD1 导通，则 $U_0 = 0$。

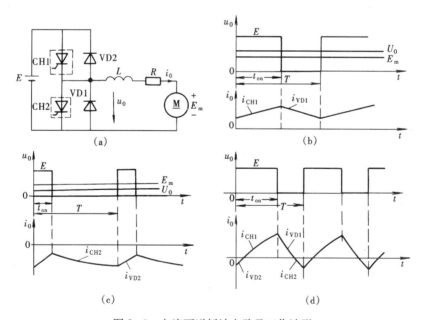

图 8-9　电流可逆斩波电路及工作波形

（a）电路结构图；（b）电动运行时的电压和电流波形；（c）再生制动运行时的
电压和电流波形；（d）轻载电动状态时的电压和电流波形

因此，负载平均电压 U_0 为正。然而负载电流 I_0 的方向可逆：CH1 或 VD1 导通，I_0 为正；CH2 或 VD2 导通，I_0 为负。因 U_0 极性总是为正，而 I_0 可逆，故称电流可逆斩波器，它的功率流向也就是可逆的。这种斩波器电路结构对直流电动机的电动运行和再生制动都适用。适当控制 CH1 和 CH2（必须防止 CH1 和 CH2 同时导通使电源短路的现象），当 CH1 导通和 VD1 续流时，相当于降压斩波器，电源向直流电动机供电使直流电动机进行电动运行，工作在第一象限，其电压和电流波形如图 8-9（b）所示；当 CH2 导通和 VD2 续流时，相当于升压斩波器，把直流电动机所具有的动能变成电能反送到电源，使直流电动机进行再生制动运行，相应的电压和电流波形如图 8-9（c）所示。图 8-9（d）还给出了轻载电动状态时的电压和电流波形，当第一象限的降压斩波器或第二象限的升压斩波器电流断续而为零时，可使另一个斩波器导通，让电流反向流过。这样，在斩波器的一个周期内，电枢电流沿正、反两个方向流通，电流不断，所以响应很快。

（二）桥式可逆斩波电路

图 8-10 是可使直流电动机在正转电动、正转再生、反转电动、反转再生的所有四个象限工作的桥式可逆斩波器。根据 CH1～CH4 导通方式的不同，分为单极性式和双极性式。

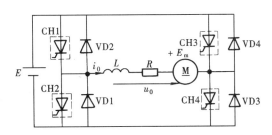

图 8-10　桥式可逆斩波电路

如 CH1、CH2 交替通断，而 CH4 常通、CH3 常断，则 U_0 为正，电动机正转；而 CH3 常通、CH4 常断，则 U_0 为负，电动机反转。在这种控制方式下，电动机向一个方向旋转时，斩波器输出为某一极性电压，称为单极性式。

如将四只斩波部件分为 CH1、CH4 和 CH2、CH3 两组，同组两只管子同时导通和关断，而两组斩波部件交替工作，则在一个周期内，U_0 正负相间，这种控制方式称为双极性式。

四、晶闸管换流电路

晶闸管斩波电路按选用的晶闸管元件的类型可分为逆阻型（用普通晶闸管元件）和逆导型（用逆导晶闸管元件）两种，由于它们本身不能自关断，所以在晶闸管斩波器中均设置有换流关断电路。其换流回路主要包括辅助晶闸管、换流电容、换流电感和二极管等。现分别举例说明换流电路的工作过程。分析时均认为负载回路电感足够大，在换流期间负载电流保持不变。

（一）逆阻型晶闸管斩波电路

晶闸管斩波电路换流属脉冲换流，又分为电压换流和电流换流两种形式。

图 8-11（a）是电压换流 PWM 直流斩波电路。VT1 是主晶闸管，VT2 是辅助晶闸管，它与换流电容 C、换流电感 L_1 以及二极管 VD1 构成换流电路，用来关断 VT1。其换流过程为：先使 VT2 导通，经过负载给 C 充电，待 C 电压建立（$u_C=E$，极性为上正下负）、电流为零后，VT2 关断。之后如使 VT1 导通，电源便开始给负载供电。与此同时，C 的电荷经 VT1、L_1、VD1 谐振放电，并使 C 的极性反向，且因有 VD1 而保持反向极性。以后再触发 VT2，使其导通，电容电压即加在 VT1 上，VT1 关断。这个电容电压通过负载放电，并反向充电至电源电压，以此循环。可见，该斩波器的最小导通时间受 L_1C 振荡半周期的限制，因此限制了最小输出电压。换流期间的电容电压直接加到负载上，使输出电压出现一个幅值约为 $2E$ 的尖峰。主晶闸管导通时，换流电流经主晶闸管，增大它的负担。

将二极管 VD1 反并联在 VT1 两端，依靠换流电容的振荡放电关断 VT1，就构成了电流换流电路，如图 8-11（b）所示。VT1 为主晶闸管，当它导通后电源电压就加到负载上。VT2 为辅助晶闸管，用以控制输出电压的脉宽。C、L_1 为振荡电路，它们与 VD1、VT2、

VD2 组成 VT1 管的换流关断电路。其电路换流过程为：电源接上时，经过 VD2、C、L_1 和负载给 C 充电，极性左正右负。触发 VT1，使其导通，给负载供电。欲关断 VT1，可先使 VT2 导通，这时 C 的电荷经 VT2、L_1、C 谐振，并使 C 的电荷反向流动，此谐振电流逐渐增大，由于感性负载的电流基本不变，因而 C 提供的电流分担了 VT1 通过的电流，使 VT1 的电流逐渐减小直到零时，VT1 自行关断。当此谐振电流超过负载电流时，所超过的电流经 C、L_1、VD1、VD2 回路流通，而后谐振电流会逐渐减小，直到半周结束时为止。当 VD1 流过电流时，这期间 VT1 被加了反偏压，使 VT1 更加可靠地关断。该电路消除了负载尖峰电压，降低了最小输出电压，主晶闸管不流过换流电容电流，换流电容电压可保持较高数值，增强了换流能力。

比较以上的换流情况可知：VT1 关断时，图 8 - 11（a）加上了很大的反向电压，而图 8 - 11（b）只加了很小的 VD1 的正向压降。此外，在图 8 - 11（a）由于 C 建立的电压被反向，VT2 导通的同时即把 VT1 关断；而在图 8 - 11（b），则是 VT2 导通后，C 建立的电压反向，由 C 向负载提供电流而使 VT1 关断。前者突出电压，后者突出电流。

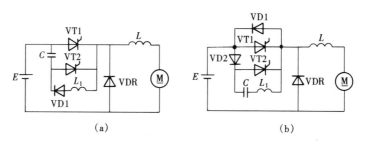

图 8 - 11　逆阻型斩波电路

（a）电压换流电路；（b）电流换流电路

另外，由上述斩波器的工作过程可见，输出电压的脉宽是通过 VT2 管的触发导通时刻来控制的。若斩波器工作周期为 T，VT2 触发时刻距 VT1 触发时刻的间隔 t_{on} 愈长，则输出电压的脉宽愈宽，其平均值愈高。反之，t_{on} 缩短，则输出脉宽变窄，电压平均值也就愈低。属于 PWM 控制方式。

（二）逆导型晶闸管斩波电路

采用逆导晶闸管构成的斩波器称为逆导型斩波器。与普通晶闸管相比，逆导晶闸管具有正向压降小、关断时间短以及高温特性好等优点。特别是由于反并联的整流管与晶闸管结为一体，消除了整流管接线分布电感的影响，使主晶闸管承受的反压时间增长，换向振荡电路的 L_1、C 值可减小。因此，逆导晶闸管不仅简化了电路结构，而且还缩小了装置的体积。

图 8 - 12 为逆导型斩波电路。其中，VT1 为主逆导晶闸管，VT2 为辅助逆导晶闸管，它与 L_1、C 一起组成 VT1 的振荡关断电路。其电路换流过程为：接通电源，通过 VT2 的整流管、L_1 及负载对电容 C 充电，极性为左正右负，直到充电电流等于零。之后触通 VT1，通过 VT1 的晶闸管把电源电压加到负

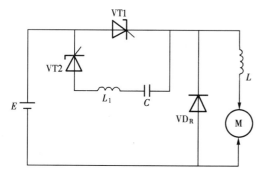

图 8 - 12　逆导型斩波电路

载端。VT1 导通后，隔 t_{on} 时间触通 VT2，L_1、C 经 VT2 晶闸管和 VT1 晶闸管谐振，谐振电流减小到零后，VT2 晶闸管关断，电容电压极性变为左负右正。随后，C 通过 VT2 的整流管、L_1、负载及电源放电。由于感性负载的电流基本不变，因而 C 提供的电流分担了 VT1 晶闸管通过的电流，使 VT1 的电流逐渐减小直到零时，VT1 的晶闸管自行关断。当此谐振电流超过负载电流时，所超过的电流经 C、L_1、VT1 整流管、VT2 整流管回路流通，而后谐振电流会逐渐减小，直到半周结束时为止。在 VT1 的整流管导通期间，VT1 的晶闸管承受反压，恢复正向阻断特性。同时电路经 VT2 整流管给 C 正向再充电，完成一个循环周期，负载上得到宽度为 t_{on} 的脉冲电压波形。

第四节　直流斩波器的 PWM 控制

在恒定频率的 PWM 控制中，控制开关通断状态的控制信号是由 PWM 控制器产生的，其框图如图 8-13 所示。图中上部为 DC/DC 变换器的主电路及驱动电路，虚线框内为 PWM 控制电路的基本组成单元。控制电路中各单元电路过去多采用分立元件及单片集成块来实现。随着微电子技术的发展，近年来已研制出各种集成脉宽调制控制器，这些集成块包含了控制电路的全部功能，只需外加少量元件就能满足要求，且有很完善的保护功能。这不仅简化了设计计算，且大幅度地减少了元器件数量和连接焊点，使变换器的可靠性大大提高，这无疑是个发展方向。本节就通过实例着重介绍集成脉宽调制控制器的基本组成、工作原理及应用。

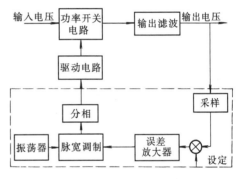

图 8-13　PWM 控制电路框图

一、集成 PWM 控制器的组成和原理

目前，常见的单片集成 PWM 控制器产品有 SG1524、SG1525/SG1527、UC3637 等，功能大同小异。由于型号很多，在实际应用中应参考各厂家的产品说明，以便选择合适的集成 PWM 控制器。

下面介绍集成 PWM 控制器的一般组成及各组成部分的功能和原理。

（一）PWM 信号产生电路

图 8-14 表示了 PWM 信号产生电路框图及其波形，它的工作原理如下：对被控制电压 U_0 进行检测所得的反馈电压 $U_f = KU_0$ 加至放大器的同相输入端，一个固定的参考电压 U_r 加至放大器的反相输入端。放大后输出直流误差电压 U_e 加至比较器的反相输入端，由一固定频率振荡器产生锯齿波信号 U_{sa} 加至比较器的同相输入端。比较器输出一方波信号，此方波信号的占空比随着误差电压 U_e 变化，如图 8-14（b）中虚线所示，即实现了脉宽调制。对于单管变换器，比较器输出的 PWM 信号就可作为控制功率晶体管的通断信号。对于推挽或桥式等功率变换电路，则应将 PWM 信号分为两组信号，即分相。分相电路由触发器及两个与门组成，触发器的时钟信号对应于锯齿波的下降沿。A 端和 B 端便输出两组相差 180° 的 PWM 信号。

产生 PWM 信号是集成 PWM 控制器的基本功能，但还应具有其他一些功能。图 8-15

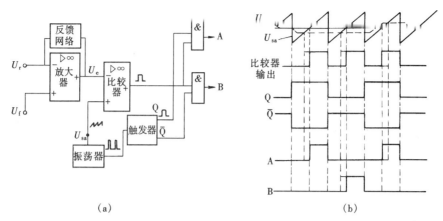

图 8 - 14　PWM 信号产生电路及波形

(a) 电路图；(b) 工作波形

表示了实现保护及软启动等功能的电路，图中比较器 OP1 即为图 8 - 14（a）电路中的比较器，误差放大器及分相电路未画出，而在比较器 OP1 的反相输入端加入了由二极管 VD1、VD2、VD3 组成的或门，比较器输出加入了一锁存器，它们有保护和软启动功能。

（二）功率电路的故障保护

功率电路在工作过程中，由于某些原因可能出现过流、过压及其他一些故障。这时，需将功率管的驱动信号封锁，使功率管关断，从而保护主电路的元器件不受损坏，也保证了用电设备的安全。图 8 - 15 中的比较器 OP2 就能实现此功能。OP2 为零电平比较器，无故障时，比较器的同相输入端输入电平为零，OP2 输出低电平，VD2 不导通。当出现过压（OV）、过流（OC）或其他故障时，OP2 的同相输入端 $U+>0$，OP2 输出高电平，二极管 VD2 导通，由于其幅值大于 U_e，使二极管 VD1 截止。从图 8 - 14（b）的波形图可见，比较器 OP1 反相输入端的电平增高，使 OP1 输出低电平或很窄的 PWM 脉冲，从而实现了保护功能。

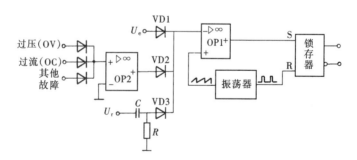

图 8 - 15　保护、软启动及干扰抑制电路

（三）软启动

在启动时，由于输出电压 U_0 尚未建立，故反馈电压 U_f 很小，使 U_e 很小，致使 PWM 脉冲的占空比很大。为避免启动时输入电流过大、输出电压过冲及变压器饱和等问题，大多数开关电源设计中常引入软启动电路。引入软启动电路后，使启动时控制 PWM 脉冲的占空比逐渐增大，而不受反馈电压 U_f 的控制。在图 8 - 15 中，由电阻 R、电容 C 及二极管 VD3 实现软启动功能。当启动时，电容 C 相当于短路，电阻 R 两端电压等于基准电压 U_r，二极

管 VD3 导通，VD1 及 VD2 截止，比较器 OP1 的反相输入端电平接近 U_r，故输出很窄的 PWM 脉冲。此后随着电容 C 被充电，R 两端电压下降，PWM 脉冲的脉冲宽度增加，即占空比 d 增大。至电容 C 充电结束，电阻 R 上电压等于零，VD3 截止，软启动过程结束，PWM 信号受反馈电压 U_f 控制。

（四）干扰抑制

误差放大器输出信号 U_e 中可能存在尖峰或振荡，此信号与锯齿波信号比较时就可能出现多个交点，造成在锯齿波一个周期中比较器 OP1 输出多个方波，破坏了正常的脉宽调制作用。为避免这一现象，比较器 OP1 输出的 PWM 脉冲需经一个锁存器，如图 8-15 所示。锁存器系一个 RS 触发器，振荡器输出一组对应锯齿波下降时的时钟脉冲，加至锁存器的 R 端，比较器 OP1 输出的 PWM 脉冲加至 S 端。时钟的上跳沿使锁存器置"0"，PWM 脉冲的上跳沿使锁存器置"1"。只有在置"0"后，S 端的第一个置"1"脉冲才起作用，以后 S 端的状态变化不影响锁存器的输出。这样，在一个锯齿波周期内，即使比较器输出的信号有多个脉冲，锁存器仅输出一个方波脉冲信号。

（五）死区时间控制

由于晶体管的存储时间，推挽电路的上、下两管或桥式电路同一桥臂的两管会产生同时导通而造成电源瞬时短路，损坏功率管。为此，需设置死区时间以限制控制脉冲的宽度，即在此区间内，两列脉冲都为低电平。不同功率电路及器件对死区时间有不同要求，故死区时间应能调节。不同集成 PWM 控制器实现死区时间控制的电路也不同。在后面介绍某种型号控制器的内部电路时再作介绍。

二、PWM 控制器集成芯片简介

1. SG1524/2524/3524 系列集成 PWM 控制器

SG1524 是双列直插式集成芯片，其结构框图如图 8-16 所示。它包括基准电源、锯齿波振荡器、电压比较器、逻辑输出、误差放大以及检测和保护等部分。SG2524 和 SG3524 也属这个系列，内部结构及功能相同，仅工作电压及工作温度有差异。

基准电源由 15 端输入 8～30V 的不稳定直流电压，经稳压输出 +5V 基准电压，供片内所有电路使用，并由 16 端输出 +5V 的参考电压供外部电路使用，其最大电流可达 100mA。

振荡器通过 7 端和 6 端分别对地接上一个电容 C_T 和电阻 R_T 后，在 C_T 上输出频率为 $f_{osc} = \dfrac{1}{R_T C_T}$ 的锯齿

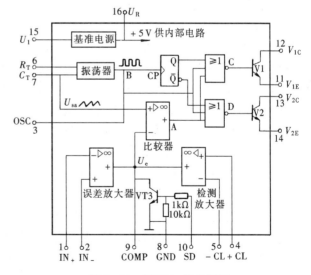

图 8-16　SG1524 结构框图

波。比较器反向输入端输入直流控制电压 U_e；同相输入端输入锯齿波电压 U_{sa}。当改变直流控制电压大小时，比较器输出端电压 U_A 即为宽度可变的脉冲电压，送至两个或非门组成的

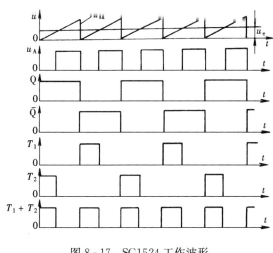

图 8-17　SG1524 工作波形

逻辑电路。

每个或非门有 3 个输入端，其中，一个输入为宽度可变的脉冲电压 U_A；一个输入分别来自触发器输出的 Q 和 $\overline{Q}$ 端（它们是锯齿波电压分频后的方波）；再一个输入（B 点）为锯齿波同频的窄脉冲。在不考虑第 3 个输入窄脉冲时，两个或非门输出（C、D 点）分别经三极管 V1、V2 放大后的波形 T1、T2 如图 8-17 所示。它们的脉冲宽度由 U_e 控制，周期比 U_{sa} 大一倍，且两个波形的相位差为 180°。这样的波形适用于可逆 PWM 电路。或非门第 3 个输入端的窄脉冲使这期间两个三极管同时截止，以保证两个三极管的导通有一短时间隔，可作为上、下两管的死区。当用于不可逆 PWM 时，可将两个三极管的 C、E 极并联使用。

误差放大器在构成闭环控制时，可作为运算放大器接成调节器使用。如将 1 端和 9 端短接，该放大器作为一个电压跟随器使用，由 2 端输入给定电压来控制 SG1524 输出脉冲宽度的变化。

当保护输入端 10 的输入达一定值时，三极管 VT3 导通，使比较器的反相端为零，A 端一直为高电平，V1、V2 均截止，以达到保护的目的。检测放大器的输入可检测出较小的信号，当 4、5 端输入信号达到一定值时，同样可使比较器的反相输入端为零，亦起保护作用。使用中可利用上述功能来检测需要限制的信号（如电流）对主电路实现保护。

2. SG1525/SG1527 系列集成 PWM 控制器

SG1525/SG1527 的结构框图如图 8-18 所示，它在 SG1524 基础上，增加了振荡器外同步、死区调节、PWM 锁存器以及输出级的最佳设计等，是一种性能优良、功能完善及通用性强的集成 PWM 控制器。SG1525 与 SG1527 的电路结构相同，仅输出级不同。SG1525 输出正脉冲，适用于驱动 NPN 功率管或 N 沟道功率 MOSFET 管。SG1527 输出负脉冲，适用于驱动 PNP 功率管或 P 沟道功率 MOSFET 管。同样，SG2525 和 SG3525 也属这个系列，内部结构及功能相同，仅工作电压及工作温度有些差异。

基准电压源是一个典型的三端稳压器，精度可达（5.1±1%）V，采用了温度补偿。作为内部电路的供电电源，并可向外输出 40mA 电流。设有过流保护电路。

振荡器及可调死区时间由一个双门限比较器、一恒流源及外部电容充放电电路组成，其外部连接如图 8-19（a）所示。在 C_T 上产生一锯齿波电压，见图 8-19（b）。锯齿波的峰点及谷点电平分别为 $U_H=3.3V$ 和 $U_L=0.9V$。内部一恒流源使电容 C_T 充电，锯齿波的上升沿对应 C_T 充电，充电时间 t_1 决定于 $R_T C_T$；锯齿波下降沿对应 C_T 放电，放电时间 t_2 决定于 $R_D C_T$。锯齿波频率由下式决定

$$f_{osc} = \frac{1}{t_1 + t_2} = \frac{1}{(0.67 R_T + 1.3 R_D) C_T} \qquad (8-34)$$

由于比较器的门限电平（U_H，U_L）由基准电压分压取得，而且 C_T 的充电恒流源对电

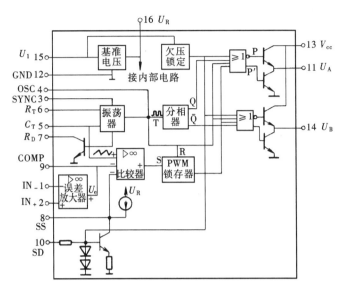

图 8-18 SG1525 结构框图

压及温度变化的稳定性较好，所以，当电源电压 U_I 在 8～35V 范围内变化时，锯齿波的频率稳定度达 1%。当温度在 $-55～+125℃$ 范围变化时，其频率稳定度为 3%。振荡器在 4 脚输出一对应锯齿波下降沿的时钟信号 U_T，时钟信号脉宽等于 t_2，故调节 R_D 就调节了时钟信号宽度。该控制器就是通过调节 R_D 来调节死区大小的，R_D 越大，死区越宽。振荡器还设有外同步输入端（3 脚），在 3 脚加直流或高于振荡器频率的脉冲信号，可实现对振荡器的外同步。

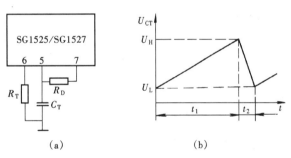

图 8-19 振荡器外部接线及锯齿波波形
(a) 外部连接图；(b) 锯齿波波形

误差放大器是一个两级差分放大器，直流开环增益为 70dB 左右。根据后面的逻辑要求，反馈电压 U_f 接至反相输入端（1 脚），同相输入端（2 脚）接参考电压 U_r。根据系统的动态、静态特性要求，在误差放大器输出 9 脚和 1 脚间外加适当的反馈网络。

误差放大器的输出信号加至 PWM 比较器的反相端，振荡器输出的锯齿波加至同相端。在前者大于后者时，比较器输出一负的 PWM 脉冲信号，该脉冲信号经锁存器，以保证在锯齿波的一个周期内只输出一个 PWM 脉冲信号。PWM 比较器的输入端还设有软启动及关闭 PWM 信号的功能。只需在 8 脚至地接一个电容（一般为几微法）就能实现软启动功能。过压、过流及其他故障的信号可加至 10 脚，当出现过压、过流及其他故障时关闭 PWM 信号。

分相器由一个计数功能触发器组成。其触发信号为振荡器输出的时钟信号，对应每个锯齿波下降沿触发器被触发翻转一次。分相器输出频率为锯齿波频率1/2的方波信号，送至输出级的两组门电路输入端，以实现 PWM 脉冲的分相。

输出级采用了图腾柱结构，这是该系列控制器的优点之一。它有两组相同结构的输出级。上侧为或非门，下侧为或门。或非（或）门有 4 个输入端，分别加入 PWM 脉冲信号、分相器输出的 Q（或 $\overline{Q}$）信号、时钟信号及欠压锁定信号。输出信号 P 和 P′ 分别驱动输出级的上、下两个晶体管。两晶体管组成图腾柱结构，使输出既可带拉电流负载，又可带灌电流负载。图腾柱的输出结构对晶体管的关断有利，如当 P′ 高电平（P 低电平）时，上晶体管截止，而下晶体管导通，为晶体管关断时提供了低阻抗的反向抽取基极电流的回路，加速晶体管的关断。

　　电路工作时，控制器的电源电压 U_1 降到正常工作的最低电压（8V）以下时，电路各部分工作就会异常，输出级输出异常的 PWM 控制信号，将损坏电路的功率管，故此时应能自动切断控制信号。本控制器设计了欠压锁定器，它的作用就是：当 $U_1<7V$ 时，欠压锁定输出一高电平信号加至输出级或非门（或门）输入端，以封锁 PWM 脉冲信号。

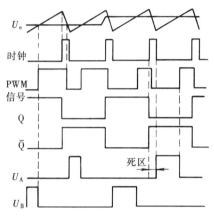

图 8-20　SG1525 的各点波形

　　SG1525 各点波形如图 8-20 所示，由误差放大器输出电压 U_e 大于锯齿波的交点可得一负的 PWM 信号。由 PWM 信号、时钟信号及分相器输出的 Q（或 $\overline{Q}$）信号，根据或非门的逻辑可得输出信号 U_A 和 U_B。从波形图可以看出：①PWM 比较器的反相输入端电平愈高，输出脉冲 U_A 和 U_B 的占空比愈大；反之就愈小。②该控制器是通过改变 R_D 大小使时钟脉冲宽度变化来实现死区大小的调节。这里为说明死区调节作用，接入了较大的 R_D，使锯齿波下降沿较宽。在或非门的输入端不加时钟信号时，其输出脉宽等于 PWM 的负脉冲宽度；而在门电路的输入端加入了时钟信号后，输出脉冲就滞后。从波形图可见，$U_A(U_B)$ 的前沿决定于时钟脉冲的后沿，$U_A(U_B)$ 的后沿决定于 PWM 脉冲的前沿。在时钟脉宽区间，$U_A=0$、$U_B=0$，即为死区。改变 R_D 就改变了死区的大小。

三、直流 PWM 应用举例

（一）开关电源

　　开关电源以其小型化、高效率的突出优点而被广泛地应用于各种电气设备中，带来了电源技术上的一次革命。与传统的线性电源相比，开关电源的效率通常可以做到 80% 以上（而后者一般低于 50%）。由于开关电源通常工作在几十甚至几百千赫范围内，省略了 50Hz 的主工频变压器，因此体积小、重量轻。而且开关电源的稳压范围很宽，电网电压从 140V 到 260V 均可正常工作，远远大于线性电源只允许 10% 的电压波动范围。

　　图 8-21 是由 SG1524 组成的降压斩波式开关稳压电路。V1、V2 组成的复合管为高频开关变换器，即开关调整管，L、C_4 为输出滤波电路，VD 为续流二极管。开关调整管的脉冲控制信号由集成脉宽调制器 SG1524 来完成。输出电压 U_0 经 R_1、R_2 分压后加到 SG1524 的 1 管脚，16 管脚输出的基准电压经 R_3、R_4 分压后加到 2 管脚。这样，R_2 上的取样信号与 R_4 上的基准产生的误差信号经内部误差放大器放大后与内部振荡器产生的锯齿波信号相比较，从而获得调宽脉冲以控制外接复合调整管达到稳压的目的。由于外接调整管只需要一路信号，所以 SG1524 的 12 和 13，11 和 14 分别接在一起，将双端输出的两路信号变成单端输出的一路信号。SG1524 内部振荡器的振荡频率由 6、7 脚的外接定时电阻 R_5 和定时电容 C_2 所决定。9 脚所接 R_6、C_3 用于防止电路产生寄生振荡。4、5 脚通过 R_{10} 检测电流大小

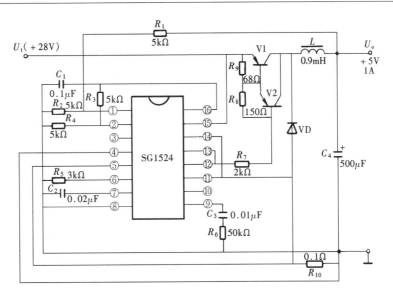

图 8-21 SG1524 控制的降压斩波型稳压电路

实现过流保护。整流滤波电压 U_I 由 15 脚输入。

（二）直流调速

图 8-22 是用 SG1525 集成芯片控制的直流 PWM 不可逆调速系统。主电路开关使用的是全控型电力电子器件 GTR。SG1525 控制器根据要求和器件允许的频率选择外接的 R_T、C_T，根据死区要求选择 R_D，U_R 基准电压（16 脚）经 R_2、R_P 分压后加于 SG1525 误差放大器同相输入端（2 脚），而由输出电压采样电路来的电压反馈信号加于反相输入端（1 脚）。控制器输出级（11、14 脚）并联使用，以此脉冲经光耦隔离、放大后驱动开关器件 V，则电动机获得同样波形的端电压。调节主令电位器 R_P 就可以调节电动机电枢电压，进行 PWM 斩波调压调速。开机初始阶段，通过电容 C_3 充电，使 PWM 占空比由零逐渐增大，实现软起动。出现故障信号，也是使占空比为零，封锁 PWM 输出。

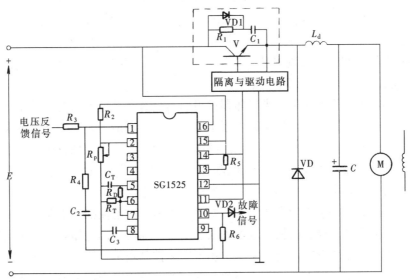

图 8-22 PWM 不可逆直流调速系统

（三）牵引传动

直流串励电动机用于牵引传动，具有理想的转矩—转速特性，即在低转速时转矩大、加速快，正常牵引时速度快。铁道和公路电气车辆的斩波控制系统如图 8-23 所示。

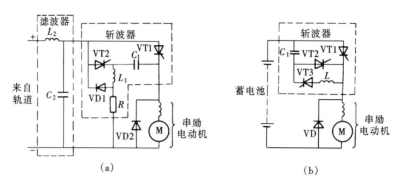

图 8-23　串励电动机的斩波控制

(a) 铁道电气车辆斩波控制系统；(b) 公路电气车辆斩波控制系统

两种系统的斩波控制原理都是类似的。在这两个电路中，触发晶闸管 VT2 使电容 C_1 充电到输入电压。触发晶闸管 VT1 就使电动机与输入电源接通。这样，通过晶闸管 VT1 和 VT2 的交替触发来控制电动机的平均电压，从而调整电动机的转速。在图 8-23（a）所示铁路系统中必须装有滤波器，以防止导轨上的大电流。在图 8-23（b）所示电路中，晶闸管 VT3 必须在 VT1 导通期间触发，为了防止负载瞬变时引起的不希望发生的放电，即电容 C_1 经过蓄电池的放电，采用晶闸管（VT3）比采用二极管更为恰当。

小　　结

斩波器用于直流电力控制，它是工作在开关状态的直流—直流变换器，具有效率高、体积小、重量轻、成本低等优点，广泛应用于电气车辆、蓄电池充电和开关电源等设备。其基本回路有降压型和升压型两种，它们只能进行单一方向的能量传输，是一种单象限斩波器，且降压型斩波器工作在第一象限，升压型斩波器工作在第二象限。将这两种斩波器组合起来就构成多象限斩波器，实现多象限运行。如电流可逆斩波器可工作在第一、第二两象限，桥式可逆斩波器可工作在四个象限。

斩波器中，作为主开关的电力半导体器件可以是具有自关断能力的全控型器件，也可以是晶闸管这样的半控型器件。全控型器件因本身具有自关断能力，所以不需要设置换流关断电路。故由它构成的斩波器电路简单，调制频率高，主要的应用领域是开关电源。目前在大功率直流变换领域（如铁道电气牵引），晶闸管和逆导晶闸管仍占统治地位，其换流电路直接影响斩波器的工作频率、效率和成本。其换流电路分电压换流和电流换流两种形式。电压换流电路是将反向电压直接加到晶闸管的两端使之关断；而电流换流电路是在晶闸管的两端反并联二极管，依靠换流电容的振荡放电关断晶闸管。前者突出电压，后者突出电流。

为保持斩波器的输出电压稳定，通常采用占空比控制技术。改变占空比的方法有脉宽调制（PWM）、脉频调制（PFM）和混合调制三种，其中 PWM 是最常用的一种。PWM 控制电路中的单元电路过去多采用分立元件及单片集成块来实现。随着微电子技术的发展，集成

PWM 控制器将 PWM 信号产生、软启动、功率电路驱动与保护、干扰抑制、死区控制集于一身，使用方便、灵活、功能强，是 PWM 控制的主流和方向。

习 题 及 思 考 题

8-1 在图 8-3（a）所示降压型斩波电路中，设直流电源 $E=100\text{V}$，电感 $L=50\text{mH}$，负载电阻 $R_L=10\Omega$，晶体管的开关周期 $T=1/300\text{s}$，$t_{on}=T/3$。试求：①负载平均电压 U_0；②负载平均电流 I_0；③流过晶体管的平均电流 I_V；④流过续流二极管的平均电流 I_{VD}。

8-2 在图 8-6（a）所示降压型斩波电路中，设 $E=110\text{V}$，$L=1\text{mH}$，$R=0.25\Omega$，$E_m=11\text{V}$，$T=2500\mu\text{s}$，$t_{on}=1000\mu\text{s}$。①判断电流是否连续；②计算负载平均电压 U_0 和负载平均电流 I_0；③计算负载电流的最大瞬时值 I_{0max} 和最小瞬时值 I_{0min}。

8-3 上题中，若 $t_{on}=250\mu\text{s}$，其他条件不变，则①判断电流是否连续；②计算负载平均电压 U_0 和负载平均电流 I_0；③计算负载电流的最大瞬时值 I_{0max} 和最小瞬时值 I_{0min}。

8-4 使用斩波器控制直流电机时，采用图 8-24（a）～（e）的接线分别可进行怎样的运转？其中 S、S1～S4 为起开关作用的斩波器件。

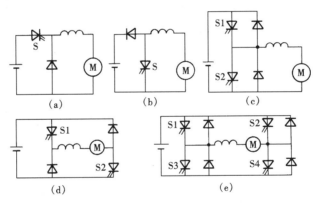

图 8-24 习题 8-4 图

8-5 在晶闸管斩波器中，试比较电压换流和电流换流的优缺点。

8-6 说明直流 PWM 的控制原理及基本构成，比较 SG1524 和 SG1525 集成 PWM 控制器有何异同。

第九章　软　开　关　技　术

现代电力电子装置的发展趋势是小型化、轻量化，其最直接的途径是电路的高频化。但在提高开关频率的同时，开关损耗也会随之增加，电路效率严重下降，电磁干扰（Electro Magnetic Interference，简称 EMI）也增大了。本章所介绍的软开关（Soft Switching）技术是近年来出现的一种新型谐振开关技术，它利用以谐振为主的辅助换流手段，解决了电路中的开关损耗和开关噪声问题，使开关频率得以大幅度提高。软开关技术是电力电子装置高频化的重要而有效的途径之一。

第一节　概　　述

一、软开关技术的提出

在前面章节中对电力电子电路进行分析时，总是将电路理想化，特别是将其中的开关理想化，认为开关状态的转换是在瞬间完成的，忽略了开关过程对电路的影响。这样的分析方法便于理解电路的工作原理，但必须认识到，在实际电路中开关过程是客观存在的，一定条件下还可能对电路的工作产生重要影响。

图 9-1 示出了开关管开关时的电压和电流波形。由于开关管不是理想器件，在开通时开关管的电压不是立即下降到零，而是有一个下降时间，同时它的电流也不是立即上升到负载电流，也有一个上升时间。在这段时间里，电流和电压有一个重叠区，产生的损耗，我们称之为开通损耗。当开关管关断时，开关管的电压不是立即从零上升到电源电压，而是有一个上升时间，同时它的电流也不是立即下降到零，也有一个下降时间。在这段时间里，电流和电压也有一个重叠区，产生的损耗，我们称之为关断损耗。因此在开关管开关工作时，要产生开通损耗和关断损耗，统称为开关损耗。在一定条件下，开关管在每个开关周期中的开关损耗是恒定的，变换器总的开关损耗与开关频率成正比，开关频率越高，总的开关损耗越大，变换器的效率就越低。具有这样开关过程的开关被称为硬开关（Hard Switching）。

开关管工作在硬开关时，电压和电流的变化很快，会产生很高的 di/dt 和 du/dt，波形出现明显的过冲，从而导致了大的开关噪声。

在硬开关过程中会产生较大的开关损耗和开关噪声。开关损耗随着开关频率的提高而增加，会使电路效率下降，阻碍开关频率的提高；开关噪声会给电路带来严重的电磁干扰问题，影响周边电子设备的正常工作。

图 9-2 示出了接感性负载时，开关管工作在硬开关条件下的开关轨迹。图中虚线为电力晶体管的安全工作区，如果不改善开关管的开关条件，其开关轨迹可能会超出安全工作区，从而导致开关管的损坏。

为了减小变换器的体积和重量，必须实现高频化。要提高开关频率，同时提高变换器的变换效率，就必须减小开关损耗。减小开关损耗的途径就是实现开关管的软开关，因此软开关技术应运而生。

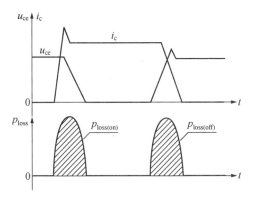

图9-1　开关管开关时的电流和电压波形

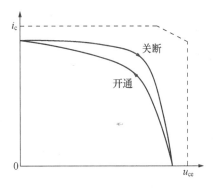

图9-2　硬开关条件下的开关轨迹

二、软开关技术的实现策略

图9-3示出了开关管实现软开关的波形图。从图中可以看出，减小开通损耗有以下两种方法：

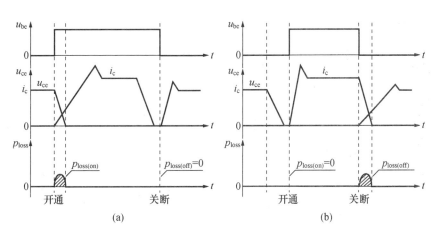

图9-3　开关管实现软开关的波形图

（a）零电流开关；（b）零电压开关

（1）在开关管开通时，使其电流保持在零，或者限制电流的上升率，从而减少电流与电压的重叠区，这就是所谓的零电流开通。如图9-3（a）所示，开通损耗大大减小。

（2）在开关管开通前，使其电压先下降到零，从而消除开通过程中电压与电流的重叠，这就是所谓的零电压开通。如图9-3（b）所示，开通损耗为零。

同样，减小关断损耗也有以下两种方法：

（1）在开关管关断前，使其电流先下降到零，从而消除关断过程中电流与电压的重叠，这就是所谓的零电流关断。如图9-3（a）所示，关断损耗为零。

（2）在开关管关断时，使其电压保持在零，或者限制电压的上升率，从而减少电压与电流的重叠区，这就是所谓的零电压关断。如图9-3（b）所示，关断损耗大大减小。

与开关管串联的电感能延缓开关管开通后电流上升的速率，从而降低开通损耗，实现零电流开通；与开关管并联的电容能延缓开关管关断后电压上升的速率，从而降低关断损耗，实现零电压关断。我们把这种简单的利用串联电感实现零电流开通或利用并联电容实现零电压关断的电路称为缓冲电路，这部分内容在第四章中有所介绍。我们知道，在缓冲电路中，为了使电感上的能量在开关管开通前放光，或电容上的能量在开关管关断前放光，必须附加电阻和二极管来吸收能量。把这些附加电路自身的损耗也考虑进去，装置整体的损耗还是增加了，所以缓冲电路一般不列为软开关技术。

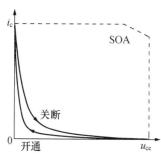

图 9-4　开关管工作在软开关条件下的开关轨迹

通过在原来的开关电路中增加很小的电感 L_r、电容 C_r 等谐振元件，构成辅助换流网络，在开关过程前后引入谐振过程，使开关管关断前其电流为零，实现零电流关断；或开关管开通前其电压为零，实现零电压开通。这样就可以消除开关过程中电压、电流的重叠，降低它们的变化率，从而大大减小甚至消除开关损耗和开关噪声。零电流关断和零电压开通要靠电路中的谐振来实现，我们把这种谐振开关技术称为软开关技术，而具有这种谐振开关过程的开关也就是软开关。

图 9-4 示出了开关管工作在软开关条件下的开关轨迹。从图中可以看出，此时开关管的工作条件很好，不会超出安全工作区。

三、零电流开关与零电压开关

根据开关管与谐振电感和谐振电容的不同组合，软开关方式分为零电流开关（Zero-Current-Switching，简称 ZCS）和零电压开关（Zero-Voltage-Switching，简称 ZVS）两类。

图 9-5 示出了零电流开关的原理电路，它有 L 型和 M 型两种电路方式，它们的工作原理是一样的。从图中可以看出，谐振电感 L_r 是与功率开关 S 相串联的，其基本思想是：在 S 开通之

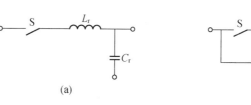

图 9-5　零电流开关原理电路
(a) L 型；(b) M 型

前，L_r 的电流为零；当 S 开通时，L_r 限制 S 中电流的上升率，从而实现 S 的零电流开通；而当 S 关断时，L_r 和 C_r 谐振工作使 L_r 的电流回到零，从而实现 S 的零电流关断。相应波形如图 9-3 (a) 所示。可见，L_r 和 C_r 为 S 提供了零电流开关的条件。

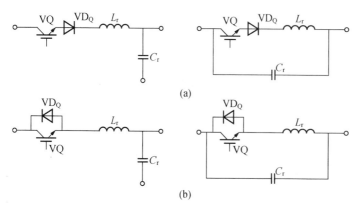

图 9-6　零电流开关结构图
(a) 半波模式；(b) 全波模式

根据功率开关 S 是单方向导通还是双方向导通，可将零电流开关分为半波模式和全波模式，如图 9-6 所示。图 9-6 (a) 是半波模式，功率开关 S 由一个开关管 VQ 和一个二极管 VD_Q 串联构成。二极管 VD_Q 使功率开关 S 的电流只能单方向流动，而且为 VQ 承受反向电压。这样，谐振电感 L_r 的电流只能单方向流动。图 9-6 (b) 是全波模式，功率开

关 S 由开关管 VQ 及其反并联二极管 VD$_Q$ 构成,可以双方向流过电流,VD$_Q$ 提供反向电流通路。谐振电感 L_r 的电流可以双方向流动,L_r 和 C_r 可以自由谐振工作。

图 9-7 示出了零电压开关的原理电路,它也有 L 型和 M 型两种电路方式,它们的工作原理是一样的。从图中可以看出,谐振电容 C_r 是与功率开关 S 相并联的,其基本思路是:在 S 导通时,C_r 上的电压为零;当 S 关断时,C_r 限制 S 上电压的上升率,从而实现 S 的零电压关断;而当 S 开通时,L_r 和 C_r 谐振工作使 C_r 的电压回到零,从而实现 S 的零电压开通。相应波形如图 9-3(b)所示。可见,L_r 和 C_r 为 S 提供了零电压开关的条件。

图 9-7　零电压开关原理电路

(a) M 型;(b) L 型

同样根据功率开关 S 是单方向导通还是双方向导通,可将零电压开关分为半波模式和全波模式,如图 9-8 所示。这里半波模式和全波模式的定义与零电流开关有所不同。图 9-8(a)是半波模式,功率开关 S 由开关管 VQ 及其反并联二极管 VD$_Q$ 构成,可以双方向流过电流,VD$_Q$ 提供反向电流通路。这样,谐振电容 C_r 上的电压只能为正,不能为负,因为此时 C_r 上的电压被 VD$_Q$ 箝制在零电位。图 9-8(b)是全波模式,功率开关 S 由一个开关管 VQ 和一个二极管 VD$_Q$ 相串联构成,VD$_Q$ 使功率开关 S 的电流只能单方向流动,而且为 VQ 承受反向电压。谐振电容 C_r 上的电压既可以为正,也可以为负,L_r 和 C_r 可以自由谐振工作。

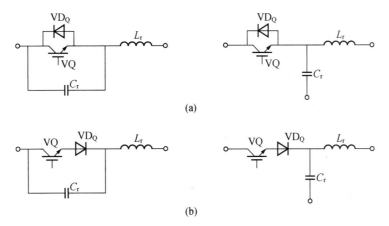

图 9-8　零电压开关结构图

(a) 半波模式;(b) 全波模式

四、软开关电路的分类

软开关技术问世以来,经历了不断地发展和完善,前后出现了许多种软开关电路,直到目前为止,新型的软开关拓扑仍不断地出现。由于存在众多的软开关电路,而且各自有不同的特点和应用场合,因此对这些电路进行分类是很必要的。

根据电路中主要的功率开关元件是零电流开关还是零电压开关,可以将软开关电路分成零电流电路和零电压电路两大类。通常,一种软开关电路要么属于零电流电路,要么属于零电压电路。

根据软开关技术发展的历程，可以将软开关电路分成准谐振电路、零开关 PWM 电路和零转换 PWM 电路。这些软开关电路已广泛应用于 DC/DC 变换器、功率因数校正（Power Factor Correction，简称 PFC）电路、谐振直流环节（Resonant DC Link）电路等各类高频变换电路中。下面以应用于 DC/DC 变换器中的软开关电路为例，介绍各类软开关电路的构成、工作原理及特点。

第二节　准 谐 振 电 路

准谐振电路在基本变换电路中加入谐振电感和谐振电容实现了开关管的软开关。由于谐振元件参与能量变换的某一个阶段，其电压或电流的波形为正弦半波，因此称之为准谐振。准谐振电路可以分为：零电流开关准谐振电路（Zero-Current-Switching Quasi-Resonant Converter，简称 ZCS QRC）、零电压开关准谐振电路（Zero-Voltage-Switching Quasi-Resonant Converter，简称 ZVS QRC）和零电压开关多谐振电路（Zero-Voltage-Switching Multi-Resonant Converter，简称 ZVS MRC）。

一、零电流开关准谐振电路

图 9 - 9 示出了 L 型全波模式的 Buck ZCS QRC 的电路图及主要工作波形。

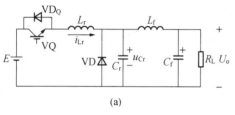

(a)

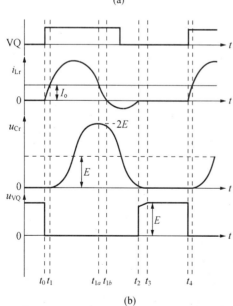

(b)

图 9 - 9　零电流开关准谐振电路
(a) 电路图；(b) 工作波形

在分析工作原理之前，作出如下假设：

（1）所有开关管、二极管均为理想器件。

（2）所有电感、电容和变压器均为理想元件。

（3）$L_f \gg L_r$。

（4）L_f 足够大，在一个开关周期中，其电流基本保持不变，为 I_o。这样 L_f 和 C_f 以及负载电阻可以看成一个电流为 I_o 的恒流源。

在一个开关周期中，该变换器有四种开关状态，分析如下所述。

1. 开关状态 1——电感充电阶段［对应图 9 - 9 （b）中 $t_0 \sim t_1$］

在 t_0 时刻之前，开关管 VQ 处于关断状态，输出滤波电感电流 I_o 经过续流二极管 VD 续流。谐振电感电流 i_{Lr} 为零，谐振电容电压 u_{Cr} 也为零。

在 t_0 时刻，VQ 开通，加在 L_r 上的电压为 E，其电流从零线性上升，因此 VQ 是零电流开通。

随着 L_r 上电流的上升，二极管 VD 中的电流在下降，此两电流之和为 I_o。

在 t_1 时刻，i_{Lr} 上升到 I_o，此时二极管 VD 中

的电流下降到零，VD 自然关断，进入下一个工作状态。

2. 开关状态 2——谐振阶段［对应图 9-9（b）中 $t_1\sim t_2$］

从 t_1 时刻开始，L_r 和 C_r 开始谐振工作，经过二分之一谐振周期到达 t_{1a} 时刻，i_{Lr} 减小到 I_o，此时 u_{Cr} 达到最大值 $U_{Cr\,max}=2E$。

在 t_{1b} 时刻，i_{Lr} 减小到零，此时 VQ 的反并联二极管 VD_Q 导通，i_{Lr} 继续反方向流动。在 t_2 时刻，i_{Lr} 再次减小到零，谐振阶段结束。

在 $[t_{1b}, t_2]$ 时段，VD_Q 导通，VQ 中的电流为零，只有这时关断 VQ，方可实现 VQ 的零电流关断。

3. 开关状态 3——电容放电阶段［对应图 9-9（b）中 $t_2\sim t_3$］

在此开关状态中，由于 $i_{Lr}=0$，输出滤波电感电流 I_o 全部流过谐振电容，谐振电容放电。

在 t_3 时刻，u_{Cr} 减小到零，续流二极管 VD 导通，电容放电结束。

4. 开关状态 4——自然续流阶段［对应图 9-9（b）中 $t_3\sim t_4$］

在此开关状态中，输出滤波电感电流 I_o 经过续流二极管 VD 续流。

在 t_4 时刻，零电流开通 VQ，开始下一个开关周期。

半波模式的 Buck ZCS QRC 电路的工作原理与全波模式基本类似，读者可自行分析。将零电流开关应用到第八章第二节讨论的直流变换器中，可以得到一族零电流开关准谐振电路，如图 9-10 所示，左边是 L 型结构，右边是 M 型结构。

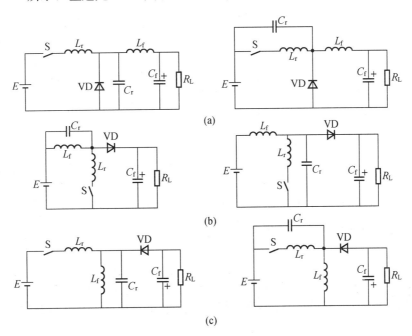

图 9-10　零电流开关准谐振电路族

(a) Buck；(b) Boost；(c) Buck/Boost

二、零电压开关准谐振电路

图 9-11 示出了 M 型半波模式的 Boost ZVS QRC 的电路图及主要工作波形。在分析工作原理之前，作出如下假设：

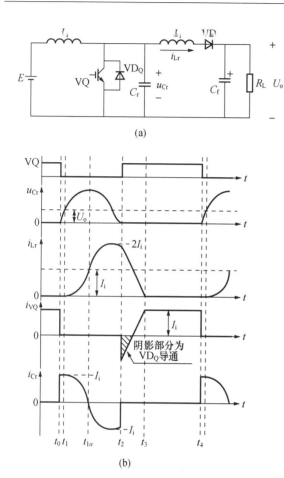

图 9 - 11　零电压开关准谐振电路

(a) 电路图；(b) 工作波形

（1）所有开关管，二极管均为理想器件。

（2）所有电感、电容和变压器均为理想元件。

（3）$L_f \gg L_r$。

（4）L_f 足够大，在一个开关周期中，其电流基本保持不变，为 I_i。这样 L_f 和输入电压 E 可以看成一个电流为 I_i 的恒流源。

（5）C_f 足够大，在一个开关周期中，其电压基本保持不变，为 U_o。这样 C_f 和负载电阻可以看成一个电压为 U_o 的恒压源。

在一个开关周期中，该变换器有四种开关状态，分析如下所述。

1. 开关状态 1——电容充电阶段［对应图 9 - 11（b）中 $t_0 \sim t_1$］

在 t_0 时刻之前，开关管 VQ 导通，输入电流 I_i 经过 VQ 续流，谐振电容 C_r 上的电压为零。VD 处于关断状态，谐振电感 L_r 的电流为零。

在 t_0 时刻，关断 VQ，输入电流 I_i 从 VQ 中转移到 C_r 中，给 C_r 充电，电压从零开始线性上升，由于 C_r 的电压是慢慢开始上升的，因此 VQ 是零电压关断。

在 t_1 时刻，u_{Cr} 上升到输出电压 U_o，电容充电结束，进入下一个开关状态。

2. 开关状态 2——谐振阶段［对应图 9 - 11（b）中 $t_1 \sim t_2$］

从 t_1 时刻起，VD 开始导通，L_r 与 C_r 谐振工作，谐振电感电流 i_{Lr} 从零开始增加，经过二分之一谐振周期到达 t_{1a} 时刻，i_{Lr} 增加到 I_i，此时 u_{Cr} 达到最大值 $U_{Cr\,max}$。

$$U_{Cr\,max} = U_o + I_i \sqrt{\frac{L_r}{C_r}} \qquad (9 - 1)$$

从 t_{1a} 时刻开始，i_{Lr} 大于 I_i，此时 C_r 开始放电，其电压开始下降。在 t_2 时刻，u_{Cr} 下降到零，此时 VQ 的反并联二极管 VD_Q 导通，将 VQ 的电压箝在零位，此后开通 VQ，方可实现 VQ 的零电压开通。

3. 开关状态 3——电感放电阶段［对应图 9 - 11（b）中 $t_2 \sim t_3$］

在 t_2 时刻之后，VD_Q 的导通使加在谐振电感两端的电压为 $-U_o$，i_{Lr} 开始线性减小，当 i_{Lr} 减小到 I_i 时，VQ 开通，输入电流 I_i 开始流经 VQ。到 t_3 时刻，i_{Lr} 减小到零，由于 VD 的阻断作用，i_{Lr} 不能反方向流动，输入电流 I_i 全部流入 VQ。

4. 开关状态 4——自然续流阶段 ［对应图 9-11 （b） 中 $t_3 \sim t_4$］

在此开关状态中，谐振电感 L_r 和谐振电容 C_r 停止工作，输入电流 I_i 经过 VQ 续流，负载由输出滤波电容提供能量。

在 t_4 时刻，VQ 零电压关断，开始下一个开关周期。

全波模式的 Boost ZVS QRC 电路的工作原理与半波模式基本类似，读者可自行分析。将零电压开关应用到第八章第二节讨论的直流变换器中，可以得到一族零电压开关准谐振电路，如图 9-12 所示，左边是 M 型结构，右边是 L 型结构。

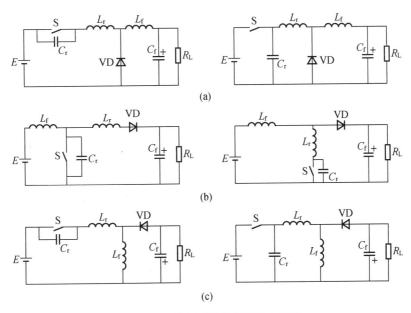

图 9-12 零电压开关准谐振电路族
(a) Buck；(b) Boost；(c) Buck/Boost

三、零电压开关多谐振电路

（一）多谐振开关

多谐振电路的提出是为了同时实现功率开关 S 和二极管 VD 的软开关，图 9-13 示出了两种多谐振开关的电路结构。

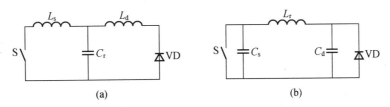

图 9-13 多谐振开关的电路结构图
(a) ZC MRS；(b) ZV MRS

图 9-13 （a） 是零电流多谐振开关 （Zero-Current Multi-Resonant Switch，简称 ZC MRS），它的谐振元件构成一个 T 型网络，谐振电感 L_s 和 L_d 分别与功率开关 S 和二极管 VD 相串联，C_r 是谐振电容。图 9-13 （b） 是零电压多谐振开关 （Zero-Voltage Multi-Resonant Switch，简称 ZV MRS），它的谐振元件构成一个 Π 型网络，谐振电容 C_s 和 C_d 分别与

功率开关 S 和二极管 VD 相并联，L_r 是谐振电感。从图中可以看出，ZV MRS 与 ZC MRS 是对偶的。从实际应用来看，ZV MRS 比较合理，因为它直接利用了 S 和 VD 的结电容；而 ZC MRS 不太合理，它没有利用 S 和 VD 的结电容，并且这两个结电容的存在会造成它们与谐振电感 L_r 的振荡，影响电路的正常工作。

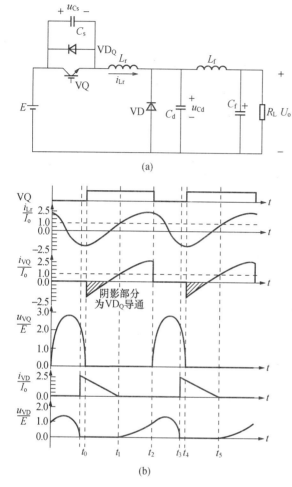

图 9-14　零电压开关多谐振电路
(a) 电路图；(b) 工作波形

(二)零电压开关多谐振电路

图 9-14 示出了 Buck ZVS MRC 的电路图及主要工作波形。

在分析工作原理之前，作出如下假设：

(1) 所有开关管、二极管均为理想器件。

(2) 所有电感、电容和变压器均为理想元件。

(3) $L_f \gg L_r$。

(4) L_f 足够大，在一个开关周期中，其电流基本保持不变，为 I_o。这样 L_f 和 C_f 以及负载电阻可以看成一个电流为 I_o 的恒流源。

在一个开关周期中，该变换器有四种开关状态，分析如下所述。

1. 开关状态 1——线性阶段［对应图 9-14 (b) 中 $t_0 \sim t_1$］

在 t_0 时刻，开关管 VQ 开通，此时谐振电感电流 i_{Lr} 流经 VQ 的反并联二极管 VD_Q，VQ 两端电压为零，因此 VQ 是零电压开通。在此开关状态中，i_{Lr} 小于输出电流 I_o，其差值 $I_o - i_{Lr}$ 从续流二极管 VD 中流过。加在谐振电感两端的电压为输入电压 E，i_{Lr} 线性增加。

在 t_1 时刻，i_{Lr} 增加到 I_o，续流二极管 VD 自然关断，电路进入下一个开关状态。

2. 开关状态 2——谐振阶段之一［对应图 9-14 (b) 中 $t_1 \sim t_2$］

在 t_1 时刻，续流二极管 VD 自然关断后，谐振电感 L_r 和谐振电容 C_d 开始谐振工作，电路进入第一个谐振阶段。

3. 开关状态 3——谐振阶段之二［对应图 9-14 (b) 中 $t_2 \sim t_3$］

在 t_2 时刻，开关管 VQ 关断，谐振电容 C_s 也参与谐振工作，电路进入 C_s、C_d 和 L_r 三个谐振元件共同谐振工作的第二个谐振阶段。因 C_s 与开关管 VQ 相并联，电容上的电压是慢慢上升的，因此 VQ 为零电压关断。

到 t_3 时刻，谐振电容 C_d 电压 u_{VD} 下降到零，续流二极管 VD 再次导通，C_d 退出谐振状态。

4. 开关状态 4——谐振阶段之三 [对应图 9-14（b）中 $t_3 \sim t_4$]

在 t_3 时刻，VD 导通后，只有 L_r 与 C_s 谐振工作，电路进入第三个谐振阶段。

到 t_4 时刻，谐振电容 C_s 的电压下降到零，VQ 的反并联二极管 VD_Q 导通，此时开通 VQ，电路开始另一个开关周期。

从前面的分析中可以知道，在一个开关周期中，变换器有三个谐振阶段，每个谐振阶段中参与谐振工作的元件不同。参与第一个谐振阶段的是谐振电感 L_r 和谐振电容 C_d，参与第二个谐振阶段的是谐振电感 L_r、谐振电容 C_d 和谐振电容 C_s，参与第三个谐振阶段的是谐振电感 L_r 和谐振电容 C_s，每个谐振阶段的谐振频率都不一样。由于存在多个谐振阶段，所以这类变换器被称为多谐振变换器。

将零电压多谐振开关应用到第八章第二节讨论的直流变换器中，可以得到一族零电压开关多谐振电路，如图 9-15 所示。

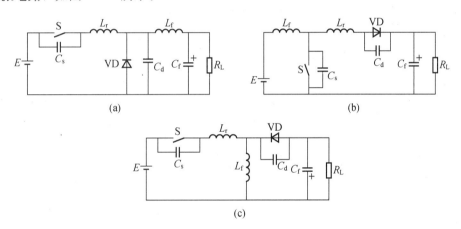

图 9-15 零电压开关多谐振电路族
（a）Buck；（b）Boost；（c）Buck/Boost

第三节 零 开 关 PWM 电 路

前面讨论的准谐振电路，由于谐振的引入使得电路的开关损耗和开关噪声都大大下降了，但也带来一些负面问题：谐振电压峰值很高，要求器件耐压必须提高；谐振电流的有效值很大，电路中存在大量的无功功率的交换，造成电路导通损耗加大；谐振周期随输入电压、负载的变化而变化，因此电路只能采用脉冲频率调制方案，而且不易控制。变化的开关频率使得变换器的高频变压器、输入滤波器和输出滤波器的优化设计变得十分困难。为了能够优化设计这些元件，必须采用恒定频率控制，即 PWM 控制。在准谐振变换器中加入一个辅助开关，就可以得到 PWM 控制的准谐振变换器，即零开关 PWM 电路。零开关 PWM 电路可以分为：零电流开关 PWM 电路（Zero-Current-Switching PWM Converter，简称 ZCS PWM Converter）和零电压开关 PWM 电路（Zero-Voltage-Switching PWM Converter，简称 ZVS PWM Converter）。

一、零电流开关 PWM 电路

图 9-16 示出了 Buck ZCS PWM 变换器的电路图和主要波形，其中输入电源 E、主开关

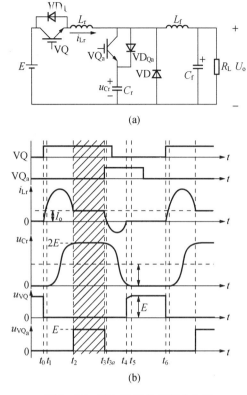

图 9-16　零电流开关 PWM 电路
(a) 电路图；(b) 工作波形

管 VQ（包括其反并联二极管 VD$_Q$）、续流二极管 VD、输出滤波电感 L_f、输出滤波电容 C_f、负载电阻 R_L、谐振电感 L_r 和谐振电容 C_r 构成全波模式的 Buck ZCS QRC。VQ$_a$ 是辅助开关管，VD$_{Qa}$ 是 VQ$_a$ 的反并联二极管。从中可以看出，Buck ZCS PWM 变换器实际上是在 Buck ZCS QRC 的基础上，给谐振电容 C_r 串联了一个辅助开关管 VQ$_a$（包括其反并联二极管 VD$_{Qa}$）。

在分析工作原理之前，作出如下假设：

（1）所有开关管、二极管均为理想器件。

（2）所有电感、电容和变压器均为理想元件。

（3）$L_f \gg L_r$。

（4）L_f 足够大，在一个开关周期中，其电流基本保持不变，为 I_o。这样，L_f 和 C_f 以及负载电阻可以看成一个电流为 I_o 的恒流源。

在一个开关周期中，该变换器有六种开关状态，分析如下所述。

1. 开关状态 1——电感充电阶段［对应图 9-16（b）中 $t_0 \sim t_1$］

在 t_0 时刻之前，主开关管 VQ 和辅助开关管 VQ$_a$ 均处于关断状态，输出滤波电感电流 I_o 经过续流二极管 VD 续流。谐振电感电流 i_{Lr} 为零，谐振电容电压 u_{Cr} 也为零。

在 t_0 时刻，VQ 开通，加在 L_r 上的电压为 E，其电流从零开始线性上升，因此 VQ 是零电流开通，而 VD 中的电流线性下降。

到 t_1 时刻，i_{Lr} 上升到 I_o，续流二极管 VD 中的电流下降到零，VD 自然关断。

2. 开关状态 2——谐振阶段之一［对应图 9-16（b）中 $t_1 \sim t_2$］

从 t_1 时刻开始，辅助二极管 VD$_{Qa}$ 自然导通，L_r 和 C_r 开始谐振工作，经过二分之一谐振周期到达 t_2 时刻，i_{Lr} 经过最大值后又减小到 I_o，此时 u_{Cr} 达到最大值 $U_{Cr\,max} = 2E$。

3. 开关状态 3——恒流阶段［对应图 9-16（b）中 $t_2 \sim t_3$］

在此开关状态中，辅助二极管 VD$_{Qa}$ 自然关断，谐振电容 C_r 无法放电，其电压保持在最大值 $U_{Cr\,max} = 2E$。谐振电感电流恒定不变，等于输出电流 I_o，即 $i_{Lr} = I_o$。

4. 开关状态 4——谐振阶段之二［对应图 9-16（b）中 $t_3 \sim t_4$］

在 t_3 时刻，零电流开通辅助开关管 VQ$_a$，L_r 和 C_r 又开始谐振工作，C_r 通过 VQ$_a$ 放电。

在 t_{3a} 时刻，i_{Lr} 减小到零，此时 VQ 的反并联二极管 VD$_Q$ 导通，i_{Lr} 反方向流动。在 t_4 时刻，i_{Lr} 再次减小到零。在 ［t_{3a}，t_4］ 时段，由于 i_{Lr} 流经 VD$_Q$，VQ 中的电流为零，因此可以在该时段中关断 VQ，则 VQ 是零电流关断。

5. 开关状态 5——电容放电阶段［对应图 9 - 16（b）中 $t_4 \sim t_5$］

在此开关状态中，由于 $i_{Lr} = 0$，输出滤波电感电流 I_o 全部流过谐振电容，谐振电容放电。

到 t_5 时刻，谐振电容电压减小到零，续流二极管 VD 导通。

6. 开关状态 6——自然续流阶段［对应图 9 - 16（b）中 $t_5 \sim t_6$］

在此开关状态中，输出滤波电感电流 I_o 经过续流二极管 VD 续流，辅助开关管 VQ_a 零电压/零电流关断。

在 t_6 时刻，零电流开通 VQ，开始下一个开关周期。

从上面的分析中可以知道，Buck ZCS PWM 变换器是对 Buck ZCS QRC 的改进，它们的区别是：①Buck ZCS PWM 变换器通过控制辅助开关管 VQ_a，将 Buck ZCS QRC 的谐振过程拆成两个开关状态，即振阶段之一和谐振阶段之二，并且在这两个开关状态之间插入了一个恒流阶段，如图 9 - 16（b）中的阴影部分所示。这样谐振电感和谐振电容只是在主开关管开关时谐振工作，谐振工作时间相对于开关周期来说很短，谐振元件的损耗较小；同时，开关管的通态损耗比 Buck ZCS QRC 小。②Buck ZCS QRC 采用频率调制策略，而 Buck ZCS PWM 变换器可以实现变换器的 PWM 控制。Buck ZCS PWM 变换器与 Buck ZCS QRC 的相同之处是：①主开关管实现零电流开关的条件完全相同。②主开关管和谐振电容、谐振电感的电压和电流应力也是完全一样的。同时，在 Buck ZCS PWM 变换器中，辅助开关管 VQ_a 也实现了零电流开关。

虽然这里是对 Buck ZCS PWM 变换器与 Buck ZCS QRC 进行比较，实际上，Buck ZCS PWM 变换器与 Buck ZCS QRC 的区别与相同之处就是所有 ZCS PWM 变换器与其所对应的 ZCS QRC 的区别与相同之处。只要给零电流开关准谐振电路族中的谐振电容串联一个辅助开关管（包括其反并联二极管），就可以得到一族零电流开关 PWM 电路。

二、零电压开关 PWM 电路

上面讨论的 ZCS PWM 变换器，是在 ZCS QRC 的基础上，给谐振电容串联一只辅助开关管（包括它的反并联二极管）。根据电路对偶原理，如果在 ZVS QRC 的基础上，给谐振电感并联一只辅助开关管（包括它的串联二极管），就可以得到一族 ZVS PWM 变换器。下面以 Buck ZVS PWM 变换器为例来分析它们的工作原理。

图 9 - 17 示出了 Buck ZVS PWM 变换器的电路图和主要波形，其中输入电源 E、主开关管 VQ（包括其反并联二极管 VD_Q）、续流二极管 VD、滤波电感 L_f、滤波电容 C_f、负载电阻 R_L、谐振电感 L_r 和谐振电容 C_r 构成半波模式的 Buck ZVS QRC。VQ_a 是辅助开关管，VD_{Qa} 是 VQ_a 的串联二极管。从中可以看出，Buck ZVS PWM 变换器实际上是在 Buck ZVS QRC 的基础上，给谐振电感 L_r 并联了一个辅助开关管 VQ_a（包括其串联二极管 VD_{Qa}）。

在分析工作原理之前，作出如下假设：

（1）所有开关管、二极管均为理想器件。

（2）所有电感、电容和变压器均为理想元件。

（3）$L_f \gg L_r$。

（4）L_f 足够大，在一个开关周期中，其电流基本保持不变，为 I_o。这样 L_f 和 C_f 以及负载电阻可以看成一个电流为 I_o 的恒流源。

在一个开关周期中，该变换器有五种开关状态，分析如下所述。

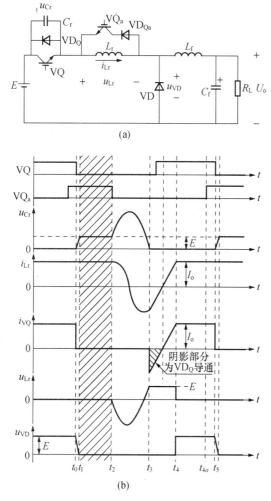

图 9 - 17　零电压开关 PWM 电路

(a) 电路图；(b) 工作波形

1. 开关状态 1——电容充电阶段〔对应图 9 - 17 (b) 中 $t_0 \sim t_1$〕

在 t_0 时刻之前，主开关管 VQ 和辅助开关管 VQ$_a$ 均处于导通状态，续流二极管 VD 处于关断状态，谐振电容电压为零，谐振电感电流等于 I_o。

在 t_0 时刻，主开关管 VQ 关断，其电流立即转移到谐振电容中去，给谐振电容充电。

在此开关状态中，谐振电感电流保持 I_o 恒定不变。因此谐振电容的充电电流为输出电流 I_o，电容电压线性上升。因为 C_r 的电压是从零开始线性上升的，所以 VQ 是零电压关断。

在 t_1 时刻，u_{Cr} 上升到输入电压 E，续流二极管 VD 导通，电容充电阶段结束。

2. 开关状态 2——自然续流阶段〔对应图 9 - 17 (b) 中 $t_1 \sim t_2$〕

在此开关状态中，谐振电感电流 i_{Lr} 通过辅助开关管 VQ$_a$ 续流，其电流值保持不变，依然等于输出电流 I_o。而输出电流 I_o 则通过续流二极管 VD 续流。

3. 开关状态 3——谐振阶段〔对应图 9 - 17 (b) 中 $t_2 \sim t_3$〕

在 t_2 时刻，辅助开关管 VQ$_a$ 关断，谐振电感 L_r 和谐振电容 C_r 开始谐振工作，而输出电流依然通过 VD 续流。由于 C_r 的存在，因此辅助开关管 VQ$_a$ 是零电压关断的。

在 t_3 时刻，u_{Cr} 经过最大值后下降到零，VQ 的反并联二极管 VD$_Q$ 导通，将 VQ 的电压箝在零位，此后开通 VQ，则可实现 VQ 的零电压开通。

4. 开关状态 4——电感充电阶段〔对应图 9 - 17 (b) 中 $t_3 \sim t_4$〕

在此开关状态中，主开关管 VQ 处于开通状态，输出电流 I_o 通过 VD 续流，此时加在谐振电感上的电压为输入电压 E，谐振电感电流 i_{Lr} 线性增加，而 VD 中的电流线性减小。

到 t_4 时刻，i_{Lr} 上升到输出电流 I_o，此时 VD 中的电流减小到零，VD 自然关断。

5. 开关状态 5——恒流阶段〔对应图 9 - 17 (b) 中 $t_4 \sim t_5$〕

在此开关状态中，主开关管 VQ 处于开通状态，VD 处于关断状态，谐振电感电流保持在输出电流 I_o。辅助开关管 VQ$_a$ 在主开关管 VQ 关断之前开通，即在 t_{4a} 时刻开通 VQ$_a$。由于谐振电感电流不能突变，因此 VQ$_a$ 是零电流开通。

在 t_5 时刻，VQ 零电压关断，开始另一个开关周期。

从上面的分析中可以知道，Buck ZVS PWM 变换器与 Buck ZVS QRC 的区别是：①

Buck ZVS PWM 变换器通过控制辅助开关管 VQ$_a$，在 Buck ZVS QRC 的电容充电阶段和谐振过程插入了一个自然续流阶段，如图 9-17（b）中的阴影部分所示。这样谐振电感和谐振电容只是在开关管开关时谐振工作，谐振工作时间相对于开关周期来说很短，谐振元件的损耗较小；同时，开关管的通态损耗比 Buck ZVS QRC 小。②Buck ZVS QRC 采用频率调制策略，而 Buck ZVS PWM 变换器可以实现变换器的 PWM 控制。Buck ZVS PWM 变换器与 Buck ZVS QRC 的相同之处是：①主开关管实现零电压开关的条件完全相同。②开关管和谐振电容、谐振电感的电压和电流应力也是完全一样的。同时，在 Buck ZVS PWM 变换器中，辅助开关管 VQ$_a$ 也实现了零电压开关。

Buck ZVS PWM 变换器与 Buck ZVS QRC 的区别与相同之处就是所有 ZVS PWM 变换器与它们所对应的 ZVS QRC 的区别与相同之处。

第四节 零 转 换 PWM 电 路

第三节讨论的零开关 PWM 电路，通过控制辅助开关管实现了频率固定的 PWM 控制方式，但由于谐振电感串联在主功率回路中，损耗较大。同时，开关管和谐振元件的电压应力和电流应力与准谐振变换器的完全相同。为了克服这些缺陷，提出了零转换 PWM 电路，这是软开关技术的一次飞跃。这类软开关电路也是采用辅助开关管控制谐振的开始时刻，从而实现频率固定的 PWM 控制方式。所不同的是，谐振电路与主开关并联，因此输入电压和负载电流对电路谐振过程的影响很小；而且电路中无功功率的交换被削减到最小，这使得电路效率有了进一步提高。零转换 PWM 电路可以分为：零电压转换 PWM 电路（Zero-Voltage-Transition PWM Converter，简称 ZVT PWM Converter）和零电流转换 PWM 电路（Zero-Current-Transition PWM Converter，简称 ZCT PWM Converter）。

一、零电压转换 PWM 电路

（一）基本型 ZVT PWM 电路的构成及原理

ZVT PWM 变换器的基本思路是：为了实现主开关管的零电压关断，可以给它并联一个缓冲电容，用来限制开关管电压的上升率。而在主开关管开通时，必须要将其缓冲电容上的电荷释放到零，以实现主开关管的零电压开通。为了在主开关管开通之前将其缓冲电容上的电荷释放到零，可以附加一个辅助电路来实现。而当主开关管零电压开通后，辅助电路将停止工作。也就是说，辅助电路只是在主开关管将要开通之前的很短一段时间内工作，在主开关管完成零电压开通后，辅助电路立即停止工作，而不是在变换器工作的所有时间都参与工作。

本节以 Boost ZVT PWM 变换器为例，讨论基本型 ZVT PWM 变换器的工作原理。Boost ZVT PWM 变换器的电路和主要工作波形如图 9-18 所示。输入直流电源 E、主开关管 VQ、升压二极管 VD、升压电感 L$_f$ 和滤波电容 C$_f$ 组成基本的 Boost 变换器，C$_r$ 是 VQ 的缓冲电容，它包括了 VQ 的结电容，VD$_Q$ 是 VQ 的反并联二极管。虚框内的辅助开关管 VQ$_a$、辅助二极管 VD$_a$ 和辅助电感 L$_a$ 构成辅助电路。

在分析工作原理之前，作出如下假设：

（1）所有开关管、二极管均为理想器件。

（2）所有电感、电容和变压器均为理想元件。

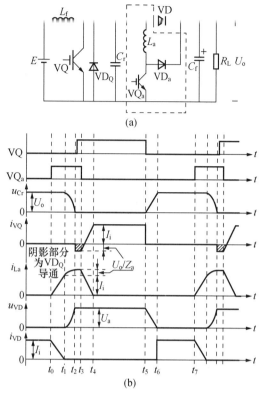

图 9-18　基本型 ZVT PWM 电路
(a) 电路图；(b) 工作波形

（3）升压电感 L_f 足够大，在一个开关周期中，其电流基本保持不变，为 I_i。

（4）滤波电容 C_f 足够大，在一个开关周期中，其电压基本保持不变，为 U_o。

在一个开关周期中，该变换器有七种开关状态，分析如下所述。

1. 开关状态 1〔对应图 9-18（b）中 $t_0 \sim t_1$〕

在 t_0 时刻之前，主开关管 VQ 和辅助开关管 VQ$_a$ 处于关断状态，升压二极管 VD 导通。

在 t_0 时刻，开通 VQ$_a$，此时辅助电感电流 i_{La} 从零开始线性上升，而 VD 中的电流开始线性下降。

到 t_1 时刻，i_{La} 上升到升压电感电流 I_i，VD 的电流减小到零而自然关断，开关状态 1 结束。

2. 开关状态 2〔对应图 9-18（b）中 $t_1 \sim t_2$〕

在此开关状态中，VD 关断后，辅助电感 L_a 开始与电容 C_r 谐振，i_{La} 继续上升，而 C_r 上的电压 u_{Cr} 开始下降。当 C_r 的电压下降到零时，VQ 反并联二极管 VD$_Q$ 导通，将 VQ 的电压箝在零位，电路进入下一个开关状态。

3. 开关状态 3〔对应图 9-18（b）中 $t_2 \sim t_3$〕

在该状态中，VD$_Q$ 导通，L_a 电流通过 VD$_Q$ 续流，此时开通 VQ 就是零电压开通。为了实现 VQ 的零电压开通，VQ 的开通时刻应该滞后于 VQ$_a$ 的开通时刻，滞后时间为

$$t_d > t_{01} + t_{12} = \frac{L_a I_i}{U_o} + \frac{\pi}{2}\sqrt{L_a C_r} \qquad (9-2)$$

4. 开关状态 4〔对应图 9-18（b）中 $t_3 \sim t_4$〕

在 t_3 时刻，关断 VQ$_a$，由于 VQ$_a$ 关断时，其电流不为零，而且当它关断后，VD$_a$ 导通，VQ$_a$ 上的电压立即上升到 U_o，因此 VQ$_a$ 为硬关断。当 VQ$_a$ 关断后，加在 L_a 两端的电压为 $-U_o$，L_a 中的能量转移到负载中去，L_a 中的电流线性下降，VQ 中的电流线性上升。

到 t_4 时刻，L_a 中的电流下降到零，VQ 中的电流上升为 I_i。

5. 开关状态 5〔对应图 9-18（b）中 $t_4 \sim t_5$〕

在此状态中，VQ 导通，VD 关断。升压电感电流流过 VQ，滤波电容给负载供电，其规律与不加辅助电路的 Boost 电路完全相同。

6. 开关状态 6〔对应图 9-18（b）中 $t_5 \sim t_6$〕

在 t_5 时刻，VQ 关断，此时升压电感电流 I_i 给 C_r 充电，C_r 的电压从零开始线性上升。

到 t_6 时刻，C_r 的电压上升到 U_o，此时 VD 自然导通。由于存在 C_r，所以 VQ 是零电压关断。

7. 开关状态 7［对应图 9-18（b）中 $t_6 \sim t_7$］

该状态与不加辅助电路的 Boost 电路一样，L_f 和 E 给滤波电容 C_f 和负载提供能量。

在 t_7 时刻，VQ_a 开通，开始另一个开关周期。

将 ZVT 的概念推广到第八章第二节讨论的直流变换器中，可以得到一族基本型 ZVT PWM 变换器，如图 9-19 所示。

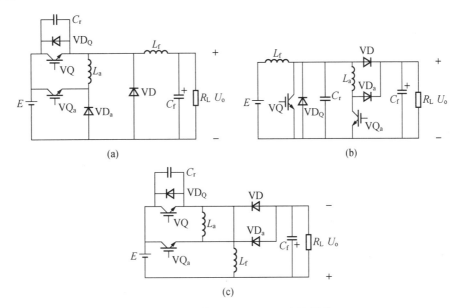

图 9-19　基本型 ZVT PWM 变换器族

（a）Buck；（b）Boost；（c）Buck/Boost

（二）基本型 ZVT PWM 电路的优缺点

该电路的优点是：

（1）实现了主开关管 VQ 和升压二极管 VD 的软开关；

（2）辅助开关管是零电流开通，但有容性开通损耗；

（3）主开关管和升压二极管中的电压、电流应力与不加辅助电路时一样；

（4）辅助电路的工作时间很短，其电流有效值很小，因此损耗小；

（5）在任意负载和输入电压范围内均可实现 ZVS；

（6）实现了恒频工作。

该电路的缺点是：辅助开关管的关断损耗很大，比不加辅助电路时主开关管的关断损耗还要大，因此有必要改善辅助开关管的关断条件，对电路进行改进。

（三）改进型 ZVT PWM 电路

图 9-20 示出了改进型 Boost ZVT PWM 变换器的基本电路和主要工作波形。与图 9-18 相比，改进型 Boost ZVT PWM 变换器增加了虚框部分，即一个辅助电容 C_a 和一个辅助二极管 VD_b。

改进型 Boost ZVT PWM 变换器的工作原理与基本型 Boost ZVT PWM 变换器基本相同，不同之处有两点，如图 9-20（b）中的阴影部分所示：①将图 9-18 中的状态 4，即

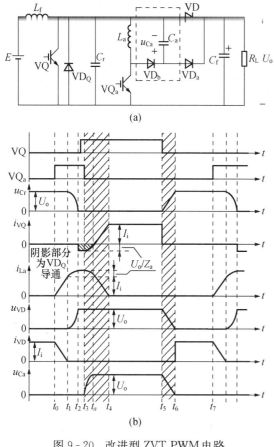

(a)

(b)

图 9 - 20　改进型 ZVT PWM 电路

（a）电路图；（b）工作波形

$[t_3, t_4]$ 状态分为 $[t_3, t_a]$ 和 $[t_a, t_4]$ 两个状态；②状态 6，即 $[t_5, t_6]$ 状态工作情况不同。下面来分析一下 $[t_3, t_a]$、$[t_a, t_4]$ 和 $[t_5, t_6]$ 三个状态的工作情况，其他工作状态与基本型 Boost ZVT PWM 变换器的工作状态相同。

1. 开关状态 t_{3a} ［对应图 9 - 20 （b）中 $t_3 \sim t_a$］

在 t_3 时刻，关断辅助开关管 VQ_a，i_{La} 给 C_a 充电，u_{Ca} 从零开始上升。由于有 C_a，所以改善了 VQ_a 的关断条件，实现了 VQ_a 的零电压关断。

到 t_a 时刻，u_{Ca} 上升到 U_o，VD_a 导通，将 u_{Ca} 箝在 U_o。

2. 开关状态 t_{a4} ［对应图 9 - 20 （b）中 $t_a \sim t_4$］

在此状态中，加在 L_a 上的电压为 $-U_o$，i_{La} 线性下降，VQ 中的电流线性上升。

到 t_4 时刻，L_a 中的电流下降到零，VQ 中的电流上升为 I_i。

3. 开关状态 t_{56} ［对应图 9 - 20 （b）中 $t_5 \sim t_6$］

在 t_5 时刻，主开关管 VQ 关断，升压电感电流 I_i 同时给 C_r 充电、给 C_a 放电，由于有 C_r 和 C_a，VQ 是零电压关断。

到 t_6 时刻，u_{Cr} 上升到 U_o，u_{Ca} 下降到零，VD 自然导通，VD_a 自然关断。

从上面的分析中可以看出，C_a 起到两个作用：①当辅助开关管 VQ_a 关断时，C_a 充电，给 VQ_a 的关断起到缓冲作用；②而当主开关管 VQ 关断时，C_a 放电，给 VQ 的关断起到缓冲作用，因此 VQ 的缓冲电容 C_r 可以很小，只利用其结电容就足够了，不必另加缓冲电容。

可见，改进型 ZVT PWM 变换器不但保留了基本型 ZVT PWM 变换器的所有优点，还带来了以下几个优点：

（1）辅助开关管是零电压关断的；

（2）辅助电容既作为主开关管的缓冲电容，又作为辅助开关管的缓冲电容；

（3）主开关管的缓冲电容直接利用其结电容就可以了，不必另加缓冲电容；

（4）辅助电感的峰值电流减小了。

将改进型 ZVT 的概念推广到第八章第二节讨论的直流变换器中，可以得到一族改进型 ZVT PWM 变换器，如图 9 - 21 所示。

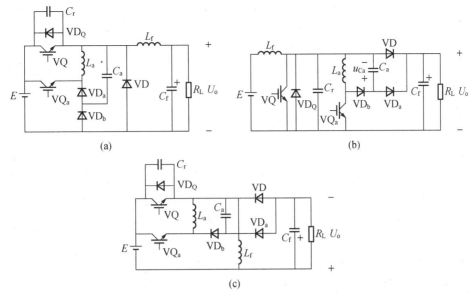

图 9-21 改进型 ZVT PWM 变换器族

(a) Buck；(b) Boost；(c) Buck/Boost

二、零电流转换 PWM 电路

(一) 基本型 ZCT PWM 电路的构成及原理

前面我们分析了 ZVT PWM 电路的工作原理，ZCT PWM 电路的工作原理与 ZVT PWM 电路的工作原理基本类似。它的基本思路是，当开关管将要关断时，使其电流减小到零，从而实现主开关管的零电流关断。为了达到这个目的，需在基本的 PWM 变换器中增加一个辅助电路，该电路在主开关管将关断前工作，使主开关管的电流减小到零，当主开关管零电流关断后，辅助电路停止工作。也就是说辅助电路只是在主开关管将要关断时工作一段时间，其他时间不工作。

现在还是以 Boost ZCT PWM 变换器为例，讨论 ZCT PWM 的工作原理，其基本型 Boost ZCT PWM 变换器的电路构成和主要工作波形如图 9-22 所示。输入直流电源 E、主开关管 VQ、升压二极管 VD、升压电感 L_f 和滤波电容 C_f 组成基本的 Boost 变换器，VD_Q 是 VQ 的反并联二极管。虚线框内的辅助开关管 VQ_a、辅助二极管 VD_a、辅助电感 L_a 和辅助电容 C_a 构成辅助电路，VD_{Qa} 是 VQ_a 的反并联二极管。

在分析工作原理之前，作出如下假设：

(1) 所有开关管、二极管均为理想器件。

(2) 所有电感、电容和变压器均为理想元件。

(3) 升压电感 L_f 足够大，在一个开关周期中，其电流基本保持不变，为 I_i。

(4) 滤波电容 C_f 足够大，在一个开关周期中，其电压基本保持不变，为 U_o。

在一个开关周期中，该变换器有六种开关状态，分析如下所述。

1. 开关状态 1 [对应图 9-22 (b) 中 $t_0 \sim t_1$]

在 t_0 时刻之前，主开关管 VQ 处于导通状态，辅助开关管 VQ_a 处于关断状态，升压电感电流 I_i 流过 VQ，负载由输出滤波电容 C_f 提供电能。此时辅助电感电流 i_{La} 等于零，辅助电容电压 u_{Ca} 为 $-U_{Ca\,max}$。

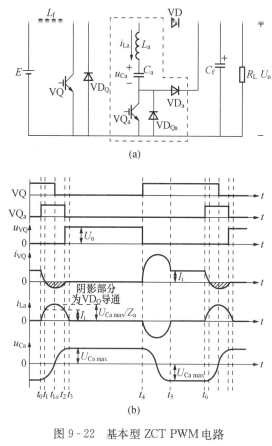

图 9 - 22　基本型 ZCT PWM 电路

(a) 电路图；(b) 工作波形

$$U_{\text{c}} \quad = \quad \sqrt{2E_{\text{a}}/C_{\text{a}}} \qquad (9-3)$$

其中，E_{a} 为 L_{a} 和 C_{a} 组成的辅助电路里的能量。

在 t_0 时刻开通辅助开关管 VQ_{a}，此时加在 L_{a} 和 C_{a} 支路上的电压为零，L_{a} 和 C_{a} 开始谐振工作，L_{a} 的电流 i_{La} 从零开始上升，VQ_{a} 为零电流开通。C_{a} 被反向放电，u_{Ca} 由负的最大值开始上升，同时主开关管 VQ 中的电流 i_{VQ} 开始下降。

到 t_1 时刻，i_{La} 上升到升压电感电流 I_{i}，i_{VQ} 电流下降到零。

2. 开关状态 2 [对应图 9 - 22 (b) 中 $t_1 \sim t_2$]

在 t_1 时刻，主开关管电流 i_{VQ} 下降到零，其反并联二极管 VD_Q 导通，辅助电感和辅助电容继续谐振工作，L_{a} 的电流继续上升，C_{a} 继续被反向放电。到 t_{1a} 时刻，辅助电容电荷反向被放到零，即 $u_{\text{Ca}} = 0$，辅助电感电流上升到最大值，即 $i_{\text{La}} = U_{\text{Ca max}}/Z_{\text{a}}$，此时关断主开关管，由于其反并联二极管 VD_Q 导通，则 VQ 为零电流关断。VQ 关断后，升压二极管 VD 导通，升压电感电流 I_{i} 通过升压二极管 VD 流入负载。

在 t_{1a} 之后，辅助电感和辅助电容继续谐振工作，L_{a} 的电流开始下降，辅助电容被正向充电，其电压 u_{Ca} 从零开始继续上升，主开关管的反并联二极管 VD_Q 继续导通。

在稳态工作时，由于 L_{a} 和 C_{a} 支路的能量具有自我调节功能，在整个开关周期中，L_{a} 和 C_{a} 组成的辅助支路是封闭的，与外界没有能量交换。所以，在 t_2 时刻关断辅助开关管 VQ_{a}，i_{La} 必然减小到 I_{i}，VD_Q 关断，VD_{a} 导通，电路进入下一个开关状态。

3. 开关状态 3 [对应图 9 - 22 (b) 中 $t_2 \sim t_3$]

在 t_2 时刻，VQ_{a} 关断后，由于 VD 和 VD_{a} 均导通，此时加在 L_{a} 和 C_{a} 支路上的电压依然为零，L_{a} 和 C_{a} 继续谐振工作，L_{a} 的电流继续减小，C_{a} 继续被正向充电。

到 t_3 时刻，L_{a} 和 C_{a} 的半个谐振周期结束，i_{La} 减小到零，u_{Ca} 上升到最大值 $U_{\text{Ca max}}$。

4. 开关状态 4 [对应图 9 - 22 (b) 中 $t_3 \sim t_4$]

在此开关状态中，辅助电路停止工作，输入直流电压和升压电感同时给负载提供能量，与基本的 Boost 电路的工作情况一样。

5. 开关状态 5 [对应图 9 - 22 (b) 中 $t_4 \sim t_5$]

在 t_4 时刻，主开关管 VQ 开通，升压二极管 VD 截止，输入电流 I_{i} 流过 VQ，负载由输出滤波电容提供能量。同时，辅助电路的 L_{a} 和 C_{a} 通过 VQ_{a} 的反并联二极管 VD_{Qa} 开始谐振工作。

由于 VQ 开通之前其电压为输出电压 U_o，当它开通时输入电流 I_i 立即由升压二极管 VD 转移到 VQ，因此 VQ 是硬开关，而 VD 存在反向恢复问题。

在 t_5 时刻，L_a 和 C_a 完成半个谐振周期，此时 i_{La} 减小到零，C_a 被反向充电到最大电压，即 $u_{Ca} = -U_{Ca\,max}$，辅助电路停止工作。

6. 开关状态 6 [对应图 9-22（b）中 $t_5 \sim t_6$]

在此开关状态中，升压电感电流流经 VQ，负载由输出滤波电容提供能量，这与基本的 Boost 电路是完全一样的。

在 t_6 时刻，VQ_a 开通，开始另一个开关周期。

将 ZCT 的概念推广到第八章第二节讨论的直流变换器中，可以得到一族基本型 ZCT PWM 变换器，如图 9-23 所示。

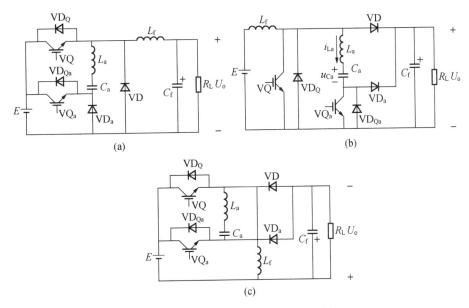

图 9-23　基本型 ZVC PWM 变换器族
（a）Buck；（b）Boost；（c）Buck/Boost

（二）基本型 ZCT PWM 电路的优缺点

该电路的优点是：

（1）在任意输入电压范围和负载范围内，均可实现主开关管的零电流关断；

（2）辅助支路的能量随着负载的变化而调整，从而减小了辅助支路的损耗；

（3）辅助电路工作时间很短，其损耗小；

（4）实现了恒频控制。

该电路的缺点是：

（1）主开关管不是零电流开通；

（2）升压二极管存在反向恢复问题。

（三）改进型 ZCT PWM 电路

为了克服 ZCT PWM 电路的缺点，使主开关管既能实现零电流关断，又能实现零电流开通，消除升压二极管的反向恢复，可以对图 9-22 中的 ZCT PWM 变换器作一个小小的改

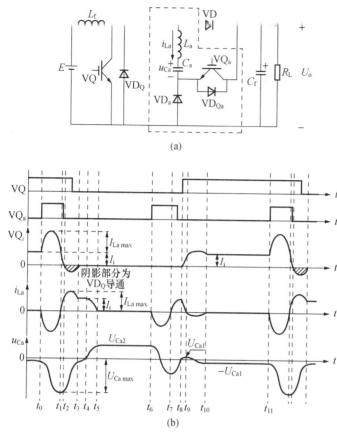

图 9-24　改进型 ZCT PWM 电路

(a) 电路图；(b) 工作波形

动，同时对辅助开关管的开关时序作适当调整。图 9-24 给出了改进型 Boost ZCT PWM 变换器的电路图及其主要工作波形。从图中可以看出，改进型 Boost ZCT PWM 变换器与基本型 Boost ZCT PWM 变换器的区别在于，将辅助开关管 VQ_a 与辅助二极管 VD_a 交换了一个位置，而辅助开关管在一个开关周期内开通了两次。

在分析工作原理之前，仍作出如下假设：

（1）所有开关管、二极管均为理想器件。

（2）所有电感、电容和变压器均为理想元件。

（3）升压电感 L_f 足够大，在一个开关周期中，其电流基本保持不变，为 I_i。

（4）滤波电容 C_f 足够大，在一个开关周期中，其电压基本保持不变，为 U_o。

在一个开关周期中，该变换器有十一种开关状态，分析如下所述。

1. 开关状态 1［对应图 9-24（b）中 $t_0 \sim t_1$］

在 t_0 之前，主开关管 VQ 处于导通状态，升压二极管 VD 截止，I_i 从 VQ 中流过，辅助电路没有工作，L_a 的电流等于零，而 C_a 上的电压为 $-U_{Ca1}$。

$$U_{Ca1} = U_o\left[\sqrt{1 + \left(\frac{I_i Z_a}{U_o}\right)^2} - 1\right] \tag{9-4}$$

在 t_0 时刻，辅助开关管 VQ_a 开通，加在谐振支路上的电压为 U_o，辅助电感 L_a 和辅助电容 C_a 通过 VQ_a 和 VQ 谐振工作，辅助电感电流 i_{La} 流经 VQ、输出滤波电容 C_f 和负载 R_L 以及 VQ_a，从零开始反向增加，C_a 被反向充电。经过半个谐振周期，到达 t_1 时刻。此时 u_{Ca} 达到负的最大值 $-U_{Ca\,max}$，而 i_{La} 等于零。

$$U_{Ca\,max} = -2U_o + U_{Ca1} \tag{9-5}$$

2. 开关状态 2［对应图 9-24（b）中 $t_1 \sim t_2$］

从 t_1 时刻开始，L_a 和 C_a 继续谐振工作，C_a 被反向放电，而 i_{La} 变为正方向流动，从零开始增加，流经 VQ_a 的反并联二极管 VD_{Qa}。与此同时，VQ 中的电流 i_{VQ} 开始减小。在此开关状态中，辅助开关管 VQ_a 可以零电压关断。

在 t_2 时刻，i_{La} 增加到 I_i，VQ 的反并联二极管 VD_Q 开始导通。

3. 开关状态 3 [对应图 9 - 24 (b) 中 $t_2 \sim t_3$]

在这段时间里，谐振支路的等效电路同样没有变化，L_a 和 C_a 继续谐振工作，由于 $i_{La} >$ I_i，此时 VD_Q 导通，VQ 可以零电流关断。

在 t_3 时刻，i_{La} 减小到 I_i，VD_Q 自然关断。

4. 开关状态 4 [对应图 9 - 24 (b) 中 $t_3 \sim t_4$]

在此时段里，升压二极管 VD 处于截止状态，I_i 只能通过 L_a、C_a 和 VD_{Qa} 流过，i_{La} 恒定在 I_i，C_a 被恒流反向放电，C_a 的电压 u_{Ca} 反向线性减小。在 t_4 时刻，u_{Ca} 减小到零。

5. 开关状态 5 [对应图 9 - 24 (b) 中 $t_4 \sim t_5$]

t_4 时刻后，u_{Ca} 变为正电压，VD 导通，谐振支路 L_a 和 C_a 通过 VD_{Qa} 和 VD 谐振工作，i_{La} 减小，u_{Ca} 增大。

在 t_5 时刻，i_{La} 减小到零，u_{Ca} 达到正的最大值 $U_{Ca2} = I_i Z_a$，VD_{Qa} 自然关断。

6. 开关状态 6 [对应图 9 - 24 (b) 中 $t_5 \sim t_6$]

在这个开关状态中，辅助电路停止工作，主电路的工作情况与基本的 Boost 变换器的工作情况一样，输入电压和升压电感共同通过 VD 向负载提供能量。

7. 开关状态 7 [对应图 9 - 24 (b) 中 $t_6 \sim t_7$]

为了实现主开关管 VQ 的零电流开通，在 t_6 时刻再次开通辅助开关管 VQ_a，由于此时 L_a 上的电流 $i_{La} = 0$，因此 VQ_a 是零电流开通。当 VQ_a 开通后，L_a 和 C_a 通过 VD 和 VQ_a 谐振工作。

经过二分之一谐振周期，到 t_7 时刻，C_a 上的电压从 $+U_{Ca2}$ 变成 $-U_{Ca2}$，L_a 的电流 i_{La} 从零到最大值又减小到零。

8. 开关状态 8 [对应图 9 - 24 (b) 中 $t_7 \sim t_8$]

在这段时间里，L_a 和 C_a 继续谐振工作，但 i_{La} 从零开始增加，已变成正方向流过 VD_{Qa}，而 VQ_a 可以零电流关断。

此时流过 VD 的电流随着 i_{La} 的增加越来越小。在 t_8 时刻，u_{Ca} 减小到零，i_{La} 上升到最大值 I_i，VD 中的电流减小到零而自然关断。

9. 开关状态 9 [对应图 9 - 24 (b) 中 $t_8 \sim t_9$]

在 t_8 时刻，由于 i_{La} 等于 I_i，VD 自然关断。而升压电感 L_f 和辅助电感 L_a 的电流不能突变，所以此时开通 VQ，则 VQ 实现了零电流开通。

当 VQ 开通后，i_{La} 继续正向流动，它流经 VD_{Qa}、C_f、R_L 和 VQ，此时 L_a 和 C_a 的谐振支路中串入了输出滤波电容 C_f 和负载 R_L。因此 i_{La} 迅速减小，其能量大部分反馈到负载中去了，只有少部分能量存储在电容 C_a 中。

到 t_9 时刻，i_{La} 减小到零，C_a 上的电压为 U_{Ca1}。

10. 开关状态 10 [对应图 9 - 24 (b) 中 $t_9 \sim t_{10}$]

从 t_9 时刻开始，L_a 和 C_a 通过 VQ 和 VD_a 谐振工作。经过二分之一谐振周期，到达 t_{10} 时刻，i_{La} 又减小到零，而 C_a 的电压 u_{Ca} 则由 $+U_{Ca1}$ 变为 $-U_{Ca1}$，VD_a 自然关断。

11. 开关状态 11 [对应图 9 - 24 (b) 中 $t_{10} \sim t_{11}$]

在此段时间里，辅助电路停止工作，主电路的工作情况与基本的 Boost 变换器的工作情况完全一样。I_i 流经 VQ，负载由输出滤波电容 C_f 提供能量。

在 t_{11} 时刻，VQ_a 开通，开始另一个开关周期。

从上面的分析中可以知道，改进型 ZCT PWM 变换器的优点是：

（1）在任意输入电压范围和负载范围内，均可实现主开关管的零电流开通和零电流关断；

（2）辅助开关管工作在软开关状态；

（3）辅助电路工作时间很短，其损耗小；

（4）实现了恒频控制。

而该变换器的缺点是，在实现主开关管的零电流关断时，辅助电路谐振工作，其电流流过主开关管，主开关管中额外多增加了一个电流，其峰值电流较大。

将改进型 ZCT 的概念推广到第八章第二节讨论的直流变换器中，可以得到一族改进型 ZCT PWM 变换器，如图 9-25 所示。

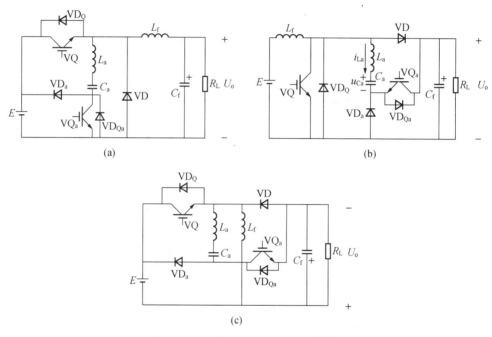

图 9-25　改进型 ZCT PWM 变换器族
（a）Buck；（b）Boost；（c）Buck/Boost

小　　结

硬开关电路存在开关损耗和开关噪声，随着开关频率的提高，这些问题变得更为严重。软开关技术通过在电路中引入谐振改善了开关管的开关条件，在很大程度上解决了这两个问题，推动了电力电子装置的高频化、小型化、轻量化发展。

软开关技术总的来说可以分为零电流开关和零电压开关两类，被广泛地应用在各类高频变换电路中，出现了各种软开关电路。按照其出现的先后，软开关电路可以分为准谐振电路、零开关 PWM 电路和零转换 PWM 电路三大类。每一类都包含基本拓扑和众多的派生拓扑。

准谐振电路，包括零电流开关准谐振电路、零电压开关准谐振电路和零电压开关多谐振电路。准谐振电路通过在基本变换电路中加入谐振电感和谐振电容实现了开关管的软开关，可以将开关频率提高到几兆赫兹甚至几十兆赫兹。但是由于它们采用频率调制方案，其开关频率是变化的，很难优化设计滤波器，而且电压和电流应力很大，因此一般应用在小功率、低电压，而且对体积和重量要求十分严格的场合，比如宇航电源和程控交换机的 DC/DC 电源模块。

零开关 PWM 电路，包括零电流开关 PWM 电路和零电压开关 PWM 电路。ZCS PWM 电路和 ZVS PWM 电路是分别在 ZCS QRC 和 ZVS QRC 的基础上改进而得到的。在 ZCS QRC 的谐振电容上串联一个辅助开关管就可以得到 ZCS PWM 电路，而在 ZVS QRC 的谐振电感上并联一个辅助开关管则可以得到 ZVS PWM 电路。零开关 PWM 电路通过控制辅助开关管的开关，来控制谐振电感和谐振电容的谐振工作过程，从而实现变换器的 PWM 控制。零开关 PWM 电路中谐振元件的谐振时间相对于开关周期来说很短，而谐振元件的谐振频率一般为几兆赫兹，这样零开关 PWM 电路的开关频率为几十万赫兹到 1MHz，相对于准谐振电路而言低一些。但由于实现了恒定频率工作，输出滤波器可以优化设计，因此零开关 PWM 电路的性能指标和体积、重量优于准谐振电路。与准谐振电路一样，零开关 PWM 电路的电压和电流应力很大，因此一般也应用在小功率、低电压、而且对体积和重量要求十分严格的场合，比如宇航电源和程控交换机的 DC/DC 电源模块。

零转换 PWM 电路，包括零电压转换 PWM 电路和零电流转换 PWM 电路，其都有基本型电路和改进型电路。零转换 PWM 电路有一个最大的特点，就是它的辅助电路与主功率电路相并联，而且辅助电路的工作不会增加主开关管的电压应力，主开关管的电压应力很小。这些优点使得它们适用于采用 IGBT 作为主开关管的中、大功率场合，这时避免了 IGBT 的电流拖尾现象，从而可以大大提高开关频率。零转换 PWM 电路的出现是软开关技术的一次飞跃。

习 题 及 思 考 题

9-1　高频化的意义是什么？为什么提高开关频率可以减小滤波器的体积和重量？为什么提高开关频率可以减小变压器的体积和重量？

9-2　画出零电流开关的原理电路，说明其工作原理。

9-3　画出零电压开关的原理电路，说明其工作原理。

9-4　画出图 9-9 所示 Buck ZCS QRC 中电感充电阶段 $[t_0, t_1]$ 的等效电路，并解释开关管 VQ 是零电流开通。

9-5　画出 L 型半波模式的 Buck ZCS QRC 的电路图及主要工作波形。

9-6　画出图 9-11 所示 Boost ZVS QRC 中谐振阶段 $[t_1, t_2]$ 的等效电路，并解释开关管 VQ 是零电压开通。

9-7　画出 M 型全波模式的 Boost ZVS QRC 的电路图及主要工作波形。

9-8　画出图 9-14 所示 Buck ZVS MRC 中四个开关状态的等效电路。

9-9　根据图 9-16（a）给出的 Buck ZCS PWM 变换器的电路图，画出 Boost ZCS PWM 变换器的电路图。

9-10　根据图 9-17（a）给出的 Buck ZVS PWM 变换器的电路图，画出 Boost ZVS PWM 变

换器的电路图。

9-11 比较图 9-18 基本型 ZVT PWM 电路和图 9-20 改进型 ZVT PWM 电路，说明两个电路中的辅助开关管是软开关还是硬开关？为什么？

9-12 比较图 9-22 基本型 ZCT PWM 电路和图 9-24 改进型 ZCT PWM 电路，说明两个电路中的主开关管是软开关还是硬开关？为什么？

实　　训

实训一　晶闸管的简易测试与导通、关断条件实训

一、实训目的

（1）根据 PN 结的单向导电原理，学会利用万用表来区别晶闸管的三个电极，并初步判断其好坏的方法。

（2）晶闸管具有单向可控导电性，通过本实训验证并掌握其导通及关断条件。

二、实训电路

见实图 1-1～图 1-3。

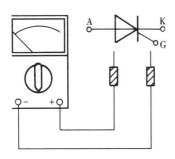

实图 1-1　晶闸管的测试

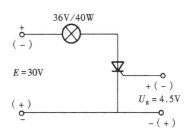

实图 1-2　晶闸管导通条件实验

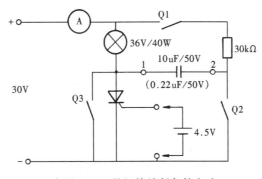

实图 1-3　晶闸管关断条件实验

三、实训设备

（1）万用表　　　　　　　　　　　　　　　　　　　　一块

（2）晶闸管（好、坏）　　　　　　　　　　　　　　　两只

（3）1.5V×3 干电池　　　　　　　　　　　　　　　　一组

（4）晶闸管导通、关断实验板　　　　　　　　　　　　一块

（5）30V 直流稳压电源　　　　　　　　　　　　　　　一台

四、实训内容及步骤

（一）晶闸管的测试

利用万用表分别两两测量晶闸管的三个电极，来判断晶闸管的三个电极以及晶闸管的好

坏。原理如下：

晶闸管的内部结构决定了其阳极和阴极间、阳极和门极间的正向和反向电阻都很大，一般都应在数十万欧以上，因此，可利用万用表的 $R×1k$ 欧姆档测量阳极与阴极之间以及阳极与门极之间的正反向电阻，若是好的管子，测得的阻值都将很大。晶闸管的门极和阴极间的 PN 结具有不太理想的二极管特性，其正向电阻约数十欧至 100 欧，反向电阻一般不超过数百欧，因此用万用表的 $R×10$ 或 $R×100$ 欧姆档测量门极和阴极之间的正反向电阻，可以判别出晶闸管的门极和阴极。测量时如果发现任何两个极短路或门极对阴极断路，都说明器件已损坏。

将所测得的数据填入实表 1-1，并根据数据判别晶闸管的好坏。

实表 1-1　　　　　　　　　　　　所 测 数 据

被测晶闸管	R_{AK}	R_{KA}	R_{AG}	R_{GA}	R_{KG}	R_{GK}	结　论
VT1							
VT2							

（二）晶闸管的导通条件

根据实图 1-2，完成以下实验：

（1）给晶闸管加上 30V 的反向阳极电压，即晶闸管的阳极接直流稳压电源的负端，阴极接稳压电源的正端。然后观察门极在①开路；②加+4.5V；③加−4.5V 以上三种情况时，晶闸管是否导通，即灯泡是否亮。

（2）给晶闸管加上 30V 的正向阳极电压，即晶闸管的阳极接直流稳压电源的正端，阴极接稳压电源的负端。然后观察门极在①开路；②加−4.5V 两种情况时，晶闸管是否导通，即灯泡是否亮。

（3）仍给晶闸管加上 30V 的正向阳极电压，同时也给晶闸管的门极加 4.5V 的正向电压，即门极为正，阴极为负。再观察晶闸管是否导通，灯泡是否亮。

（4）灯亮以后，去掉门极的电压，观察灯泡是否还亮；再给门极加负的 4.5V 的电压，观察灯泡的情况。

（三）晶闸管的关断条件

按照实图 1-3 接线，并将开关都先置在断开的位置，然后进行如下实验：

（1）重复上述（二）的第（3）步，使晶闸管导通，灯泡亮。然后断开门极的控制电压，观察灯泡的情况。

（2）去掉 30V 阳极电压，再观察灯泡的亮灭情况。

（3）再次令晶闸管导通，然后闭合 Q1，断开门极电压，然后再接通 Q2，观察灯泡是否熄灭。

（4）将电容换成 0.22μF 的电容，再重复上面步骤（3），观察灯泡的亮灭情况。

（5）令晶闸管导通，断开门极电压，然后闭合 Q3，再打开 Q3，观察灯泡的亮灭。

（6）使晶闸管再次导通，开始逐渐减小阳极电压，观察电流表的指示，是否电流值降到某一数值灯泡就灭了，此时若再增大阳极电压，灯泡也不会再亮了。说明晶闸管已关断。

五、实训注意事项

在测量晶闸管的门极和阴极间的正反向电阻时，不能用万用表的高阻挡，以免表内高压电池击穿门极和阴极之间的 PN 结。还应注意，衡量晶闸管性能好坏的指标很多，简单的用万用表并不能代替对晶闸管性能的全面考察。由于晶闸管性能与温度有较大关系，因此为了正确判断器件的性能，常需将器件通电加热后进行热测。

六、实训报告要求

（1）整理实验中的结果。

（2）总结判别晶闸管好坏的简易方法。

（3）根据内容（2）的结果写出晶闸管的导通条件，并说明控制极门极的作用。

（4）由内容（3）的结果总结出晶闸管关断的方法。

（5）说明电容的作用，电容过小会怎样？为什么？

实训二　单结晶体管触发电路及单相半控桥整流电路实训

一、实训目的

（1）熟悉单结晶体管触发电路的工作原理以及电路中的各元件的作用，掌握测试电路中各点波形的步骤和要点。

（2）熟悉单相桥式半控整流电路的原理，掌握其接线情况。观察此电路带电阻性负载、电感性负载和反电动势负载的波形，并总结其工作特点。

二、实训线路

见实图 2-1。

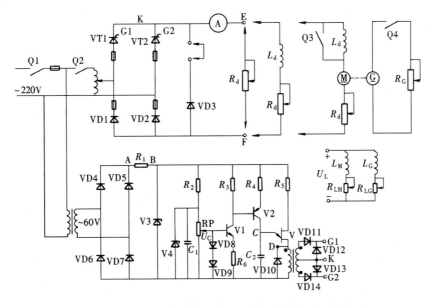

实图 2-1　单结晶体管触发电路及单相桥式半控整流电路

三、实训设备

（1）单相桥式半控整流电路板　　　　　　　　　　　　　　1 套

（2）单结晶体管触发器　　　　　　　　　　　　　　　　　1 块

（3）单相自耦调压器（3kVA）　　　　　　　　　　　　　1 台

（4）滑线变阻器（200Ω1A）　　　　　　　　　　　　　　1 只

(5) 电抗器   1台

(6) 直流电动机发电机组   1套

(7) 万用表   1块

(8) 双踪示波器   1台

(9) 直流电流表   1块

(10) 直流电源（110V）   1台

四、实训步骤及内容

（一）实训准备

(1) 熟悉各实训设备并根据实图 2-1 接好线。

(2) 找出各被测点及其测量插孔。

（二）单结晶体管触发电路的测试及调节

(1) 合上开关 Q1，使触发电路接通电源，利用双踪示波器依次观察整流输出 A、稳压管削波 B、锯齿波 C、单结晶体管输出 D 各点的波形以及脉冲变压器输出的波形。

(2) 调节移相电位器 RP，利用双踪示波器观察锯齿波 u_c 的变化以及输出脉冲的移动情况，并估算脉冲的移相范围。

（三）电阻性负载的研究

(1) 触发电路调试正常后，主回路上接上电阻负载，合上开关 Q2，给主回路接通电源，利用双踪示波器观察负载电压 u_d、晶闸管两端电压 u_{VT} 及整流二极管两端电压 u_{VD} 的波形。

(2) 调节移相电位器 RP，观察上述波形的变化，并记录当 α 角分别为 30°、90°时的 u_d、u_{VT}、u_{VD} 波形。

(3) 用万用表测量相应的 U_2 和 U_d 值。验证 $U_d = 0.9 U_2 \dfrac{1+\cos\alpha}{2}$ 的关系，并记录测量的结果。

(4) 用双踪示波器观察 u_d 与脉冲 u_g 之间的相位关系。

（四）电感性负载的研究

(1) 断开 Q2，主电路切断电源，然后在 E、F 端换接上电阻电感负载（即 R_d 与 L_d 串联）。

(2) 不接续流二极管。合上 Q2，主电路接通电源，然后调节移相电位器 RP，用示波器观察并记录当 α 角分别为 30°、90°时的 u_d、u_{VT}、u_{VD} 波形。同时测量 U_2、U_d 的数值记入表中。并与 $U_d = 0.9 U_2 \dfrac{1+\cos\alpha}{2}$ 进行比较分析；调节 R_d 的大小，观察 i_d 波形的变化；当突然去掉触发脉冲 u_g 时，观察失控现象并记录 u_d 波形。

(3) 接续流二极管后重复上述步骤（2），并观察脉冲消失时还有无失控现象。

（五）反电动势负载的研究

(1) 打开 Q2，切断主回路电源，换接上直流电动机作反电动势负载。先暂不接电抗器 L_d，即合上 Q3，同时将触发电路的给定电位器 RP 的旋钮调到零位，即令 U_c 为零。合上 Q2，接通主电路电源，调节 RP 使 U_d 由零逐渐上升到额定值，电动机降压起动，用示波器观察并记录当 α 角分别为 30°、90°时输出电压 u_d、电流 i_d 及电动机电枢两端电压 U_M 的波形；记录 U_2 与 U_d 的数值；观察 i_d 波形断续时电动机可能出现的振荡现象。

(2) 打开 Q3，接入平波电抗器 L_d，重复上述实验。

（3）将移相电位器 RP 旋钮调到零，打开 Q4，令直流发电机空载，调节 RP 使 U_d 为额定值（即直流电动机的额定电压），记录电动机电流 I_d 及转速 n，合上 Q4 逐步增加负载到额定值，中间记录几点，作出机械特性 $n = f(I_d)$ 曲线。

五、实训注意事项

（1）双踪示波器在同时使用两个探头测量时，由于两探头的地线均与示波器的外壳相接，故必须将两探头的地线端接在电路的同一电位点上，否则会造成被测电路短路事故。

（2）电感性负载最好采用平波电抗器或直流电动机激磁绕组。

（3）续流二极管的极性不要接反，否则会造成短路事故。而且续流回路与负载的连线要短粗，并要接牢，使接触电阻尽可能小，以利于续流。

六、实训报告要求

（1）整理上述步骤的结果，并填入实表 2-1 中。

实表 2-1　　　　　　　　　　　　　　　　**实　训　步　骤**

负载性质	α	U_2	U_d	u_d 波形	i_d 波形	u_{VT} 波形	u_{VD} 波形
电阻	30°						
	90°						
电感性负载（不接续流管）	30°						
	90°						
电感性负载（接续流管）	30°						
	90°						
反电动势负载（不串电抗器）	30°						
	90°						
反电动势负载（串电抗器）	30°						
	90°						

（2）将 U_d 的测得值与计算值相比较，并分析误差的可能原因。

（3）说明电感性负载时所接续流二极管的作用，以及反电动势负载时串入的平波电抗器的作用。

（4）分析实训中出现的现象和故障。

实训三　锯齿波触发电路及三相全控桥整流电路实训

一、实训目的

（1）理解锯齿波触发电路的工作原理，了解电路各点的波形及与有关元件的关系。

（2）掌握锯齿波触发电路的调试方法。

（3）熟悉三相桥式全控整流电路的接线，观察电阻性负载、电感性负载时输出电压、电流的波形。

（4）加深对触发器同步定相原理的理解，掌握调试晶闸管整流装置的步骤和方法。

二、实训线路

见实图 3-1 和实图 3-2。

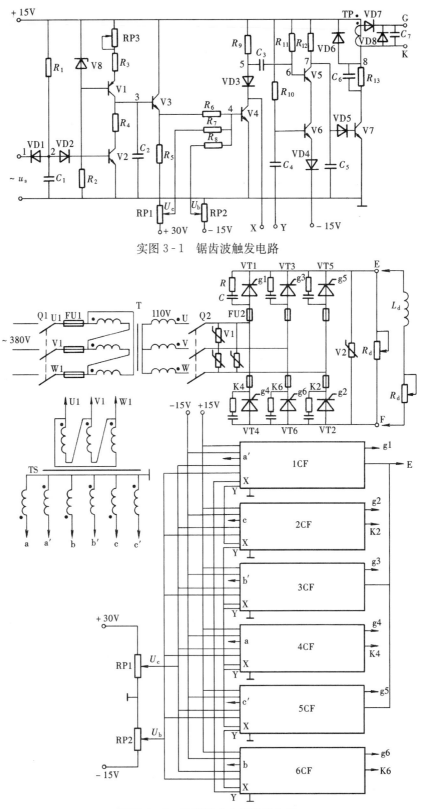

实图 3-1　锯齿波触发电路

实图 3-2　三相桥式全控整流电路

三、实训设备

（1）锯齿波触发电路板	6块
（2）三相桥式全控整流电路板	1块
（3）三相变压器	1台
（4）三相同步变压器	1台
（5）滑线变阻器	1台
（6）电抗器	1台
（7）单、双路稳压电源	各1台
（8）双踪示波器	1台
（9）万用表	1块

四、实训步骤及内容

（一）实训准备

（1）熟悉实验装置的电路结构，找出所使用的直流电源、同步变压器、锯齿波同步触发电路、晶闸管主电路板，主回路用的整流变压器。

（2）利用双踪示波器确定三相交流电源的相序。

（3）先确定主变压器和同步变压器的极性；根据锯齿波触发电路原理可知，要保证正常触发主回路的晶闸管，则要求同步电压 u_s 与被触发晶闸管阳极电压在相位上相差180°，故需将主变压器接成 D，y11，同步变压器接成 D，y5 和 D，y11。同步电压的取法见实图 3-2 电路。

（二）锯齿波触发电路的测试及调节

（1）按电路图将触发电路的各直流电源以及同步电压接好，并选其中一块触发板，检查RP1、RP2 和 RP3 的作用，并检查触发板各点的波形，确定是否每一块板都有单脉冲输出，如实图 3-5（a）所示。

（2）按实图 3-3 将六块触发板的 X 和 Y 端两两相接，然后利用双踪示波器依次观察相邻两块触发板的锯齿波电压波形，并调整各板的锯齿波斜率电位器 RP3，使各锯齿波电压的斜率一致，间隔各差60°，如实图 3-4 所示。

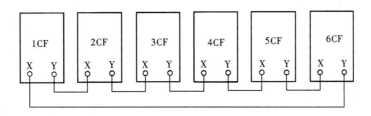

实图 3-3　双脉冲的接线方式

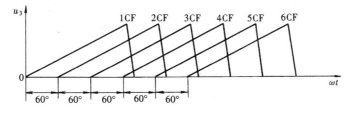

实图 3-4　锯齿波的排队波形

（3）观察触发板的输出，此时应有双脉冲输出，见实图 3 - 5（b）。

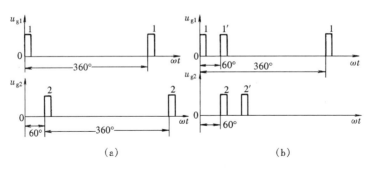

实图 3 - 5 1CF 和 2CF 输出触发脉冲的形式

（a）单脉冲；（b）双窄脉冲

（三）电阻性负载的研究

（1）当触发电路正常后，把控制电压旋钮调到零（即 $U_c=0$），然后调节 U_b，使 $\alpha=120°$，即初始脉冲对应整流后的直流电压为零的位置。

（2）仔细检查线路无误后，合上 Q2，使主电路接通电源。调节 U_c，用示波器观察当 α 角从 0°～120°变化时的输出电压 u_d 的波形变化情况，记录 $\alpha=30°$、90°时输出电压 u_d 的波形、晶闸管 VT1 两端的电压 u_{VT1} 的波形；测量并记录 U_d、U_c 的数值，填入实表 3 - 1。

实表 3 - 1   电 阻 性 负 载 研 究

α	U_d	U_c	u_d	u_{VT1}
30°				
90°				
不触发的晶闸管			
正常触发的晶闸管			

（3）去掉 VT1 的触发脉冲，观察并记录输出电压 u_d 的波形、晶闸管 VT1 两端的电压波形 u_{VT1}；比较不触发的晶闸管两端电压与正常触发的晶闸管两端电压有什么不同。

（4）将三相电源的相序颠倒，如将 U1 和 V1 互换，观察输出电压波形是否正常，分析为什么；将电源相序恢复，而颠倒主变压器二次侧相序，观察 u_d 波形是否正常，分析为什么。

（四）电感性负载的研究

（1）断开 Q2，切断主电路，换上电阻电感负载。将 U_c 调到等于零，然后调节 U_b，使 $\alpha=90°$，即初始脉冲对应电感性负载输出电压为零的位置。

（2）然后合上 Q2，接通主回路的电源，改变 U_c，观察当 α 角从 0°～90°变化时的输出电压 u_d 的波形的变化情况，记录 $\alpha=30°$、90°时输出电压 u_d 的波形、输出电流 i_d、晶闸管 VT1 两端的电压 u_{VT1} 以及电抗器两端电压 u_{Ld} 的波形，填入实表 3 - 2。

实表 3 - 2   电 感 性 负 载 研 究

α	u_d	i_d	u_{VT1}	u_{Ld}
30°				

α		u_d	i_d	u_{VT1}	u_{Ld}
90°					
60°	R_d 大				
i_d	R_d 小				

（3）改变 R_d 的大小，观察 i_d 的波动情况，记录 $\alpha=60°$ 时，R_d 分别为较大、较小时 i_d 的波形。

五、实训注意事项

（1）六个触发电路的 X 和 Y 端一定要顺序接好，否则不会有正常的双脉冲输出。

（2）在调整锯齿波的斜率时，要先把双踪示波器的两个探头的灵敏度调到一致。

（3）不论哪一种性质负载的实验，在闭合 Q2 之前，都要先把 U_c 调到零。

六、实训报告要求

（1）整理实验中记录的波形和数据。

（2）分析实验中出现的现象，回答实验中提出的问题。

（3）总结调试三相桥式全控整流电路的步骤和方法。

（4）总结锯齿波触发电路的调试方法，说明触发脉冲的移相范围与哪些元件有关。

实训四　三相半波有源逆变电路实训

一、实训目的

（1）熟悉由三相半波整流电路到有源逆变电路的转换过程，掌握实现有源逆变的条件。

（2）学会观察和分析不同逆变角时逆变电压及晶闸管端电压的波形。

（3）观察并分析逆变失败现象，总结防止逆变失败的措施。

二、实训电路

实训电路如实图 4-1 所示。

三、实训设备

（1）锯齿波触发电路板	3块
（2）三相半波可控主电路板	1块
（3）三相主变压器	1台
（4）三相同步变压器	1台
（5）三相调压器及三相整流桥	1套
（6）变阻箱（R_d）	1个
（7）平波电抗器（L_d）	1台
（8）双路稳压电源	2台
（9）万用表	1块
（10）直流电流表	1块
（11）三相刀开关	1个
（12）单相双投刀开关	1个

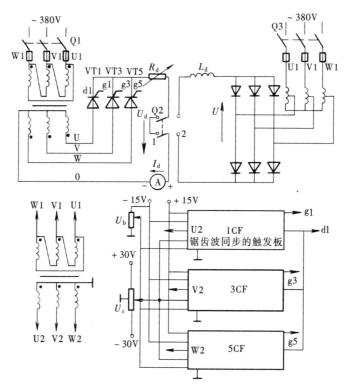

实图 4-1　三相半波有源逆变电路

（13）双踪示波器　　　　　　　　　　　　　　　　　　　　　　　　　　　1 台

四、实训内容及步骤

（一）逆变实训的准备

（1）将各刀开关断开，串入 R_d 并将其调至最大数值。检查电源电压相序、变压器极性和接线组别以及引至各触发电路板的同步信号电压，确保符合要求。

（2）闭合 Q1，接通各直流电源，用示波器检查触发电路板 1CF～5CF 各点波形，作到锯齿波的斜率一致、触发脉冲间隔均为 120°。

（3）触发电路板调试正常后，将开关 Q2 投向 1，即接入电阻负载 R_d。用示波器观察 u_d 波形是否正常。

（4）电路正常工作后，将 U_c 调到零、U_b 调到使 α 约为 150°。

（二）有源逆变实训

（1）调节三相调压器使其输出电压为零，闭合 Q3 并将 Q2 投向 2，此时电流表读数应为零。

（2）调节三相调压器使 U 增大，到电流表有读数时，观察并记录 u_d 波形（应为负的波形），说明电路已进入有源逆变状态。继续增大 U，至 $I_d=2A$ 时，测量 U_d、U 及 U_R（R_d 两端电压）值，观察并记录 u_d、u_R 的波形。

（3）调节 U_c 使 $\alpha=120°$、90°，观察并记录 u_d、u_{T1}、u_R 波形，测量 U_d、U、U_R 值。比较 U_d、U 的大小。

（三）有源逆变失败实训

（1）将 R_d 调到最大位置、U_c 调到零、U_b 调到使 $\alpha=150°$，突然关断 3CF 的触发脉冲，观察

并记录 u_d 波形，测量其数值 U_d。此时电路为逆变失败工作状态，注意 I_d 不得超过允许值。

(2) 重新连好 3CF，调节 U_c 使 $\alpha=60°$，观察并记录 u_d 的波形；记录 U_d、U 及 U_R 的大小和极性。

(3) 调节 U_b 使 β 约为 $0°$，观察此时的逆变失败现象，记录 u_d 波形。

五、实训注意事项

(1) 为防止逆变失败时 I_d 超过允许值，必须在主电路中串入变阻器 R_d 来限制 I_d，另外，通过串入 R_d 还可以观察电路在整流、有源逆变及逆变失败全过程中电压的波形。在实际应用电路中并非必须如此。

(2) 对于本实训中三相半波变流装置来说，电压 U 起反电动势负载的作用。

(3) 本实训电路较复杂，若接线不牢或错接，可能造成缺相工作，导致有源逆变失败，故连线必须仔细并连接牢靠。

六、实训报告要求

(1) 整理实训记录，分析 u_d、u_R 波形的特点。

(2) 分析 $\alpha=60°$ 与 $\beta=60°$ 两种情况下 u_d、u_T 波形的不同点。

(3) 分析总结造成逆变失败的原因及后果，提出防止逆变失败的措施。

(4) 分析讨论其他实训结果。

实训五 单相交流调压电路实训

一、实训目的

(1) 熟悉交流调压电路的工作原理，掌握其调试方法与步骤。

(2) 通过分别观察电阻负载、（电）阻（电）感负载时的输出电压、输出电流的波形，加深对晶闸管交流调压工作原理的理解。

(3) 理解阻感负载时控制角 α 限制在 $\varphi \leqslant \alpha \leqslant 180°$ 范围内的意义。

二、实训电路

实训电路为单结晶体管触发的双向晶闸管单相交流调压电路，如实图 5-1 所示。

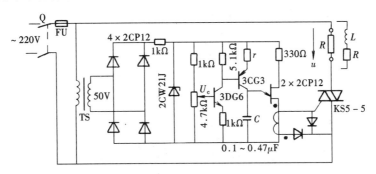

实图 5-1 双向晶闸管单相交流调压电路

三、实训设备

(1) 双向晶闸管交流调压主电路板	1块
(2) 单结晶体管触发电路板	1块
(3) 同步变压器	1台

　　（4）电抗器（L）　　　　　　　　　　　　　　　　　　1只
　　（5）变阻器（R）　　　　　　　　　　　　　　　　　　1只
　　（6）双踪示波器　　　　　　　　　　　　　　　　　　1台

四、实训内容及步骤

（一）单结管触发电路的调试

（1）脉冲变压器的输出端先不接双向晶闸管的门极，合上开关 Q，用示波器观察并记录单结晶体管触发电路中下面各点的电压波形：①整流输出端；②稳压削波端；③单结管发射极；④触发脉冲输出端。

（2）调节 4.7kΩ 电位器以改变 U_c，观察输出脉冲移相范围能否满足实验要求。

（3）最后，以负脉冲触发方式将脉冲变压器输出端连接到双向晶闸管的门极。

（二）电阻负载测试

将变阻器 R 作为电阻负载接到主电路中，合上开关 Q，调节 U_c 使控制角 α 分别为 60°、90°、120°，观察并记录上述三种控制角时负载两端输出电压 u、双向晶闸管两端电压 u_T 的波形，测量 u 与 u_T 的有效值。

（三）阻感负载测试

（1）断开开关 Q，将电阻负载换成变阻器 R 与电抗器 L 串联的阻感负载。

（2）合上开关 Q，调节 U_c 使 $\alpha=45°$。通过调节变阻器 R 来改变阻抗角 φ，观察并记录 $\alpha<\varphi$、$\alpha>\varphi$、$\alpha=\varphi$ 三种情况时输出电压 u 的波形。

五、实训注意事项

（1）如果触发电路元件选择不当，可能会出现如下现象：

1）在单结管未导通时稳压管能正常削波，其两端电压为梯形波，而当单结管导通时稳压管就不削波了。其原因是所选稳压管的容量不够或其限流电阻值太大。

2）晶闸管及其触发电路中各点波形均正常，但有时出现不能触通晶闸管现象，其原因是充电电容 C 值太小或单结管的分压比太低，致使触发脉冲幅度太小。若电阻负载可以触发而电感负载不能触发，也是因为 C 值太小，脉冲过窄，管子电流还未上升到擎住电流触发脉冲便已消失。

3）若出现两个晶闸管的最小控制角或最大控制角不相等，当控制角调节到很大或很小时，主电路只剩下一个晶闸管被触发导通，则说明两只晶闸管的触发电流差异较大，可调换性能相似的管子或在门极回路中串接不同阻值的电阻加以解决。

（2）双向晶闸管的 Ⅲ− 和 Ⅰ− 的触发灵敏度不同，若出现双向晶闸管只能 Ⅰ− 单向工作，则说明触发尖脉冲功率不够，可适当增大电容量加以解决。

（3）作电阻电感负载实训时，若电阻 R 阻值很小，则当出现 $\alpha<\varphi$ 时，交流调压突然变为单相半波可控整流，输出电压中含有较大的直流分量，以至将熔丝烧断。因此，应将电感 L 与电阻 R 都适当加大，作到既能满足改变 φ 的要求，又可限制直流分量使其不致过大。

（4）电抗器可以是平波电抗器，也可是单相自耦调压器。若用自耦调压器，负载电流波形与教材理论分析的波形会有所不同，原因是自耦调压器闭路铁芯的电感量随负载电流增大而增大，致使电流波形呈脉冲型。

六、实训报告要求

（1）整理实训数据，列表画出电阻负载在 $\alpha=60°$、90°、120°时输出电压 u、双向晶闸管

两端电压 u_T 的波形，以及所测量的 u 与 u_T 的有效值。

（2）整理实训数据，画出阻感负载在 $\alpha=45°$ 时，$\alpha<\varphi$、$\alpha>\varphi$、$\alpha=\varphi$ 三种情况的输出电压 u 的波形。

（3）讨论并分析实训中出现的各种现象。

实训六　SPWM 型逆变器变频电路实训

一、实训目的

（1）了解专用集成芯片 HEF4752V 的工作原理，掌握 SPWM 波形的产生及调制方法。

（2）熟悉智能功率模块 IPM 构成的三相 SPWM 型逆变器的工作原理，掌握由此构成的交—直—交变频电路分别在电阻、电感和交流电动机负载时的工作情况。

二、实训电路

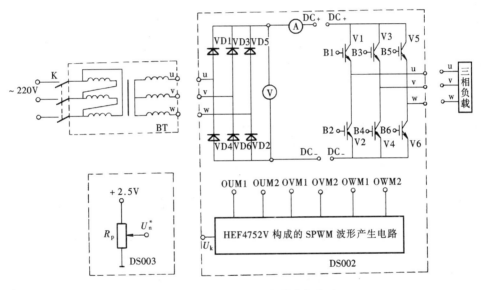

实图 6-1　SPWM 型逆变器变频电路

三、实训设备

（1）DJK-Ⅰ型交直流调速装置　　　　　　　　　　　　　　　　　　　　一台

［包括主控板、可控整流装置挂箱（DS001）、变频装置挂箱（DS002）、一号控制挂箱（DS003）、二号控制挂箱（DS004）］

（2）三相对称负载箱　　　　　　　　　　　　　　　　　　　　　　　　一个

（3）电动机发电机组　　　　　　　　　　　　　　　　　　　　　　　　一组

（4）双踪示波器　　　　　　　　　　　　　　　　　　　　　　　　　　一个

（5）数字万用表　　　　　　　　　　　　　　　　　　　　　　　　　　一块

四、实训内容及步骤

（一）SPWM 波形产生电路的调测

（1）合上电源开关，用示波器逐一观察 SPWM 波形产生电路的 OUM1、OUM2、OVM1、OVM2、OWM1、OWM2 六路输出端是否都有波形输出。

（2）将 SPWM 波形产生电路的控制端 U_k 接到 DS003 板上给定单元的给定电位器输出 U_n^* 上。调节电位器，使 $U_k=0\sim2.1V$ 变化时，观察频率显示情况，记录 SPWM 波形的频率范围；并同时观察 OUM1 和 OUM2 端输出波形的情况。

（3）调节电位器，使频率为 30Hz 时，用示波器逐一观察 OUM1、OUM2、OVM1、OVM2、OWM1、OWM2 六路输出端的输出波形，并记录下来。

（二）主电路（IPM 构成的逆变桥模块和二极管构成的不可控整流模块）的检测

（1）将数字万用表打到测二极管的档位；红表笔接 DC+，黑表笔依次接逆变桥的三相输出 U、V、W 和 DC−，万用表应该没有显示；黑表笔接 DC+，红表笔依次接逆变桥的三相输出 U、V、W，万用表应该显示 0.407 左右；黑表笔接 DC+，红表笔接 DC−，万用表应该显示 0.741 左右；检测结果与上述不符时，说明 IPM 模块坏了。

（2）主控板隔离变压器的输出为 80V；将主控面板上的三相输出 U、V、W 接到 DS002 板上不可控整流桥的输入上；合上主控开关，读 DC+、DC− 两端电压表的值，如果是 $2.34\times80V=187.2V$ 左右，整流桥是好的，否则是坏的。

（三）SPWM 交—直—交变频电路测试

（1）断开主控开关；将 SPWM 波形产生电路的输出端 OUM1、OUM2、OVM1、OVM2、OWM1、OWM2 分别接至 IPM 的驱动端 B1、B2、B3、B4、B5、B6 上；整流桥输出 DC+、DC− 接至 IPM 逆变桥直流输入 DC+、DC− 上；逆变桥的三相输出 U、V、W 接三相对称电阻负载。

（2）合上主控开关；调节电位器，分别测量频率为 10Hz、30Hz、50Hz 时中间直流环节的电压、电流值以及 SPWM 逆变桥三相输出 U、V、W 之间的交流电压值 U_{uv}、U_{vw}、U_{wu}，用示波器观察 u_{uv}、u_{vw}、u_{wu} 的波形，并记录。

（3）断开主控开关；逆变桥的三相输出 U、V、W 接三相对称电感负载；重复第（2）步。

（4）断开主控开关；主控板隔离变压器的输出改为 220V；逆变桥的三相输出 U、V、W 接三相交流电动机负载；重复第（2）步。

（5）断开主控开关；断开电源开关；收拾、整理实训台。

五、实训注意事项

（1）遵守实训室规章制度。

（2）实训中的接线必须经实训指导老师检查同意后方可通电测试。

六、实训报告要求

（1）列表填写记录的实训数据，画出记录的实训波形。

（2）讨论和分析实训结果。

（3）对实训中出现的异常情况进行分析。

实训七　PWM 直流斩波电路实训

一、实训目的

（1）了解集成 PWM 控制器 UC3637 的使用方法及原理，掌握 PWM 波形的产生以及单极性调制和双极性调制的方法。

（2）熟悉智能功率模块 IPM 构成的桥式 PWM 直流斩波电路的工作原理，掌握电阻、电感和直流电动机负载时的工作情况。

二、实训电路

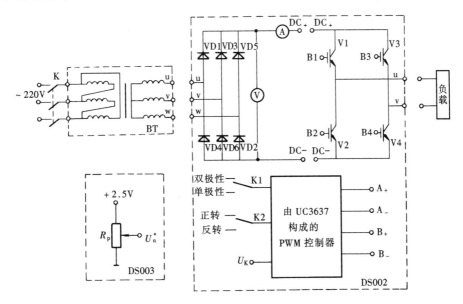

实图 7-1　PWM 直流斩波电路

三、实训设备

（1）DJK-Ⅰ型交直流调速装置　　　　　　　　　　　　　　　　　　　　　一台

［包括主控板、可控整流装置挂箱（DS001）、变频装置挂箱（DS002）、一号控制挂箱（DS003）、二号控制挂箱（DS004）］

（2）负载箱　　　　　　　　　　　　　　　　　　　　　　　　　　　　　　一个

（3）电动机发电机组　　　　　　　　　　　　　　　　　　　　　　　　　　一组

（4）双踪示波器　　　　　　　　　　　　　　　　　　　　　　　　　　　　一个

（5）数字万用表　　　　　　　　　　　　　　　　　　　　　　　　　　　　两块

四、实训内容及步骤

（一）PWM 控制器的调测

（1）将 PWM 控制器的控制端 U_k 接到 DS003 板上给定单元的给定电位器输出 U_n^* 上，极性开关 K1 打到双极性，正反转开关 K2 打到正转；合上电源开关，调节电位器，用示波器逐一观察 PWM 控制器的 A+、A−、B+、B− 四路输出波形，并记录 U_K 为某一值时的波形。

（2）将 K1 打到单极性，K2 打到正转；调节电位器，用示波器逐一观察 PWM 控制器的 A+、A−、B+、B− 四路输出波形，并记录 U_K 为某一值时的波形。

（3）将 K1 打到双极性，K2 打到反转；调节电位器，用示波器逐一观察 PWM 控制器的 A+、A−、B+、B− 四路输出波形，并记录 U_K 为某一值时的波形。

（4）将 K1 打到单极性，K2 打到反转；调节电位器，用示波器逐一观察 PWM 控制器的 A+、A−、B+、B− 四路输出波形，并记录 U_K 为某一值时的波形。

（二）主电路（IPM 构成的桥式直流斩波模块和二极管构成的不可控整流模块）的检测

（1）将数字万用表打到测二极管的档位；红表笔接 DC+，黑表笔依次接桥式斩波模块的输出 U、V 和 DC−，万用表应该没有显示；黑表笔接 DC+，红表笔依次接桥式斩波模块的输出 U、V，万用表应该显示 0.407V 左右；黑表笔接 DC+，红表笔接 DC−，万用表应该显示 0.741V 左右；检测结果与上述不符时，说明 IPM 模块坏了。

（2）主控板后隔离变压器的输出为 80V；将主控面板上的三相输出 U、V、W 接到 DS002 板上不可控整流桥的输入上；合上主控开关，读 DC+、DC− 两端电压表的值，如果是 $2.34 \times 80V = 187.2V$ 左右，整流桥是好的，否则是坏的。

（三）PWM 桥式斩波电路测试

（1）断开主控开关；将 PWM 控制器的输出 A+、A−、B+、B− 分别接至 IPM 的驱动端 B1、B2、B3、B4 上；整流桥输出 DC+、DC− 接至 IPM 斩波电路直流输入 DC+、DC− 上；斩波电路的输出 U、V 接电阻负载。

（2）合上主控开关，K2 打到正转；调节电位器，分别在小、中、大三个位置（用万用表测出相应的 U_K 值）上，测量单极性调制和双极性调制时中间直流环节的电压、电流值以及负载电压 U_0（即 U_{uv}）值和负载电流 I_0 值，用示波器观察 u_0 的波形，并记录。

（3）断开主控开关；斩波电路的输出 U、V 接电感负载；重复第（2）步。

（4）断开主控开关；斩波电路的输出 U、V 接直流电动机负载；重复第（2）步。K2 打到反转，再重复第（2）步测试，观察电机运转情况。

（5）断开主控开关；斩波电路的输出 U、V 接直流电动机串联电感负载；重复第（2）步。K2 打到反转，再重复第（2）步测试，观察电机运转情况。

（6）断开主控开关；断开电源开关；收拾、整理实训台。

五、实训注意事项

（1）遵守实训室规章制度。

（2）实训中的接线必须经实训指导老师检查同意后方可通电测试。

六、实训报告要求

（1）列表填写记录的实训数据，画出记录的实训波形。

（2）讨论和分析实训结果。

（3）对实训中出现的异常情况进行分析。

参 考 文 献

1 莫正康. 电力电子应用技术（第3版）. 北京：机械工业出版社，2000.

2 莫正康. 半导体变流技术（第2版）. 北京：机械工业出版社，1997.

3 黄 俊，王兆安. 电力电子变流技术（第3版）. 北京：机械工业出版社，1999.

4 王兆安，黄 俊. 电力电子技术（第四版）. 北京：机械工业出版社，2000.

5 黄家善，王廷才. 电力电子技术. 北京：机械工业出版社，2000.

6 郝万新. 电力电子技术. 北京：化学工业出版社，2002.

7 石玉，贾书贤，王文郁. 电力电子技术题例与电路设计指导. 北京：机械工业出版社，1999.

8 赵良炳. 现代电力电子技术基础. 北京：清华大学出版社，1995.

9 李宏. 电力电子设备用器件与集成电路应用指南（第一册）. 北京：机械工业出版社，2001.

10 苏玉刚，陈渝光. 电力电子技术. 重庆：重庆大学出版社，2003.

11 曲永印. 电力电子变流技术. 北京：冶金工业出版社，2002.

12 张立，赵永健. 现代电力电子技术. 北京：科学出版社，1992.

13 王文郁，石玉. 电力电子技术应用电路. 北京：机械工业出版社，2001.

14 徐以荣，冷增祥. 电力电子学基础. 第2版. 南京：东南大学出版社，1996.

15 王维平. 现代电力电子技术及应用. 南京：东南大学出版社，2001.

16 赵可斌，陈国雄. 电力电子变流技术. 上海：上海交通大学出版社，1993.

17 佟纯厚. 近代交流调速. 第2版. 北京：冶金工业出版社，2004.

18 陈伯时，陈敏逊. 交流调速系统. 北京：机械工业出版社，1998.

19 宋书中. 交流调速系统. 北京：机械工业出版社，2000.

20 阮新波，严仰光. 直流开关电流的软开关技术. 北京：科学出版社，2000.

21 陈国呈. PWM变频调速及软开关电力变换技术. 北京：机械工业出版社，2001.